高等职业院校“十三五”课程改革优秀成果规划教材

数控车床编程与操作

主　编：李兴凯
副主编：刘　明　于志德
参　编：曲海霞　李　兵　高志仁

北京理工大学出版社
BEIJING INSTITUTE OF TECHNOLOGY PRESS

图书在版编目（CIP）数据

数控车床编程与操作/李兴凯主编. —北京：北京理工大学出版社，2016.7（2019.8重印）

ISBN 978－7－5682－2801－5

Ⅰ.①数…　Ⅱ.①李…　Ⅲ.①数控机床－车床－程序设计－高等学校－教材②数控机床－车床－操作－高等学校－教材　Ⅳ.①TG519.1

中国版本图书馆CIP数据核字（2016）第190745号

出版发行／北京理工大学出版社有限责任公司
社　　址／北京市海淀区中关村南大街5号
邮　　编／100081
电　　话／（010）68914775（总编室）
（010）82562903（教材售后服务热线）
（010）68948351（其他图书服务热线）
网　　址／http：//www.bitpress.com.cn
经　　销／全国各地新华书店
印　　刷／涿州市新华印刷有限公司
开　　本／787毫米×1092毫米　1/16
印　　张／14.5
字　　数／338千字
版　　次／2016年7月第1版　2019年8月第3次印刷
定　　价／42.00元

责任编辑／赵　岩
文案编辑／刘　佳
责任校对／周瑞红
责任印制／李志强

前　　言

本书遵循职业教育“学做一体”的教学理念，采用任务驱动的行动导向教学方法编写，注重工作过程考核，分六个项目18个任务进行FANUC－0i系统编程与加工的学习，每个任务的实施都遵循完整的工作过程与步骤。以下列出本书的几大编写特点：

（1）遵循“以培养职业能力为核心，以工作实践为主线，以项目为引领，用任务进行驱动，建立以行动导向体系为框架的现代课程结构，重新序化课程内容，做到显性知识与默会知识并重，将陈述性知识穿插于程序性知识之中，理论与实践一体化”的课改思路。

（2）在课程教学设计上，采用四步教学法，即布置任务——知识学习——实施训练——检查评价的“学做一体”的教学模式，使学生在具有完整性、综合性的行动中进行思考和学习，达到学会学习、学会工作、培养社会能力与方法能力的目的。突出理论与实践的有机结合，体现了“学做一体”的教学方法。

（3）在课程结构上，本书以能力为本位，从职业院校学生基础能力出发，由简到难，由单一到综合，符合学生认知规律及职业能力成长规律，并设计一系列项目及工作任务，使学生在项目引领、任务驱动的模式下，掌握数控车床编程与加工的相关理论与技能，避免理论与实践的脱节。

（4）在形式上，通过【项目描述】、【能力目标】、【知识目标】、【知识学习】、【实施训练】、【资料链接】、【知识拓展】、【操作注意事项】等形式，引导学生明确各项目的学习目标，并适当拓展相关知识，强调在操作过程中需注意的问题。

本书可作为高职高专机械类、数控类、机电类专业教材，或相关专业学生在顶岗实习过程中作为实训参考用书，还可作为培训机构和企业的培训教材，以及相关技术人员的参考用书。限于编者水平、时间仓促等原因，书中错误在所难免，敬请读者批评指正。

本书由李兴凯任主编，刘明、于志德任副主编。具体编写分工如下：李兴凯编写项目二、项目三，刘明编写项目一，于志德编写项目六，曲海霞编写项目四，李兵编写项目五的任务一，高志仁编写项目五的任务二。

编　者

目　　录

项目一　数控车床基本操作

● 【项目描述】

本项目通过加工一个简单的台阶轴类零件，掌握 FANUC - 0i Mate - TD 系统面板及操作面板的使用方法、程序的结构与组成、程序的编辑、对刀步骤等数控车床编程与加工的基础知识，为接下来的深入学习打下良好基础。

● 【工作任务】

在数控车床上用手动加工方法加工如图 1 - 1 和图 1 - 2 所示的简单轴类零件。

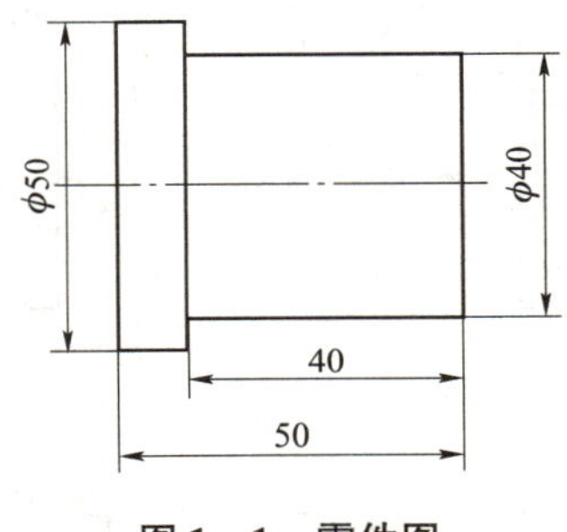

图 1 - 1　零件图

图 1 - 2　三维效果图

任务一　认识数控车床

● 【能力目标】

- 熟练进行开关机操作；
- 会分辨各种型号的数控机床。

● 【知识目标】

- 掌握数控车床的型号、种类；
- 掌握数控车床的组成；
- 了解数控车床的加工特点；
- 了解数控车床加工范围；
- 了解数控车床保养、维护常识。

- 【知识学习】

一、数控车床的型号、种类

（一）数控车床概述

数控车床是用计算机数字信号控制的机床。操作时将编制好的加工程序输入到机床专用的计算机中，再由计算机指挥机床各坐标轴的伺服电动机去控制车床各部件运动的先后顺序、速度和移动量，并与选定的主轴转速相配合，车削出形状不同的工件。数控车床组成及加工过程分别如图1－3（a）和图1－3（b）所示。

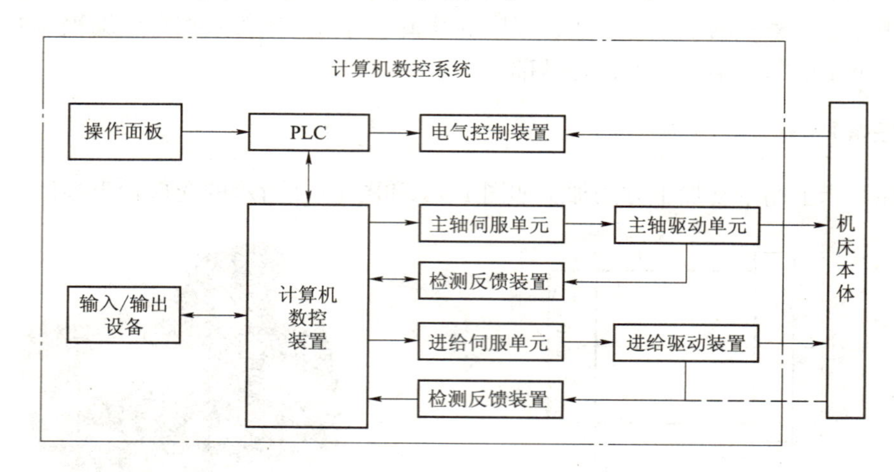

（a）

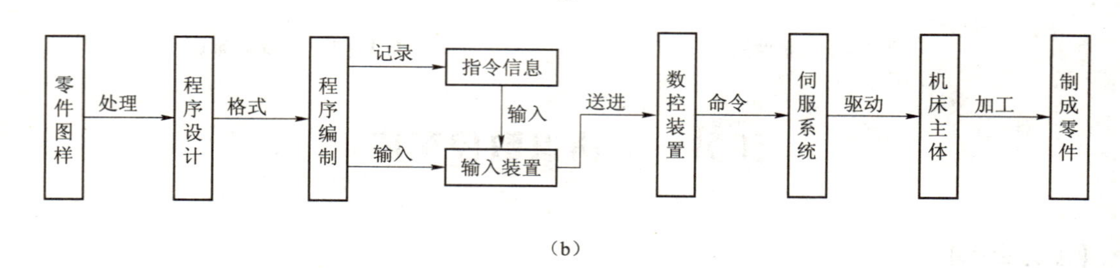

（b）

图1－3　数控车床组成及加工过程

（a）数控车床组成；（b）数控车床加工过程

（二）数控车床的型号标记

数控车床的型号标记采用与卧式车床相类似的表示方法，由字母及一组数字组成。例如，数控车床CKA6140型号含义如下：

C——车床；

K——数控；

A——改型；

6——落地及卧式车床组；

1——卧式车床系；

40——床身最大工件回转直径的1/10，即此机床床身最大回转直径为400 mm。

（三）数控车床种类

数控车床按不同的分类方式分为不同的种类。现按所配置的数控系统、数控车床功能、车床主轴配置形式、控制方式及控制运动轨迹分别介绍。

1. 按数控系统分类

目前工厂常用的数控系统有 FANUC（法那克）数控系统、SIEMENS（西门子）数控系统、华中数控系统、广州数控系统、三菱数控系统等。每一种数控系统又有多种型号，如 FANUC 数控系统的型号从 0i 到 23i；SIEMENS（西门子）系统的型号从 SINUMERIK 802S、802C 到 802D、810D、840D 等。每种数控系统使用的指令各不相同。即使是同一系统但型号不同，其数控指令也略有差异，使用时应以数控系统说明书中的指令为准。

2. 按数控车床功能分类

按数控车床的功能分，数控车床可分为经济型数控车床、普通数控车床、全功能型数控机床、精密型数控机床和车削加工中心五大类。

（1）经济型数控车床。经济型数控车床是在卧式车床基础上进行改进设计的，一般采用步进电动机驱动的开环伺服系统，其控制部分通常采用单板机或单片机。经济型数控车床成本较低，自动化程序和功能都比较差，车削加工精度也不高，适用于要求不高的回转类零件的车削加工。

（2）普通数控车床。根据车削加工要求，在结构上进行专门设计并配备通用数控系统而形成的数控车床。其数控系统功能强，自动化程度和加工精度也比较高，可同时控制两个坐标轴，即 X 轴和 Z 轴，应用较广，适用于一般回转类零件的车削加工。

（3）全功能型数控机床。在计算机中采用 2 ~ 4 个微处理器进行控制，其中一个是主控微处理器，其余为从属微处理器。主控微处理器完成用户程序的数据处理、粗插补运算、文本和图形显示等；从属微处理器在主控微处理器管理下，完成对外部设备，主要是伺服控制系统的控制和管理，从而实现同时对各坐标轴的连续控制。

全功能型数控机床允许的最大速度一般为 8 ~ 24 m/min，脉冲当量为 0.01 ~ 0.001 mm/P（毫米/脉冲），采用交、直流伺服电动机，广泛用于加工形状复杂或精度要求较高的工件。

（4）精密型数控机床。精密型数控机床采用闭环控制，它不仅具有全功能型数控机床的全部功能，而且机械系统的动态响应较快。其脉冲当量一般小于 0.001 mm/P，适用于精密和超精密加工。

（5）车削加工中心。在普通数控车床的基础上，增加了 C 轴和铣削动力头，更高级的数控车床带有刀库，可控制 X、Z 和 C 三个坐标轴，联动控制轴可以是（X、Z）、（X、C）或（Z、C）。由于增加了 C 轴和铣削动力头，这种数控车床的加工功能大大增强，除可以进行一般车削外，还可以进行径向和轴向铣削、曲面铣削、中心线不在零件回转中心的孔和径向孔的钻削加工。如图 1-4 所示。

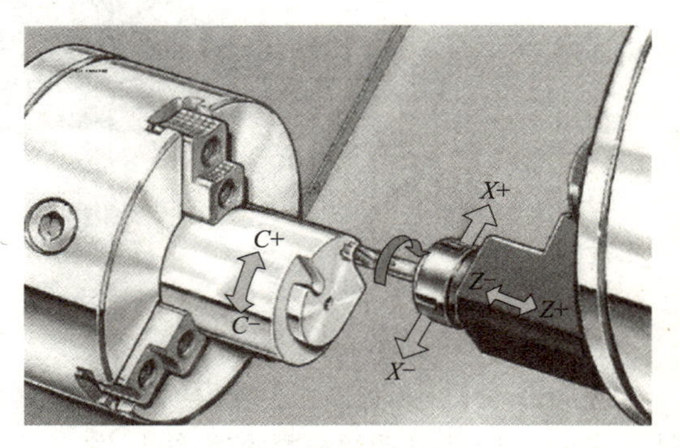

图 1-4　C 轴加工

3. 按车床主轴配置形式分类

按车床主轴配置形式分，数控车床有立式数控车床和卧式数控车床两种。

（1）立式数控车床。

立式数控车床主轴轴线处于垂直位置，有一个直径很大的圆形工作台供装夹工件。立式数控车床主要用于加工径向尺寸及轴向尺寸相对较小的大型复杂零件。如图 1－5 所示。

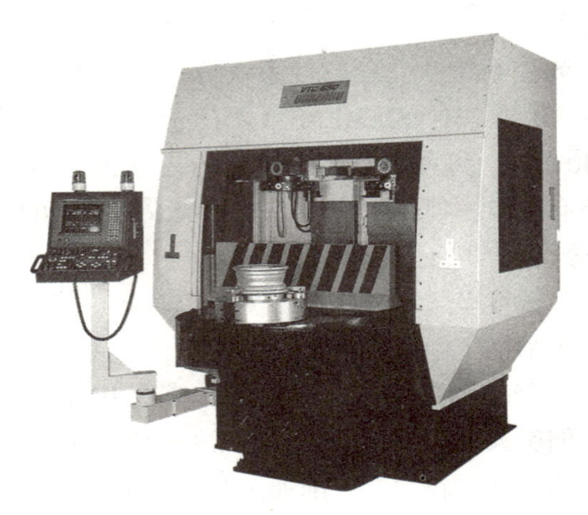

图 1－5　立式数控车床

（2）卧式数控车床。

卧式数控车床主轴轴线处于水平位置，生产中使用较多，常用于加工径向尺寸较小的轴类、盘类和套类等复杂零件。它的导轨有水平导轨和倾斜导轨两种。水平导轨结构用于普通数控车床和经济型数控车床。如图 1－6 所示。倾斜导轨结构可以使车床具有较大刚性，且易于排除切屑，用于档次较高的数控车床及车铣加工中心。如图 1－7 所示。

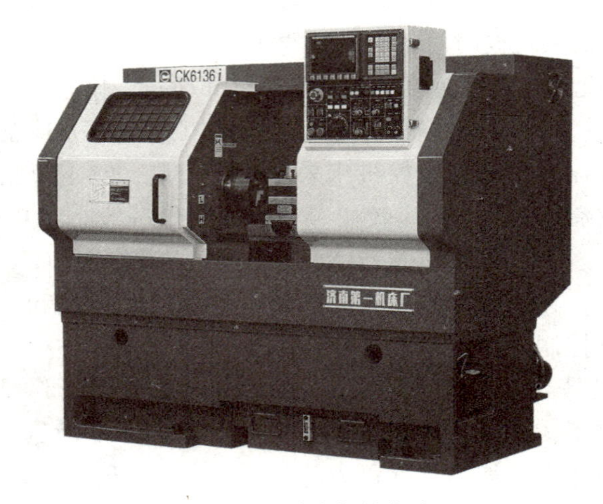

图 1－6　卧式数控车床

4. 按控制方式分类

（1）开环控制数控机床。

这类数控机床其控制系统没有位置检测元件，伺服驱动部件通常为反应式步进电动机或混合式伺服步进电动机。数控系统每发出一个进给指令，经驱动电路功率放大后，驱动步进

图1－7　车铣加工中心

电动机旋转一个角度，再经过齿轮减速装置带动丝杠旋转，通过丝杠螺母机构转换为移动部件的直线位移。移动部件的移动速度与位移量是由输入脉冲的频率与脉冲数所决定的。此类数控机床的信息流是单向的，即进给脉冲发出去后，实际移动量不再反馈回来，所以称为开环控制数控机床。

开环控制系统的数控机床结构简单且成本较低。但是，系统对移动部件的实际位移量不进行监测，也不能进行误差校正。因此，步进电动机的失步、步距角误差、齿轮与丝杠等传动误差都将影响被加工零件的精度。开环控制系统仅适用于加工精度要求不太高的中小型数控机床，特别是简易经济型数控机床。如图1－8所示。

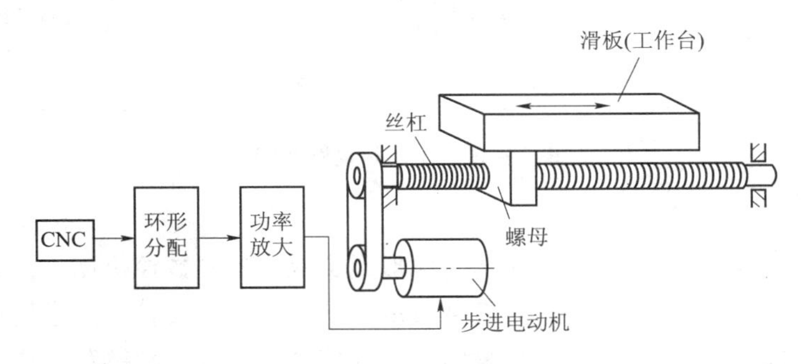

图1－8　开环伺服系统

（2）闭环控制数控机床。

闭环控制数控机床是在机床移动部件上直接安装直线位移检测装置，直接对工作台的实际位移进行检测，将测量的实际位移值反馈到数控装置中，与输入的指令位移值进行比较，用差值对机床进行控制，使移动部件按照实际需要的位移量运动，最终实现移动部件的精确运动和定位。从理论上讲，闭环系统的运动精度主要取决于检测装置的检测精度，且与传动链的误差无关，因此其控制精度高。这类数控机床因把机床工作台纳入了控制环节，故称为闭环控制数控机床。闭环控制数控机床的定位精度高，但调试和维修都较困难，系统复杂且成本高。如图 1 –9 所示。

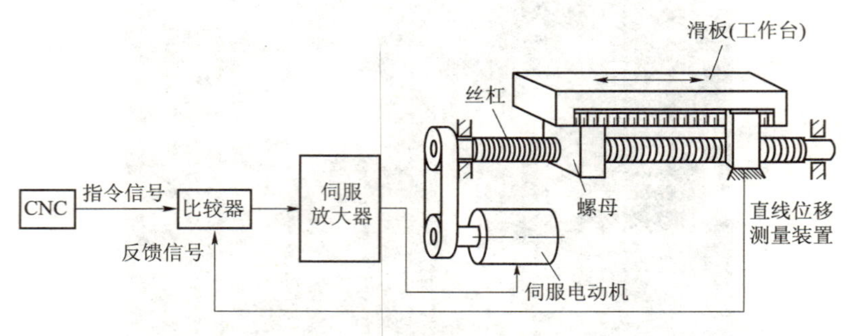

图 1 –9　闭环伺服系统

（3）半闭环控制数控机床。

半闭环控制数控机床是在伺服电动机的轴或数控机床的传动丝杠上装有角位移电流检测装置（如光电编码器等），通过检测丝杠的转角间接地检测移动部件的实际位移，然后反馈到数控装置中去，并对误差进行修正。由于工作台没有包括在控制回路中，因而称为半闭环控制数控机床。

半闭环控制数控系统的调试比较方便，并且具有很好的稳定性。目前大多将角度检测装置和伺服电动机设计成一体，这样能使结构更加紧凑。如图 1 –10 所示。

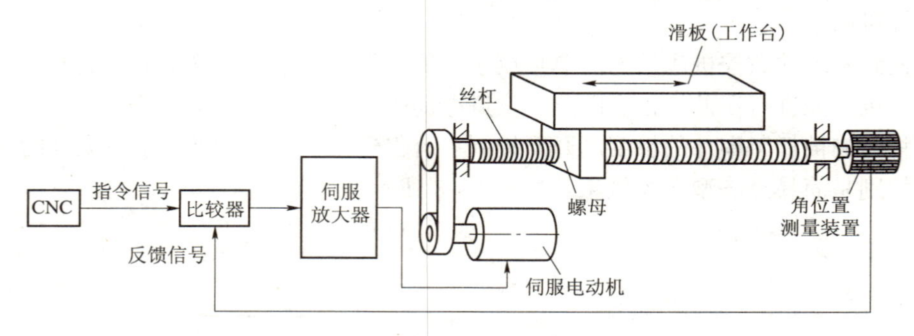

图 1 –10　半闭环伺服系统

（4）混合控制数控机床。

将以上三类数控机床的特点结合起来，就形成了混合控制数控机床。混合控制数控机床特别适用于大型或重型数控机床，因为大型或重型数控机床需要较高的进给速度与相当高的精度，其传动链惯量与力矩大，如果只采用全闭环控制，机床传动链和工作台全部置于闭环控制中，闭环调试比较复杂。

混合控制系统又分为两种形式：

① 开环补偿型。它的基本控制选用步进电动机的开环伺服机构，另外附加一个校正电路。用装在工作台的直线位移测量元件的反馈信号校正机械系统的误差。

② 半闭环补偿型。它是用半闭环控制方式取得高精度控制，再用装在工作台上的直线位移测量元件实现全闭环修正，以获得高速度与高精度的统一。

5. 按控制运动轨迹分类

按控制运动轨迹可分为点位控制数控机床、直线控制数控机床以及轮廓控制数控机床。如图 1 – 11 所示。

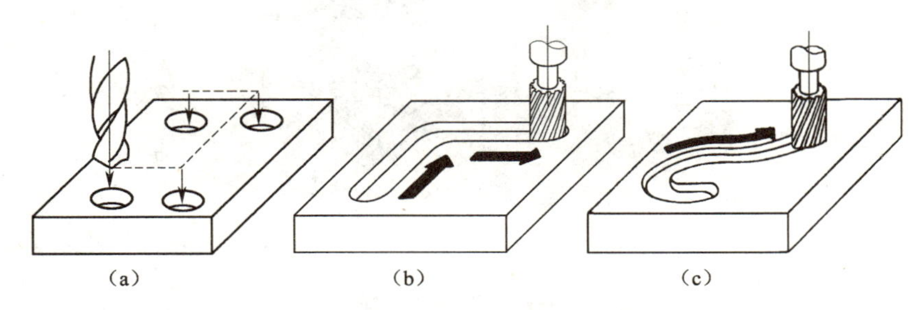

图 1 – 11　按控制运动轨迹分类

(a) 点位控制数控系统；(b) 直线控制数控系统；(c) 轮廓控制数控系统

(1) 点位控制数控机床。

点位控制数控机床的特点是机床移动部件只能实现由一个位置到另一个位置的精确定位，在移动和定位过程中不进行任何加工。机床数控系统只控制行程终点的坐标值，不控制点与点之间的运动轨迹，因此几个坐标轴之间的运动无任何联系。可以几个坐标同时向目标点运动，也可以各个坐标单独依次运动。

这类数控机床主要有数控坐标镗床、数控钻床、数控冲床和数控点焊机等。点位控制数控机床的数控装置称为点位数控装置。

(2) 直线控制数控机床。

直线控制数控机床可控制刀具或工作台以适当的进给速度，沿着平行于坐标轴的方向进行直线移动和切削加工，进给速度根据切削条件可在一定范围内变化。

直线控制的简易数控车床，只有两个坐标轴，可加工阶梯轴。直线控制的数控铣床，有三个坐标轴，可用于平面的铣削加工。

数控镗铣床、加工中心等机床，它的各个坐标方向的进给运动的速度能在一定范围内进行调整，兼有点位和直线控制加工的功能，这类机床称为点位/直线控制的数控机床。

(3) 轮廓控制数控机床。

轮廓控制数控机床能够对两个或两个以上运动的位移及速度进行连续相关的控制，使合成的平面或空间的运动轨迹能满足零件轮廓的要求。它不仅能控制机床移动部件的起点与终点坐标，而且能控制整个加工轮廓每一点的速度和位移，将工件加工成要求的轮廓形状。

常用的数控车床、数控铣床及数控磨床就是典型的轮廓控制数控机床。数控火焰切割机、电火花加工机床以及数控绘图机等也采用了轮廓控制系统。轮廓控制系统的结构要比点位/直线控制系统更为复杂，在加工过程中需要不断进行插补运算，然后进行相应的速度与位移控制。现代计算机数控装置的控制功能均由软件实现，增加轮廓控制功能不会带来成本的增加。因此，除少数专用控制系统外，现代计算机数控装置都具有轮廓控制功能。

二、数控车床的组成

数控车床由车床主体、控制部分和驱动部分等组成。数控车床结构如图 1 – 12 所示。

图 1－12　数控车床结构

1—电气箱；2—主轴箱；3—机床防护门；4—操作面板；5—回转刀架；6—尾座；7—排屑器；
8—冷却液箱；9—滑板；10—卡盘踏板开关；11—床身

（一）车床主体

车床主体主要包括主轴箱、床身、导轨、刀架、尾座、进给机构等。卡盘、尾座、床身及进给机构的实物图如图 1－13 ~ 图1－16 所示。

图 1－13　卡盘

图 1－14　尾座

图 1－15　床身

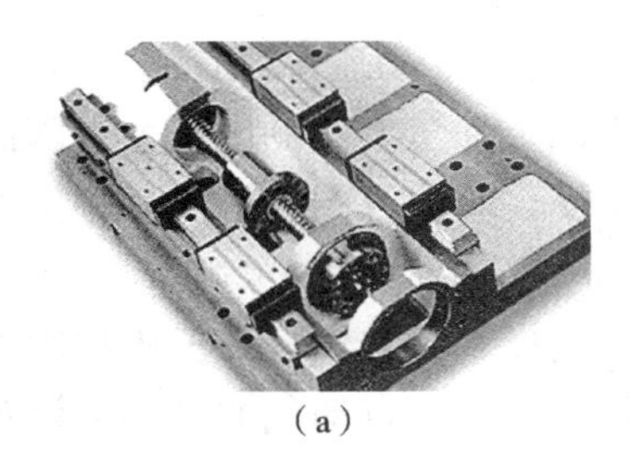
(a)

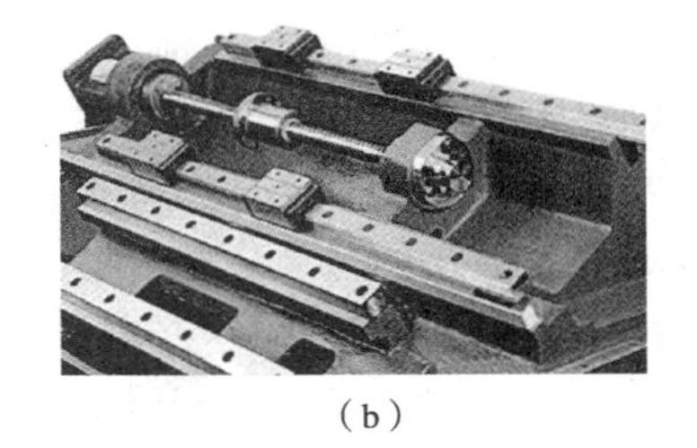
(b)

图1－16　进给机构

(a) *X* 轴；(b) *Z* 轴

(二) 控制部分

控制部分是数控车床的控制中心，由各种数控系统完成对数控车床的控制。如图1－17所示。

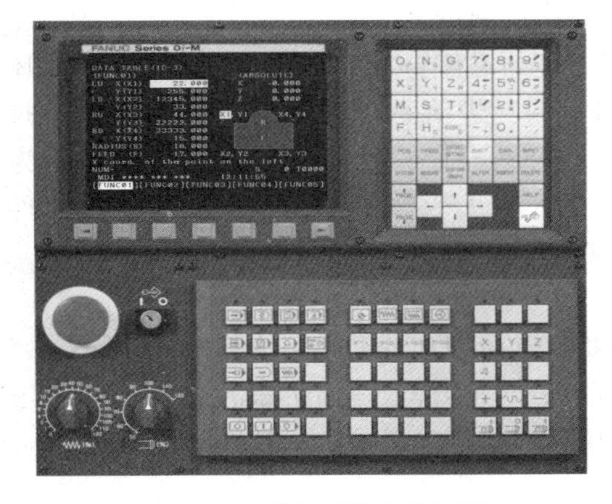

图1－17　数控系统操作面板

(三) 驱动部分

驱动部分是数控车床执行机构的驱动部分，包括主轴电动机和伺服电动机。如图1－18和图1－19所示。

图1－18　主轴电动机

图1－19　伺服电动机

三、数控机床的特点

在大批量生产条件下，采用机械加工自动化可以取得较好的经济效益。大批量生产中加工自动化的基础是工艺过程的严格流程，从而可以建立自动流水线。对于小批量的产品生产，由于生产过程中产品品种的变换频繁、批量小以及加工方法的区别大，因此实现加工自动化存在相当大的难度，不能采用大批量生产的刚性自动化方式。因此，大力发展柔性制造技术成为机械加工自动化的必然出路。

柔性制造技术实际上是计算机控制的自动化制造技术，它包含计算机控制的单台加工设备和各种规模的自动化制造系统。所以数控机床是实现柔性自动化的最重要设备，与其他加工设备相比，数控机床具有如下特点：

（1）适应性强，适合加工单件或小批量复杂工件。

数控机床加工工件时，只需要简单的夹具，不需要制作特别的工装夹具，所以改变加工工件后，只需要重新编制新工件的加工程序，就能实现新工件加工，不需要重新调整机床。因此，数控机床特别适合单件、小批量及试制新产品的加工。

（2）加工精度高，产品质量稳定。

数控机床的脉冲当量普遍可达 0.001 mm/P，传动系统和机床结构都具有很高的刚度和热稳定性，工件加工精度高，进给系统采用消除间隙措施，并对反向间隙与丝杠螺距误差等由数控系统实现自动补偿，所以加工精度高。特别是因为数控机床加工完全是自动进行的，这就消除了操作人员人为产生的误差，使同一批工件的尺寸一致性好，加工质量十分稳定。

（3）生产率高。

工件加工所需时间包括机动时间和辅助时间。数控机床能有效地减少这两部分时间。数控机床主轴转速和进给量的调速范围都比普通机床的范围大，机床刚性好，快速移动和停止采用了加速、减速措施，因而既能提高空行程运动速度，又能保证定位精度，有效地缩短了加工时间。

数控机床更换工件时，不需要调整机床，同一批工件加工质量稳定，无须停机检验，故辅助时间大大缩短。特别是使用自动换刀装置的数控加工中心机床，可以在一台机床上实现多工序连续加工，生产效率的提高更加明显。

（4）减轻劳动强度，改善劳动条件。

数控机床加工是自动进行的，工件加工过程不需要人的干预，加工完毕后自动停车，这就使工人的劳动条件大为改善。

（5）良好的经济效益。

虽然数控机床价格昂贵，分摊到每个工件上的设备费用较大，但是使用数控机床可节省许多其他费用。例如，工件加工前不用划线工序，工件安装、调整、加工和检验所花费的时间少，特别是其具有不用设计制造专用工装夹具、加工精度稳定、废品率低、减少了调度环节等优势，所以总体成本下降，可获得良好的经济效益。

（6）有利于生产管理的现代化。

数控机床使用数字信息与标准代码处理、传递信息，特别是在数控机床上使用计算机控制，为计算机辅助设计、制造以及实现生产过程的计算机管理与控制奠定了基础。

四、数控车床的加工特点

数控车床与普通卧式车床一样，主要用于轴类、盘类等回转体零件的加工，如完成各种内、外圆圆柱面，圆锥面，圆柱螺纹，圆锥螺纹，切槽，钻扩，铰孔等工序的加工；还可以完成卧式车床上不能完成的圆弧、各种非圆曲线构成的回转面、非标准螺纹、变螺距螺纹等的表面加工。数控车床特别适用于复杂形状的零件或中、小批量零件的加工。如图 1－20 所示。

图 1－20　常见车削工件类型

五、数控车削加工对象

数控车削有普通车削所不具备的许多优点，数控车削的应用范围正在不断扩大，除了能够加工普通车削所能加工的各种零件外，还能加工比较复杂的各种回转体类零件。根据数控车削的特点，从加工角度考虑，适合数控车削的主要加工对象有以下几类：

（一）精度要求高的回转体零件

由于数控车床刚性好，机床配件制造和对刀精度高，能方便和精确地进行人工补偿和自动补偿，所以能加工尺寸精度要求较高的零件，在有些场合可以以车代磨。此外，数控车削的刀具运动是通过高精度插补运算和伺服驱动来实现的，再加上机床的刚性好和制造精度高，所以它能加工直线度、圆度、圆柱度等形状精度要求高的零件。对于圆弧以及其他曲线轮廓，加工出的形状与图样上所要求的几何形状的接近程度比仿形车床要高得多。数控车削对提高位置精度还特别有效，不少位置精度要求高的零件用普通车床车削时，因机床制造精度低以及工件装夹次数多而达不到要求，只能在车削后用磨削或其他方法弥补。例如加工轴承内圈，原来采用三台液压半自动车床和一台液压仿形车床加工，需多次装夹，因而造成较大的壁厚差，达不到图样要求，后改用数控车床加工，一次装夹即可完成滚道和内孔的车削，壁厚差大为减少，且加工质量稳定。

（二）表面质量要求高的回转体零件

数控车床具有恒线速度切削功能，能加工出表面粗糙度值极小而均匀的零件。在材质、精车余量和刀具已确定的情况下，表面粗糙度取决于进给量和切削速度。在普通车床上车削锥面和端面时，由于转速恒定不变，致使车削后的表面粗糙度值与机床配件值不一致，只有某一直径处的表面粗糙度值最小，使用数控车床的恒线速度切削功能，就可选用最佳线速度来切削锥面和端面，使车削后的表面粗糙度值既小又一致。数控车削还适用于车削各部位表面粗糙度要求不同的零件，表面粗糙度值要求大的部位选用大的进给量，要求小的部位选用小的进给量。

（三）表面形状复杂的回转体零件

由于数控车床具有直线和圆弧插补功能，所以可以车削任意直线和曲线组成的形状复杂的回转体零件。壳体零件封闭内腔的成型面在普通车床上是无法加工的，而在数控车床上则很容易加工出来。组成零件轮廓的曲线可以是数学方程描述的曲线，加工中心也可以是列表曲线。对于由直线或圆弧组成的零件轮廓，直接利用机床的直线或圆弧插补功能；对于由非圆曲线组成的零件轮廓，应先用直线或圆弧去逼近，然后再用直线或圆弧插补功能进行插补切削。

（四）带特殊螺纹的回转体零件

普通车床所能车削的螺纹相当有限，它只能车削等导程的直、锥面的公、英制螺纹，而且一台车床只能限定加工若干种导程。但数控车床能车削增导程、减导程以及要求等导程和变导程之间平滑过渡的螺纹。数控车床车削螺纹时，主轴转向不必像普通车床那样交替变换，它可以一刀又一刀不停顿地循环，直到完成，所以车削螺纹的效率很高。数控车床可以配备精密螺纹切削功能，再加上采用硬质合金成型刀片，以及使用较高的转速，所以车削出来的螺纹精度高、表面粗糙度值小。

● 【知识拓展】

一、数控机床的产生

数字控制机床（Numerical Control Machine Tools）是用数字代码形式的信息（程序指令），控制刀具按给定的工作程序、运动速度和轨迹进行自动加工的机床，简称数控机床。数控机床是在机械制造技术和控制技术的基础上发展起来的，其过程大致如下：

1948 年，美国帕森斯公司接受美国空军委托，研制直升机螺旋桨叶片轮廓检验用样板的加工设备。由于样板形状复杂多样，精度要求高，一般加工设备难以适应，于是提出采用数字脉冲控制机床的设想。

1949 年，该公司与美国麻省理工学院（MIT）开始共同研究，并于 1952 年试制成功第一台三坐标数控铣床，当时的数控装置采用电子管元件。

1959 年，数控装置采用了晶体管元件和印刷电路板，出现带自动换刀装置的数控机床，称为加工中心（MC Machining Center），使数控装置进入了第二代。

1965 年，出现了第三代的集成电路数控装置，不仅体积小，功率消耗少，且可靠性提高，价格进一步下降，促进了数控机床品种和产量的发展。

20 世纪 60 年代末，先后出现了由一台计算机直接控制多台机床的直接数控系统（简称 DNC），又称群控系统；采用小型计算机控制的计算机数控系统（简称 CNC），使数控装置进入了以小型计算机化为特征的第四代。

1974 年，成功研制使用微处理器和半导体存储器的微型计算机数控装置（简称 MNC），这是第五代数控系统。

20 世纪 80 年代初，随着计算机软、硬件技术的发展，出现了能进行人机对话式自动编制程序的数控装置；数控装置趋向小型化，可以直接安装在机床上；数控机床的自动化程度进一步提高，具有自动监控刀具破损和自动检测工件等功能。

20 世纪 90 年代后期，出现了 PC + CNC 智能数控系统，即以 PC 机为控制系统的硬件部分，在 PC 机上安装 NC 软件系统，此种方式系统维护方便，易于实现网络化制造。

二、车削加工中心

可以铣削加工的数控车床一般称为车铣复合加工中心，加工中心绝大部分备有刀库。车削加工中心，首先是有可转位的刀库，另外可以自动装夹及送料加工，这样才可以称为车削加工中心。

如图 1 – 21（a）所示为意大利 Baruffaldi 公司生产的适用于全功能数控车床及车削中心的动力转塔刀架。刀盘上既可以安装各种非动力辅助刀夹（车刀夹、镗刀夹、弹簧夹头、莫氏刀柄等）夹持刀具进行加工，还可安装动力刀夹进行主动切削，配合主机完成车、铣、钻、镗等各种复杂工序，实现加工程序的自动化、高效化。

如图 1 – 21（b）所示为该转塔刀架的传动示意图。刀架采用端齿盘作为分度定位元件，刀架转位由三相异步电动机驱动，电动机内部带有制动机构，刀位由二进制绝对编码器识别，并可双向转位和任意刀位就近选刀。动力刀具由交流伺服电动机驱动，通过同步齿形带、传动轴、传动齿轮、端面齿离合器将动力传递到动力刀夹，再通过刀夹内部的齿轮传动，刀具回转，实现主动切削。

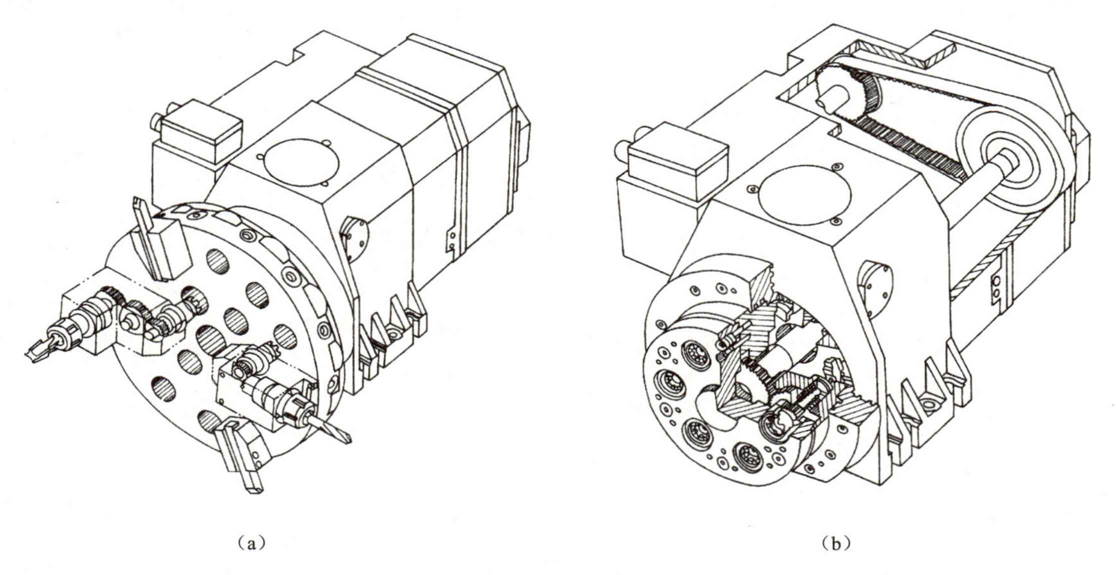

图 1 – 21　动力转塔刀架

（a）刀架外形；（b）传动示意图

三、车铣加工中心

车铣加工中心可对复杂零件进行高精度的六面完整加工。可以自动进行从第 1 主轴到第 2 主轴的工件交接，自动进行第 2 工序的工件背面加工。其具有高性能的直线电动机以及高精度的车铣主轴。对于以前需要通过多台机床分工序加工的复杂形状工件，车铣加工中心机床通过一次装夹即可进行全工序的加工。特别适用航天航空工业、汽车工业和液压气动产业以及在高精度要求的机床和刀具制造业中应用。如图 1 – 22 所示。

图 1-22　车铣加工中心机床

- 【思考与练习】

(1) 数控车床由哪几部分组成?
(2) 数控车床的加工特点有哪些?
(3) 哪类零件适合选用数控车床进行加工?

任务二　认识数控车床面板

- 【能力目标】

✈ 熟练进行数控车床面板功能键的操作;
✈ 会进行数控车床常规维护与保养。

- 【知识目标】

✈ 掌握 FANUC-0i Mate-TD 系统数控车床面板功能;
✈ 掌握数控车床安全操作规程;
✈ 熟悉数控车床日常维护及保养。

- 【安全规范】

✈ 未经允许，禁止擅自运行机床;
✈ 手动移动机床要注意刀架所在位置，防止超程或撞击现象;
✈ 未经允许，禁止擅自修改机床内置参数。

● 【知识学习】

一、掌握 FANUC－0i Mate－TD 系统数控车床面板功能

（一）操作模式选择按键

FANUC－0i Mate－TD 系统数控车床面板如图 1－23 所示。

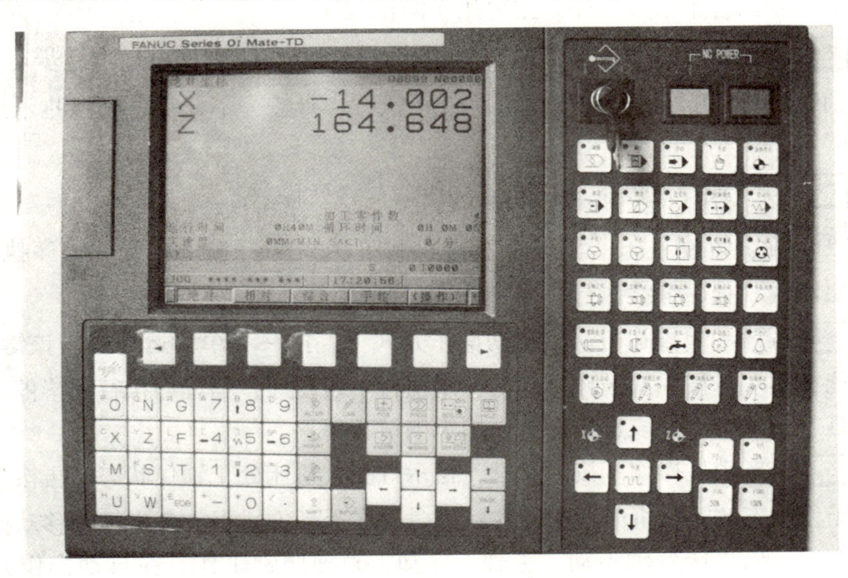

图 1－23　FANUC－0i Mate－TD 系统数控车床面板

常用数控车床控制面板按键的功能解释如下。

（1）自动操作方式。自动操作方式按照程序的指令控制机床连续自动加工。

（2）编辑方式。编辑方式下，可以对工件加工程序进行存储和编辑。

（3）MDI（手动数据输入）。用于临时执行程序（执行成功后程序消失，FANUC 系统程序段不超过 10 段），可通过 CNC 键盘输入一段程序，然后按循环启动键执行该程序。系统参数的修改必须在此方式下进行。主轴转速可在此方式下用 M41、M42、M43、M44 指令指定主轴转速级数，在此方式下用 M03、M04、M05 指定主轴的正转、反转和停止；用 M08、M09 开断切削液；用相应的刀具指令调刀。

（4）远程执行。在该模式下可以直接执行由外部数据源（纸带、电缆）传入的程序（机床不保存的程序）。

（5）返回参考点。按下此键，指示灯亮，机床处于手动返回参考点方式，通过按 *X* 或 *Z* 轴正方向键，机床分别在 *X* 或 *Z* 轴方向返回参考点。在此方式下机床的软超程保护功能和螺距补偿功能方有效。

（6）快速点动。按下此快速点动键并同时按下相应的方向点动键，在快速倍率 1%、25%、50%、100% 中任选一键，其指示灯亮，其余皆灭，该键上的百分数就是当前的快速倍率。可使刀架按不同倍率快速移动。

（7）机动速度进给。以特定的进给速度控制机床某坐标轴移动。

（8）手摇脉冲进给方式。按下此键，并按下［X］键或［Z］键选择所需的进给倍率，可通过手轮使刀架前后或左右运动进行试切削对刀。

（9）程序的单段运行。在自动方式下，按一下单段运行键，该键指示灯亮，单段执行功能有效。每按一次循环启动键，则执行一段程序，当此段程序执行完毕将停下来，再按循环启动键，则执行下一段程序。主要用于测试程序。

（10）程序段任选跳步操作。按下此键，指示灯亮，程序段任选跳步功能有效，对凡在程序段前有“/”符号的程序段全部跳过不执行；再按一下此键，则该指示灯灭，该功能失效。

（11）程序选择性停止。执行至 M01 时是否暂停。

（12）进给暂停。在自动操作方式和 MDI 方式下，按下此键，程序执行被暂停，再按下循环启动键，程序继续执行。

（13）程序的单段运行。在自动操作方式下，按一下单段运行键，该键指示灯亮，单段执行功能有效。每按一次循环启动键，则执行一段程序，当程序执行完毕停下来，再按动循环启动键，再执行下一段程序。主要用于测试程序。

（14）机床锁住操作。按下此键，指示灯亮，机床处于锁住状态。再按一次，指示灯灭，机床锁住状态解除。机床处于锁住状态时，在手动方式下，各坐标轴移动操作只能使位置显示值变化，而机床各轴不动，主轴、冷却、刀架照常工作。在自动操作方式和 MDI 方式下，程序能照常运行，位置显示值变化，而机床各轴不动，主轴、冷却、刀架照常工作。

（15）试运行。在自动操作方式下按下此键试运行操作，也称空运行，用于在不切削的情况下实验、检查新输入的工件加工程序的操作。

（16）循环启动键。在自动操作方式和 MDI 方式下，按下此键，启动程序。

（17）程序运行开始。模式选择旋转在“AUTO”和“MDI”位置时按下有效，其余时间按下无效。

（18）循环停止。自动方式下，遇到 M00 指令程序停止。

（19）主轴正转。手动开机床主轴正转。

（20）主轴停转。手动开机床主轴停转。

（21）主轴反转。手动开机床主轴反转。

（22）急停键。它在机床操作面板上是一个红色按钮，如发生紧急情况，立即按下此键使机床的全部动作停止，该按钮自锁；故障排除后，顺时针旋转按钮即可复位。

（23）主轴倍率。主轴速度调节旋钮调节主轴速度，速度调节范围从 0～120%。

（24）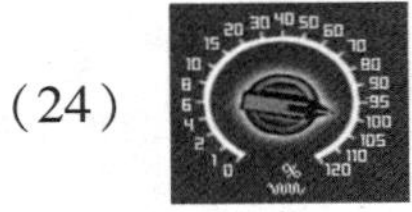进给倍率。调节旋钮调节数控程序运行中的进给速度，速度调节范围从 0 ~ 120%。

（二）MDI 操作面板

数控系统 MDI 操作面板如图 1 – 24 所示。

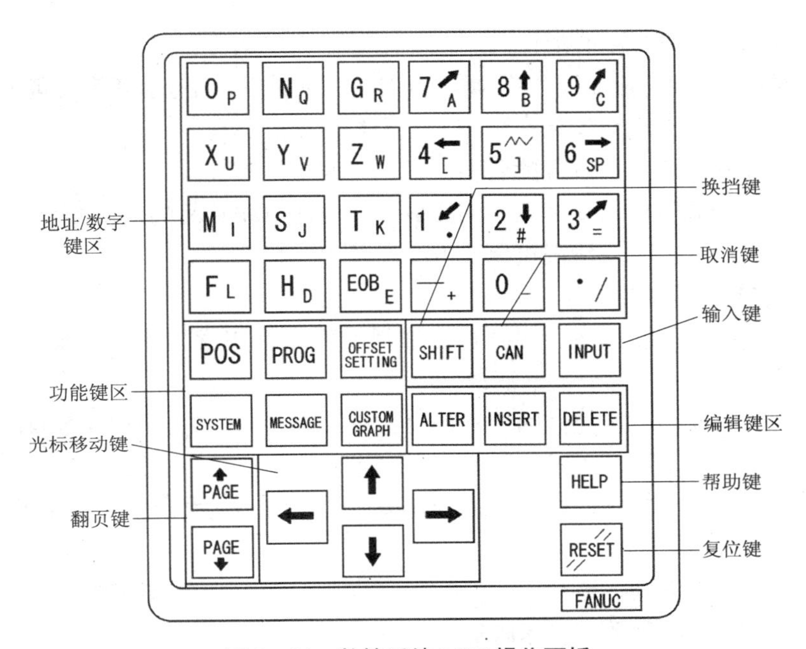

图 1 – 24　数控系统 MDI 操作面板

（1）显示坐标的位置。

（2）显示程序的内容。

（3）显示或输入刀具偏置量和磨耗值。

（4）上挡键。

（5）删除输入域中的字符。

（6）数据的输入键。

（7）系统参数页面。

（8）信息页面。

（9）图形参数设置页面。

（10）插入键。

（11）输入所编写的数据指令。

（12）删除光标所在的代码。

（13）PAGE↑ 按该键可以进行显示器的上翻页。

（14）PAGE↓ 按该键可以进行显示器的下翻页。

（15）RESET 复位键。

二、数控车床安全操作规程

（一）安全操作基本注意事项

（1）工作时请穿好工作服、安全鞋，戴好工作帽及防护镜，注意：不允许戴手套操作机床。

（2）注意不要移动或损坏安装在机床上的警告标牌。

（3）注意不要在机床周围放置障碍物，工作空间应足够大。

（4）某一项工作如需两人或多人共同完成时，应注意相互间的协调配合。

（5）不允许采用压缩空气清洗机床、电气柜及 NC 单元。

（二）工作前的准备工作

（1）机床开始工作前要预热，认真检查润滑系统是否正常工作，如果机床长时间未开动，可先采用手动方式向各部分供油润滑。

（2）使用的刀具应与机床允许的规格相符，有严重破损的刀具要及时更换。

（3）为了调整刀具所用的工具不要遗忘在机床内。

（4）检查大尺寸轴类零件的中心孔是否合适，如果中心孔太小，工作中易发生危险。

（5）刀具安装好后应进行 1 ~2 次试切削。

（6）检查卡盘是否夹紧。

（7）机床开动前，必须关好机床防护门。

（三）工作过程中的安全注意事项

（1）禁止用手接触刀尖和铁屑，铁屑必须要用铁钩子或毛刷来清理。

（2）禁止用手或其他任何方式接触正在旋转的主轴、工件或其他运动部位。

（3）禁止加工过程中量活、变速，更不能用棉丝擦拭工件，也不能清扫机床。

（4）车床运转中，操作人员不得离开岗位，发现异常现象应立即停车。

（5）经常检查轴承温度，温度过高时应找相关人员进行检查。

（6）在加工过程中，不允许打开机床防护门。

（7）严格遵守岗位责任制，机床由专人使用，他人使用须经本人同意。

（8）工件伸出车床 100 mm 以外时，须在伸出位置设防护物。

（9）禁止进行尝试性操作。

（10）手动回归原点时，注意机床各轴位置要距离原点 100 mm 以上，机床原点回归顺序为：首先 $+X$ 轴，其次 $+Z$ 轴。

（11）使用手轮或快速移动方式移动各轴位置时，一定要看清机床 X、Z 轴各方向“+、-”标牌后再移动。移动时先慢转手轮观察机床移动方向无误后，方可加快移动速度。

（12）编完程序或将程序输入机床后，须先进行图形模拟，确认无误后再要进行机床试运行，并且刀具应离开工件端面 100 mm 以上。

（13）程序运行注意事项。

① 对刀应准确无误，刀具补偿号应与程序调用刀具号相符。

② 检查机床各功能按键的位置是否正确。

③ 光标要放在主程序开头。

④ 加注适量冷却液。

⑤ 站立位置应合适，启动程序时，右手做按停止按钮的准备，程序在运行当中手不能离开停止按钮，如有紧急情况立即按下停止按钮。

（14）加工过程中认真观察切削及冷却状况，确保机床、刀具的正常运行及工件的质量，并关闭防护门以免铁屑、润滑油飞出。

（15）在程序运行中须暂停车床来测量工件尺寸时，要待机床完全停止、主轴停转后方可进行测量，以免发生人身事故。

（16）关机时，要等主轴停转3分钟后方可关机。

（17）未经许可禁止打开电器箱。

（18）各手动润滑点必须按说明书要求润滑。

（19）修改程序的钥匙在程序调整完后要立即拿掉，不得插在机床上，以免无意间改动程序。

（20）使用机床时，每日必须使用切削油开机循环0.5小时，冬天时间可稍短一些，切削液要定期更换，一般在1~2个月之间。

（21）机床若数天不使用，则每隔一天应对NC及CRT部分通电2~3小时。

（四）工作完成后的注意事项

（1）清除切屑，擦拭机床，使机床与环境保持清洁状态。

（2）注意检查或更换磨损了的机床导轨上的油擦板。

（3）检查润滑油、冷却液的状态，及时添加或更换。

（4）依次关掉机床操作面板上的电源和总电源。

三、数控车床日常维护及保养

（一）数控车床日常维护及保养

数控车床日常维护及保养方法，如表1-1所示。

表1-1　数控车床日常维护及保养

检查周期	检查部位	检查要求
每天	导轨润滑油箱	检查油标、油量，检查润滑泵能否定时启动供油及停止
每天	*Z*轴向导轨面	清除切屑及其他脏物，检查导轨面有无划伤
每天	压缩空气气源压力	检查气动控制系统压力
每天	主轴润滑恒温油箱	工作正常，油量充足并能调节温度范围
每天	机床液压系统	油箱、液压泵无异常噪声，压力指示正常，管路及各接头无泄漏
每天	各种电气柜散热通风装置	各电气柜冷却风扇工作正常，风道过滤网无堵塞
每天	各种防护装置	导轨、机床防护罩等无松动、无漏水
每半年	滚珠丝杆	清洗丝杆上旧润滑脂，涂上新润滑脂
不定期	切削液箱	检查液面高度，经常清洗过滤器等

续表

检查周期	检查部位	检查要求
不定期	排屑器	经常清理切屑
不定期	清理废油池	及时取走滤油池中的废油，以免外溢
不定期	调整主轴驱动带松紧程度	按机床说明书调整
不定期	检查各轴导轨上的镶条	按机床说明书调整

（二）数控系统日常维护及保养

数控系统使用一段时间后，某些元器件或机械部件发生老化、损坏。为延长元器件的寿命和零部件的磨损周期应在以下几个方面注意维护：

（1）尽量少开数控柜和强电柜门，车间空气中一般含有油雾、潮气和灰尘。一旦落在数控装置内的电路板或电子元器件上，容易引起元器件间绝缘电阻下降，并导致元器件损坏。

（2）定期清理数控装置的散热通风系统，散热通风口过滤网上灰尘积聚过多，会引起数控装置内温度过高（一般不允许超过55℃），致使数控系统工作不稳定，甚至发生过热报警。

（3）经常监视数控装置电网电压，数控装置允许电网电压在额定值的±10%范围内波动。如果超过此范围就会造成数控系统不能正常工作，甚至引起数控系统内某些元器件损坏。为此，需要经常监视数控装置的电网电压。电网电压质量差时，应加装电源稳定器。

- **【资料链接】**

数控车床若长时间不用也应定期进行维护保养，至少每周通电空运行一次，每次不少于1个小时，在环境温度较高的雨季更应如此。利用电子元器件本身的发热来驱散数控装置内的潮气，以保证电子部件性能的稳定可靠。如果数控车床闲置半年以上不用，应将直流伺服电动机的电刷取出来，以免换向器表面受到化学腐蚀作用，使换向性能受损，甚至损坏整台电动机。机床长期不用还会出现后备电池失效，使机床初始参数丢失或部分参数改变，因此应注意及时更换后备电池。

- **【思考与练习】**

（1）简述数控车床的安全操作规程。
（2）数控车床日常维护保养的部位有哪些？
（3）怎样做好数控系统的日常维护？

任务三　数控车床手动操作与试切削

- **【能力目标】**

✈ 熟练进行回参考点操作；
✈ 学会装夹工件，装拆数控刀具；

➔ 学会数控车床手动操作；
➔ 学会数控车床试切削加工方法；
➔ 学会用测量工具进行测量，并进行精度检查。

- **【知识目标】**

➔ 了解常用数控车刀的种类与用途；
➔ 了解可转位刀具等工艺装备知识；
➔ 掌握数控车床坐标系知识。

- **【安全规范】**

➔ 工作服装穿戴整齐；
➔ 远离卡盘工件换刀；
➔ 停稳车后再进行测量操作。

- **【知识学习】**

一、车床常用刀具

常用数控车刀的种类、形状和用途，如图 1－25 所示。

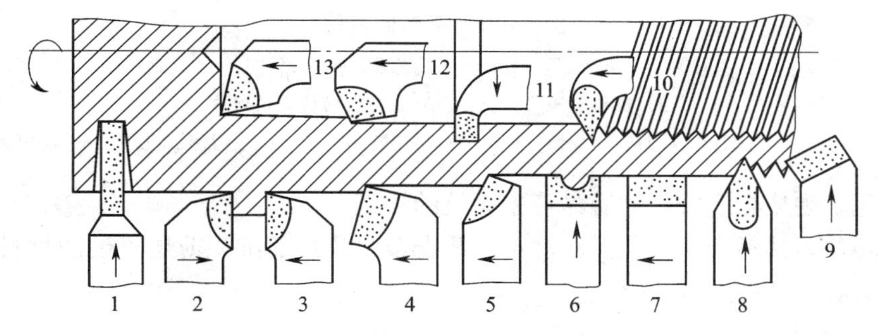

图 1－25　常用数控车刀的种类、形状和用途

1—切断刀；2—右偏刀；3—左偏刀；4—弯头车刀；5—直头车刀；6—成型车刀；7—宽刃精车刀；8—外螺纹车刀；9—端面车刀；10—内螺纹车刀；11—内切槽刀；12—通孔车刀；13—盲孔车刀

其中数控外圆车刀类同一般车床外圆车刀，常用的有整体式、焊接式、机夹式和可转位式。为适应数控加工特点，数控车床常采用可转位车刀，并采用涂层刀片，以提高加工效率。

为了减少换刀时间和方便对刀，便于实现机械加工的标准化，数控车削加工时，应尽量采用机夹刀和机夹刀片。数控车床一般选用可转位车刀。这种车刀就是使用可转位刀片的机夹车刀，把经过研磨的可转位多边形刀片用夹紧组件夹在刀杆上，其夹紧方式如图 1－26（a）～图 1－26（c）所示。车刀刀片每边都有切削刃，当某切削刃磨损钝化后，只需松开夹紧元件，将刀片转一个位置，即可用新的切削刃继续切削，只有当多边形刀片所有的刀刃都磨钝后，才需要更换刀片。可转位刀具的优点有：

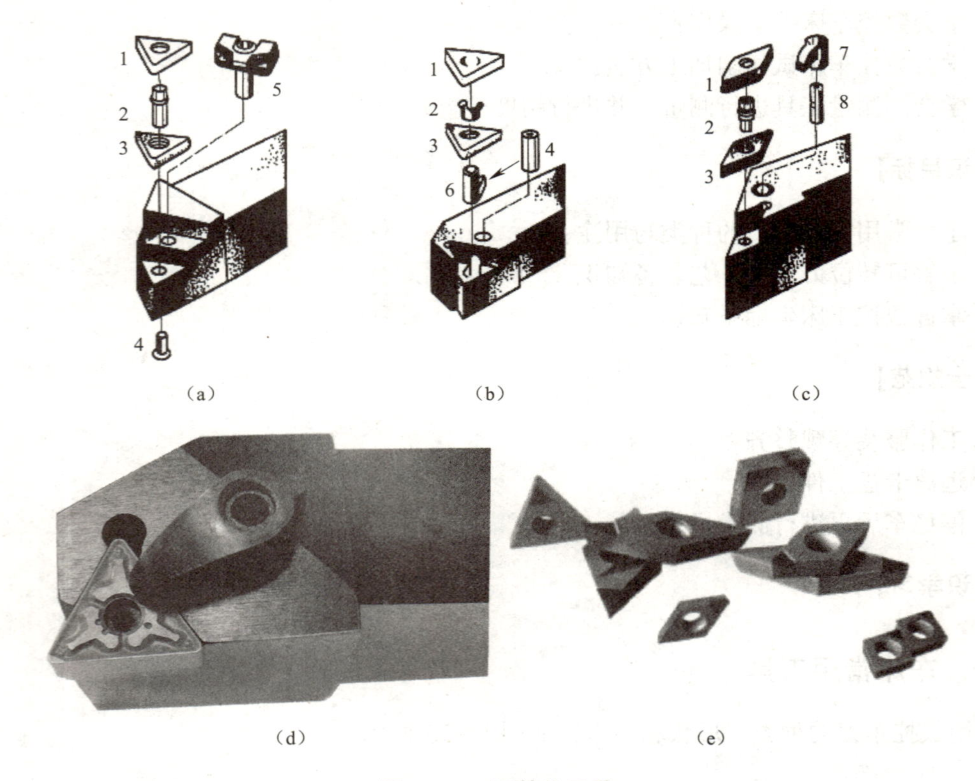

图 1－26　可转位刀具

(a) 楔块上压式夹紧；(b) 杠杆式夹紧；(c) 螺钉上压式夹紧；

(d) 螺钉上压式夹紧；(e) 常见可转位刀具刀片

1—刀片；2—定位销；3—刀垫；4—螺钉；5—楔块夹紧；6—杠杆；7—上压式夹紧；8—螺钉夹紧

(1) 避免了硬质合金钎焊时容易产生裂纹的缺点；

(2) 可转位刀片适合用气相沉积法在硬质合金刀片表面沉积薄层更硬的材料（碳化钛、氮化钛和氧化铝），以提高切削性能；

(3) 换刀时间较短；

(4) 由于可转位刀片是标准化和集中生产的，刀片几何参数一致，切屑控制稳定。

二、坐标系

数控机床上，为确定机床运动方向和距离，必须要有一个坐标系才能实现，我们把这种固有的坐标系称为机床坐标系。该坐标系的建立必须依据一定的原则。

在数控车床上，一般来讲，通常使用两个坐标系：一个是机床坐标系；另一个是工件坐标系，也称为编程坐标系。

(一) 机床坐标系

为了确定机床的运动方向和移动距离，必须在机床上建立一个坐标系，该坐标系就是机床坐标系。机床坐标系是机床固有的坐标系，它是制造和调整机床的基础，也是设置工件坐标系的基础。在机床经过设计、制造和调整后，机床坐标系就已经由机床生产厂家确定好了，一般情况下用户不能随意改动。

前置刀架：

刀架与操作人员在同一侧，操作人员站在数控车床前面，刀架位于主轴和操作人员之间，经济型数控车床和水平导轨的普通数控车床常采用前置刀架，X 轴正方向指向操作人员。如图 1－27 所示。

后置刀架：

刀架与操作人员不在同一侧，主轴位于刀架和操作人员之间，倾斜导轨的全功能型数控车床和车削中心常采用后置刀架，X 轴正方向背向操作人员。如图 1－28 所示。

图 1－27　前置刀架图

图 1－28　后置刀架图

1. 机床原点、机床参考点

数控车床的坐标系如图 1－29 所示。它是以机床原点为坐标原点建立起来的。

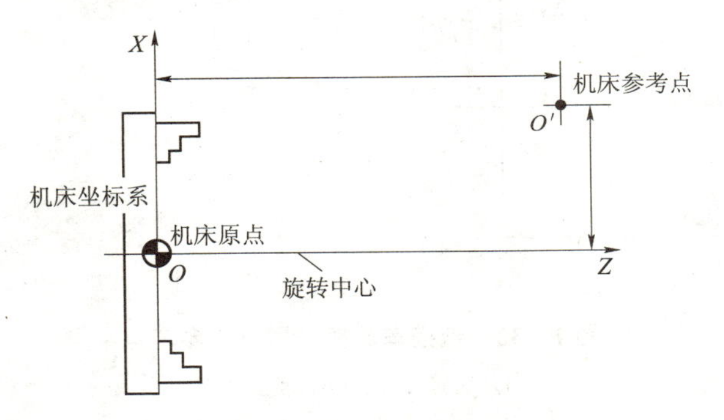

图 1－29　机床坐标系

机床原点是机床上一个固定的点，一般数控车床的机床原点处于主轴旋转中心与卡盘后端面的交点。图 1－34 中 O 点即为机床原点。

常见数控车床坐标系如图 1－30 和图 1－31 所示。

参考点也是机床上一个固定的点，它使刀具退到一个固定不变的位置。该点与机床原点的相对位置如图 1－29 所示（图中的 O'即为参考点）。参考点的固定位置由 Z 向和 X 向的机械限位挡块或者电气装置来限定，一般设在车床正向最大极限位置。当进行回参考点（也叫回零点）的操作时，装在纵向和横向滑板上的行程开关碰到相应的挡块后，就会向数控系统发出信号，由系统控制滑板停止运动，完成回参考点的操作。对操作人员来说，参考点比机床原点更常用、更重要。

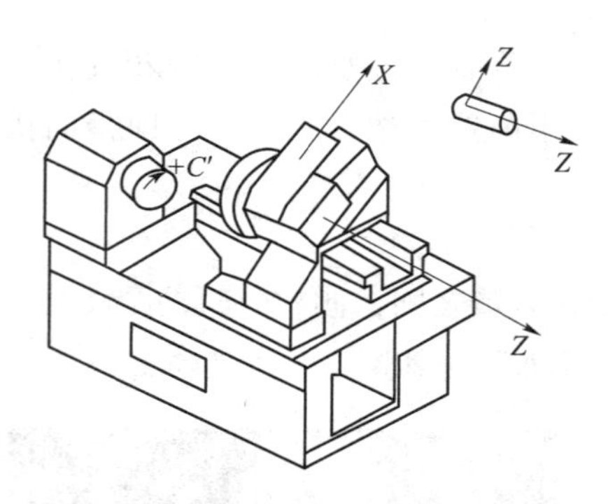

图 1-30　斜床身后置刀架数控车床坐标系

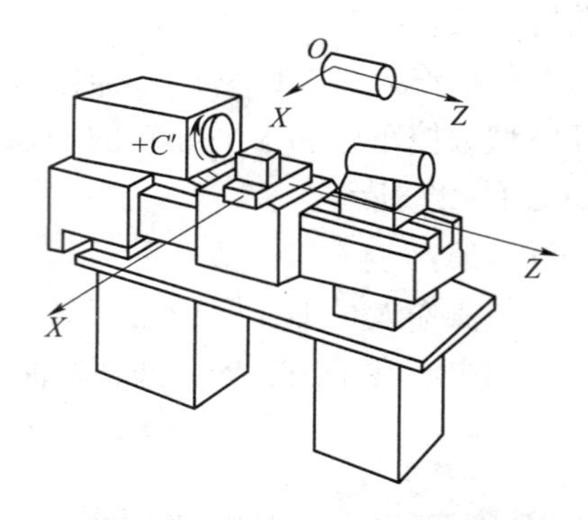

图 1-31　水平床身前置刀架数控车床坐标系

机床通电后，必须进行返回参考点的操作，当完成返回参考点的操作后，CRT 屏幕上则立即显示出此时刀架中心（对刀参考点）在机床坐标系中的位置，这就相当于在数控系统内部建立了一个以机床原点为坐标原点的机床坐标系。刀具移动才有了依据，否则不仅加工无基准，而且还会发生碰撞等事故。后置刀架与前置刀架的机床坐标系如图 1-32 所示。

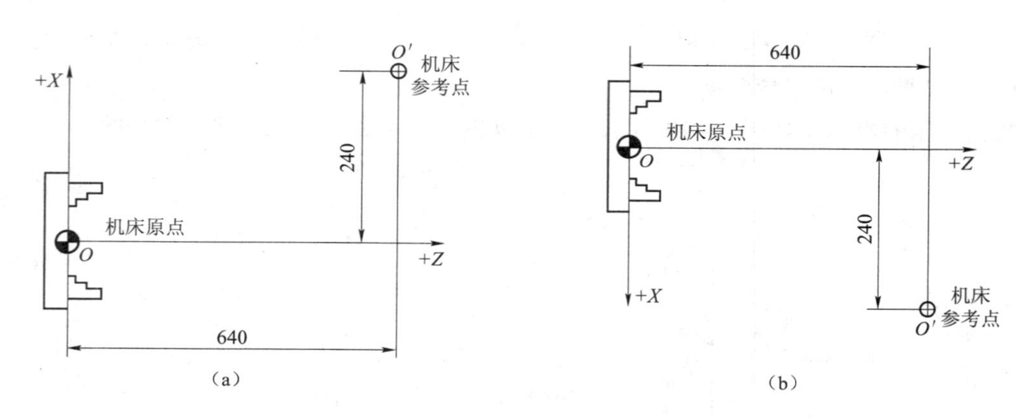

图 1-32　数控车床机床原点与参考点

(a) 后置刀架；(b) 前置刀架

2. 机床坐标系的确定原则

数控机床上的坐标系采用右手直角笛卡尔坐标系如图 1-33 所示，右手的拇指、食指、中指保持相互垂直，拇指的指向为 X 轴的正方向，食指指向为 Y 轴的正方向，中指指向为 Z 轴的正方向。围绕 X、Y、Z 轴旋转的圆周进给坐标轴分别用 A、B、C 表示。根据右手螺旋定则（右手握轴）以大拇指指向 $+X$、$+Y$、$+Z$ 方向，则食指、中指等指向圆周进给运动的 $+A$、$+B$、$+C$ 方向。

GB/T 19660-2005 中规定：机床某一部件运动的正方向，是增大工件和刀具之间距离的方向。

（1）Z 坐标的运动。

Z 坐标轴与传递切削力的主轴方向一致。Z 坐标的正方向为增大工件与刀具之间距离的方向。

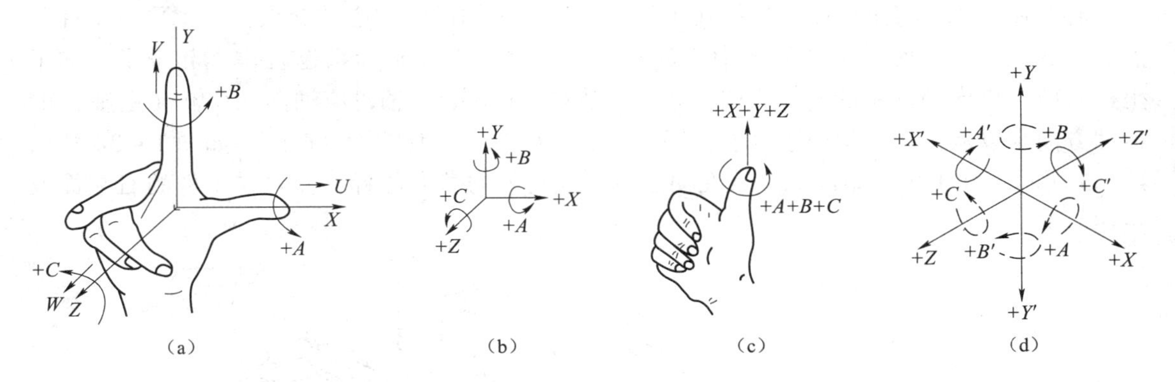

图 1－33 笛卡尔坐标系

例：① 对于车床、磨床等主轴带动工件旋转；

② 对于铣床、钻床、镗床等主轴带着刀具旋转：

a. 如果机床没有主轴（如牛头刨床），Z 轴垂直于工件装卡面。

b. 如在钻镗加工中，钻入和镗入工件的方向为 Z 坐标的负方向，而退出为正方向。

（2）X 坐标的运动。

X 坐标轴一般是水平的，平行于工件的装夹面。这是在刀具或工件定位平面内运动的主要坐标。

例：① 对于工件旋转的机床（如车床、磨床等），X 坐标的方向是在工件的径向上，且平行于横滑座，刀具离开工件旋转中心的方向为 X 轴正方向；

② 对于刀具旋转的机床（如铣床、镗床、钻床等）：

a. 如果 Z 轴是垂直的，当从刀具主轴向立柱看时，X 的正方向指向右方。

b. 如果 Z 轴（主轴）是水平的，当从主轴向工件方向看时，X 的正方向指向右方。

（3）Y 坐标的运动。

Y 坐标轴垂直于 X 和 Z 坐标轴。Y 运动的正方向根据 X 和 Z 坐标的正方向，按照右手直角笛卡尔坐标系来判断。

（二）工件坐标系

工件坐标系是编程人员在程序编制中使用的坐标系，程序中的坐标值均以此坐标系为依据，因此又称为编程坐标系。在进行数控程序编制时，必须首先确定工件坐标系和坐标原点。

零件图样给出以后，首先应该找出图样上的设计基准点，图样上其他各尺寸都是以该基准来进行标注的。同时，在零件加工过程中有工艺基准，设计基准应尽量与工艺基准统一。一般情况下，将该基准称为工件原点。

以工件原点为坐标原点建立起来的坐标系称为工件坐标系。工件坐标系是人为设定的，从理论上讲，工件坐标系的坐标原点选在任何位置都是可以的，但在实际编程过程中，其设定的依据是既要符合图样尺寸的标注习惯，又要便于编程。所以，应合理设定工件坐标系。工件坐标系一旦建立便一直有效，直到被新的工件坐标系所取代。

编程时，工件的各个尺寸坐标都是相对于工件原点而言的。因此，数控车床的工件原点也称为程序原点。

通常在车床上将工件原点选择在工件右端面与主轴回转中心的交点上，也可将工件原点选择在工件左端面与主轴回转中心的交点上，这样工件坐标系也就建立起来了。加工坐标系应与机床坐标系的坐标方向一致，X 轴对应径向，Z 轴对应轴向，C 轴（主轴）的运动方向则以从机床尾架向主轴看，逆时针为 $+C$ 向，顺时针为 $-C$ 向，如图 1－34 和图 1－35 所示。加工坐标系的原点选在便于测量或对刀的基准位置，一般在工件的右端面或左端面上。

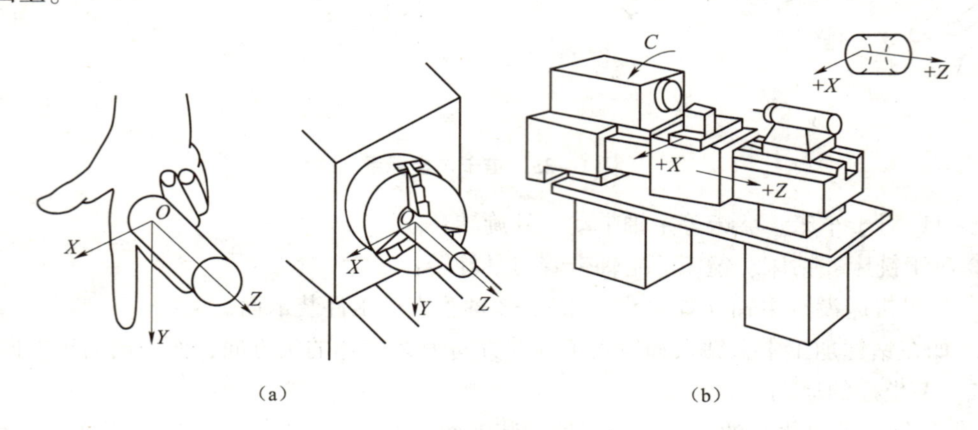

图 1－34　数控机床坐标系

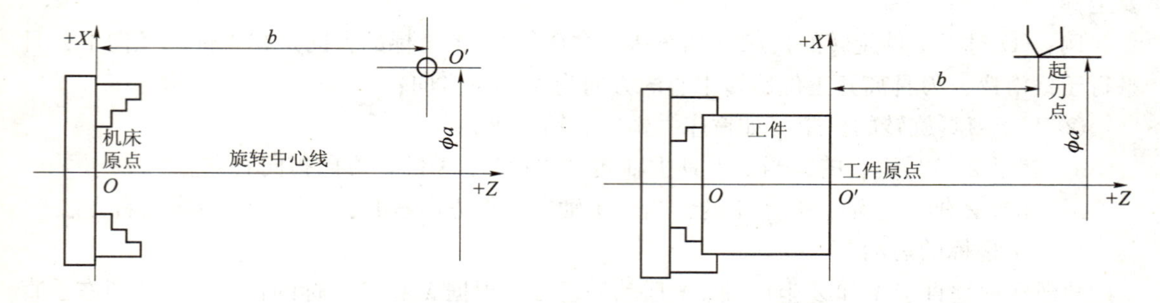

图 1－35　数控机床坐标系（左）与工件坐标系（右）

●【知识拓展】

数控车床所采用的可转位车刀，与通用车床相比一般无本质的区别，其基本结构、功能特点是相同的。但数控车床的加工工序是自动完成的，因此对可转位车刀的要求又有别于通用车床所使用的刀具，具体要求和特点如表 1－2 所示。

表 1－2　可转位车刀特点

要求	特点	目的
精度高	采用 M 级或更高精度等级的刀片； 多采用精密级的刀杆； 用带微调装置的刀杆在机外预调好	保证刀片重复定位精度，方便坐标设定，保证刀尖位置精度
可靠性高	采用断屑可靠性高的断屑槽型或有断屑台和断屑器的车刀； 采用结构可靠的车刀，采用复合式夹紧结构和夹紧可靠的其他结构	断屑稳定，不能有紊乱和带状切屑； 适应刀架快速移动和换位以及整个自动切削过程中夹紧不得有松动的要求

续表

要求	特点	目的
换刀迅速	采用车削工具系统； 采用快换小刀夹	迅速更换不同形式的切削部件，完成多种切削加工，提高生产效率
刀片材料	刀片较多采用涂层刀片	满足生产节拍要求，提高加工效率
刀杆截形	刀杆较多采用正方形刀杆，但因刀架系统结构差异大，有的需采用专用刀杆	刀杆与刀架系统匹配

● 【实施训练】

一、开机、参考点

（一）数控车床开机操作

操作步骤：接通数控车床电源，打开机床电源开关，启动数控系统电源按钮。

（二）回参考点操作

按回参考点 REF 按钮，按 X 按钮，再按 +，再按 Z 按钮，再按 + 按钮，即可回参考点。

在回原点模式下，先将 X 轴回原点，按控制面板上的 X 按钮，使 X 轴方向移动指示灯变亮 X，单击 +，此时 X 轴将回原点，X 轴回原点灯变亮 X，CRT 上的 X 坐标变为“390.00”。同样，再按 Z 轴方向移动按钮 Z，使 Z 轴方向指示灯变亮 Z，单击 +，此时 Z 轴将回原点，Z 轴回原点灯变亮，X原点灯 Z原点灯。

（三）操作注意事项

（1）严格遵守数控车床启动前操作要求；

（2）开机后应首先执行“回参考点”操作；

（3）一般先回 X 轴；

（4）当数控机床断电后（或按下紧急停止按钮），应重新回机床参考点。

二、手动（JOG）操作与试切削

（一）手动（JOG）操作

1. 坐标轴控制

（1）按下操作面板上的“手动”按钮，使其指示灯亮，机床进入手动加工模式。

分别单击 X ， Y ， Z 键，选择移动的坐标轴，分别按 + 、 − 键，控制机床的移动方向。

（2）如果同时按下 快速移动键和相应的坐标轴键，则坐标轴以快进速度运行。

（3）按下 ［JOG］键，选择手动工作模式，再按下［手轮模式］键，则实现用手持操作器控制各坐标轴增量移动，增量值大小由手持操作器中步距按钮控制，“X1、X10、

X1000”分别表示0.001 mm、0.01 mm、0.1 mm。

2. 主轴控制

按下 [JOG] 键，选择手动工作模式，按 控制主轴的转动和停止。

(二) 工件装夹、刀具装夹训练

1. 工件装夹训练

取 ϕ50 mm×70 mm 的45钢毛坯，装夹在三爪自定心卡盘上，伸出50 mm左右，用划线盘校正后用卡盘扳手旋紧三爪自定心卡盘，夹紧工件。

2. 刀具装夹训练

将外圆车刀装在刀架上，用垫刀片垫起，使刀尖与机床主轴等高，刀杆与主轴轴线垂直，刀头伸出20～30 mm，用刀架扳手夹紧。

训练时所用工、量、刃具如表1－3所示。

表1－3 工件、刀具装夹训练工、量、刃具清单

种类	序号	名称	规格	精度	单位	数量
工具	1	卡盘扳手			副	1
	2	刀架扳手			副	1
	3	垫刀片			块	若干
	4	加力杆			个	1
	5	划线盘			个	1
量具	1	游标卡尺	0～150 mm	0.02 mm	把	1
刃具	1	外圆车刀	90°		把	1

(三) 试切削训练

在此处可用手动加工方式完成工作任务一，如图1－1所示。

1. 手动切削工件端面

(1) 按 [JOG] 键，选择手动工作模式，使主轴正转。

(2) 按相应方向键，使车刀接近工件端面，车刀接近工件端面时，进给倍率一般为2%～4%。

(3) 使刀具沿 X 轴正方向退出（退出距离为稍大于工件直径）。

(4) 使刀具沿 Z 轴负方向切入一定深度（不超过1 mm）。

(5) 调小进给速度，进给倍率选2%～4%，使刀具沿 X 轴负方向进给，切削至工件中心。

(6) 使刀具沿 Z 轴正方向退出。

(7) 按复位键停止主轴转动。

2. 手动切削工件外圆

(1) 按 [JOG] 键，选择手动工件模式，使主轴正转。

(2) 按相应方向键，使车刀接近工件端面，进给倍率一般为2%～4%。

(3) 使刀具沿 Z 轴正方向退出工件。

(4) 使刀具沿 X 轴负方向切入一定深度（约2 mm）。

(5) 调小进给速度，进给倍率选2%～4%，使刀具沿 Z 轴负方向切削至要求长度。

(6) 使车刀沿 X 轴正方向退出。

(7) 使刀具沿 Z 轴正方向退出。

(8) 重复以上切削步骤直至加工出任务一所要求的尺寸。

(9) 按复位键停车。

(四) 切削结束

拆下工件和车刀，清理机床。

- **【知识拓展】**

一、数控车床坐标系及机床原点

有些数控车床坐标系不是设置在车床卡盘与主轴轴线的交点处，而是设置在 $+X$、$+Z$ 的极限位置。此时机床坐标系原点与机床参考点重合。回参考点操作又称回零操作。

二、装夹方案确定

在数控车床上根据工件结构特点和工件加工要求，确定合理装夹方式，选用相应的夹具。如轴类零件的定位方式通常是一端外圆固定，即用三爪自定心卡盘、四爪单动卡盘或弹簧套固定工件的外圆表面，但此定位方式对工件的悬伸长度有一定的限制。工件的悬伸长度过长则会在切削过程中产生较大的变形，严重时将无法切削。对于切削长度过长的工件可以采用一夹一顶或两顶尖装夹。数控车床常用的装夹方法有以下几种。

(一) 自定心卡盘装夹

三爪自定心卡盘是数控车床最常用的卡具。它的特点是可以自定心，夹持工件时一般不需要找正，装夹速度较快，但夹紧力较小，定心精度不高。适用于装夹中小型圆柱形、正三边或正六边形工件，不适合同轴度要求高的工件的二次装夹。

常见的三爪卡盘有机械式和液压式两种。数控车床上经常采用液压卡盘，液压卡盘特别适合于批量生产。

(二) 软爪装夹

由于三爪自定心卡盘定心精度不高，当加工同轴度要求高的工件的二次装夹时，常常使用软爪，如图1－36所示。软爪是一种可以加工的卡爪，在使用前根据被加工工件尺寸特别制造而成。

(三) 四爪单动卡盘装夹

用四爪单动卡盘装夹时，夹紧力较大，装夹精度较高，不受卡爪磨损的影响，但夹持工件时需要找正，如图1－37所示。适于装夹偏心距较小、形状不规则或大型的工件等。

(四) 中心孔定位装夹

(1) 两顶尖拨盘。顶尖分为前顶尖和后顶尖。前顶尖有两种形式，一种是插在主轴锥孔内，另一种是夹在卡盘上。后顶尖是插在尾座套筒内，其也有两种形式，一种是固定式，另一种是回转式。两顶尖只对工件起定心和支撑作用，工件安装时要用鸡心夹头或对分夹头夹紧工件的一端，必须通过鸡心夹头或对分夹头带动工件旋转。这种方式适用于装夹轴类零件，利用两顶尖定位还可以加工偏心工件。

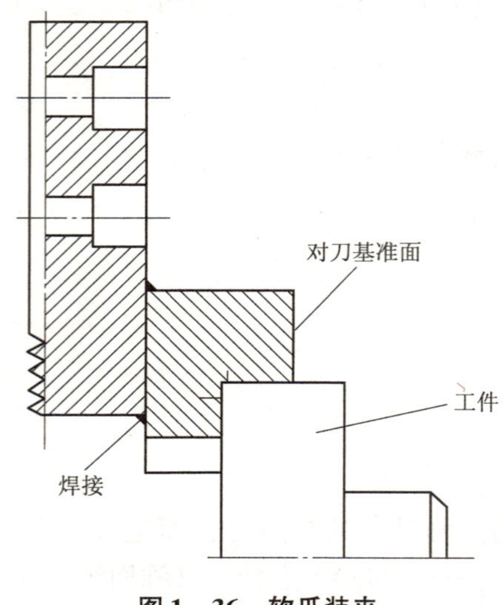

图 1－36　软爪装夹

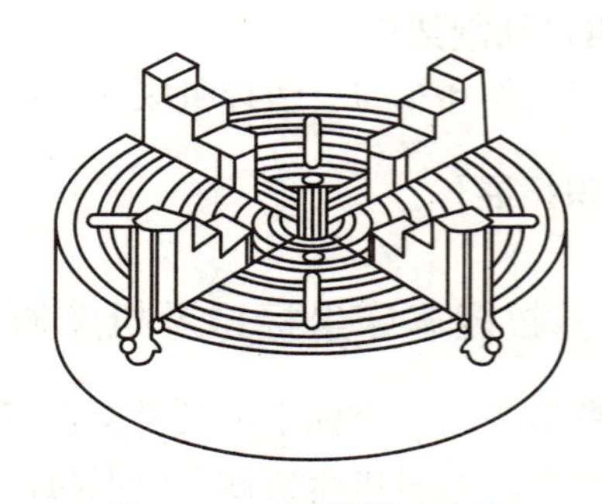

图 1－37　四爪单动卡盘

（2）拨动顶尖。拨动顶尖有内、外拨动顶尖和端面拨动顶尖两种。内、外拨动顶尖是通过带齿的锥面嵌入工件拨动工件旋转。端面拨动顶尖是利用端面的拨爪带动工件旋转，适合装夹直径在 ϕ50 ~ ϕ150 mm 之间的工件。

用两端中心孔定位，容易保证定位精度，但由于顶尖细小，装夹不够牢靠，不宜用大的切削用量进行加工。

（3）一夹一顶。一端用三爪或四爪卡盘，通过卡爪夹紧工件并带动工件转动，另一端用尾顶尖支撑。这种方式定位精度较高，装夹牢靠。

（五）心轴与弹簧卡头装夹

以孔为定位基准，用心轴装夹来加工外表面。以外圆为定位基准，采用弹簧卡头装夹来加工内表面。用心轴或弹簧卡头装夹工件的定位精度高，装夹工件方便、快捷，适用于装夹内外表面的位置精度要求较高的套类零件。

（六）利用其他工装夹具装夹

数控车削加工中有时会遇到一些形状复杂和不规则的零件，不能用三爪或四爪卡盘等夹具装夹，需要借助其他工装夹具装夹，如花盘、角铁等。对于批量生产的工件，还要采用专用夹具装夹。

三、定位装夹的基本原则

在数控机床上加工零件时，定位安装的基本原则与普通机床相同，要合理选择定位基准和夹紧方案。为提高数控机床的效率，在确定定位基准与夹紧方案时应注意以下三点：

（1）力求设计、工艺与编程计算的基准统一；

（2）尽量减少装夹次数，尽可能在一次定位装夹后，加工出全部待加工表面；

（3）避免采用占机人工调整式加工方案，以充分发挥数控机床的效能。

四、选择夹具的基本原则

数控加工的特点对夹具提出了两个基本要求，一是要保证夹具的坐标方向与机床的坐标方向相对固定；二是要协调零件和机床坐标系的尺寸关系。除此之外，还要考虑以下几点：

(1) 当零件加工批量不大时，应尽量采用组合夹具、可调式夹具和其他通用夹具，以缩短生产准备时间，节省生产成本。当达到一定批量生产时才考虑用专用夹具，并力求结构简单。

(2) 零件的装卸要快速、方便、可靠，以缩短机床的停止时间。

(3) 夹具上各零部件应不妨碍机床对零件各表面的加工。即其定位夹紧机构元件不能影响加工中的走刀（如发生碰撞等）。

此外，为提高数控加工的效率，在批量生产中，还可采用多位、多件夹具。

五、切削用量的选择

对于高效率的数控机床加工来说，被加工材料、切削刀具、切削用量是三大要素。这些条件决定着加工时间、刀具寿命和加工质量。经济、有效的加工方式，要求必须合理地选择切削条件。

在确定每道工序的切削用量时，应根据刀具的耐用度和机床说明书的规定去选择。也可以结合实际经验用类比法确定切削用量。对于表面粗糙度和精度要求较高的零件，要留有足够的精加工余量，数控加工的精加工余量可比通用机床的加工余量小一些。

六、使用可转位刀具应注意的问题

使用可转位刀具应注意的问题，如表 1－4 所示。

表 1－4　使用可转位刀具应注意的问题

问题	原因	措施
通常情况下刀具不好用	(1) 刀具形式选择不当； (2) 刀具制造质量太差； (3) 切削用量选择不当	(1) 重新选形； (2) 选择质量好的刀具； (3) 选择合理的切削用量
切削有振动	(1) 刀片没夹紧； (2) 刀片尺寸误差太大； (3) 夹紧元件变形； (4) 刀具质量太差	(1) 重新装夹刀具； (2) 更换符合要求的刀片； (3) 更换夹紧元件； (4) 更换刀具
刀尖打刀	(1) 刀片底面与刀垫有间隙； (2) 刀具材质抗弯强度低； (3) 夹紧时造成刀片抬高	(1) 重新装夹刀片，注意刀片底面贴紧； (2) 换刀片； (3) 更换刀片、刀垫或刀杆
切削时发出“吱吱”声	(1) 刀片底面与刀垫或刀垫与刀体间接触不实，刀具装夹不牢固； (2) 刀具磨损严重； (3) 刀杆伸出过长，刚度不够； (4) 工件细长或薄壁刚度不足，以及刀具刚度不足，装夹不牢	(1) 重新装夹刀具或刀片； (2) 更换掉磨损的切削刃； (3) 缩短刀杆伸出长度； (4) 增加工艺系统的刚度
刀尖处冒火花	(1) 刀尖或切削刃工件部分有缺口； (2) 刀具磨损严重； (3) 切削速度过高	(1) 更换掉磨损的切削刃或用金刚石修整切削刃； (2) 更换切削刃或刀片； (3) 降低切削速度

续表

问题	原因	措施
前面有积屑瘤	（1）几何角度不合理； （2）槽型不合理； （3）切削速度过高	（1）加大前角； （2）选择合理的槽型； （3）提高切削速度
切削粘刀	刀片材质	更换为 M 或 K 类的刀片
铁屑飞溅	（1）进给量过大； （2）脆性工件材料	（1）调整切削用量； （2）增加导屑或挡屑器
刀片有剥离现象	（1）切削液供给不充分； （2）切削不宜用切削液的高硬度材料； （3）刀片质量有问题	（1）增大切削液的流量，切削液就开始浇注直至刀具退出； （2）更换质量好的刀片

七、车刀使用中问题的解决方案

车刀使用中问题的解决方案，如表 1－5 所示。

表 1－5　车刀使用中问题的解决方案

问题	解决方法									
	降低切削速度	提高切削速度	减小进给量	增大进给量	减小切削深度	增大切削深度	选择更耐磨的牌号	选择韧性更高的牌号	选择较小的刀尖半径	选择正前角的几何槽形
后刀面磨损	×						×			
沟槽磨损	×						×			
月牙洼磨损	×		×				×			×
塑性变形	×		×				×			
积屑瘤（BUE）		×								×
垂直于切削刃的小裂缝								×		
切削刃的细小崩碎		×						×		×
刀片破裂			×		×			×		
带状切屑的扭曲				×		×			×	
振动	×			×	×				×	×

操作注意事项

（1）机床回参考点后切换成手动工作模式时不能再按使刀具沿 X、Z 轴正方向进给的按钮，否则机床会因超程而报警；当然刀具向 X、Z 轴负方向移动时也应注意不能超过机床移动范围。

（2）初步训练时尽量不用快速移动键，以避免刀具撞到机床主轴或工件表面。

（3）夹紧工件后，卡盘扳手要随时取下。

(4) 试切削过程中，应随时注意调节进给速度旋钮，避免进给速度过快而损伤车刀。
(5) 手动切削训练中可结合外圆、长度尺寸进行测量与控制练习。
(6) 工件、刀具的装拆要严格遵守安全操作规程。

• 【思考与练习】

(1) 常用数控外圆车刀有哪些?
(2) 工件坐标系建立的原则是什么?
(3) 数控车床在什么情况下需重新返回参考点?

任务四　数控车床程序输入与编辑

• 【能力目标】

✈ 熟练进行数控程序的打开及输入;
✈ 会对数控程序进行复制、删除、命名、替换、检索等编辑操作;
✈ 会对整个程序内容进行编辑处理。

• 【知识目标】

✈ 了解数控车床程序结构及组成;
✈ 掌握数控车床程序命名原则;
✈ 掌握数控车床程序段、程序字含义。

• 【知识学习】

一、数控车床程序结构

数控车床的程序结构由程序名、程序内容、程序结束三部分组成。

例如:

```
O0100;                          (程序名)
N10   T0101 M03 S500;          ┐
N20   G00 X30. Z10.;            │
N30   G00 X20. Z6.;             │
N40   G01 Z-30. F0.25;          │
N50   X50.;                     ├(程序内容)
N60   X60. Z-70.;               │
N70   X90.;                     │
N80   G00 X200. Z15.;           │
N90   M05;                      ┘
N100  M30;                      (程序结束)
```

上例为一个完整的零件加工程序，程序名为O0100。以上程序中每一行即称为一个程序段，其共由10个程序段组成，每个程序段以序号“N”开头。M30作为整个程序的结束。

（一）程序名

所有数控程序都要取一个程序名，用于存储、检索、调用。不同的数控系统命名原则不同。FANUC系统命名规则如下：

以字母“O”开头，后跟四位数字，即O0000～O9999，如O0030、O0230、O1234等。四位数字前面有“0”可以省略。

（二）程序内容

程序内容，又称程序主体，由各程序段组成，每一程序段规定数控车床执行某一具体动作，前一程序段规定的动作完成后才开始执行下一程序段的内容。程序段与程序段之间FANUC系统用EOB（;）分隔。

（三）程序结束

每一个数控加工程序都要有程序结束指令，FANUC系统可用M02或M30指令结束程序。M02程序结束，光标停在程序结尾处；M30程序结束，光标自动返回程序开头，而且有自动计数功能。

二、程序段组成

程序段由顺序号字（N）、准备功能字（G）、尺寸字（X、Z）、进给功能字（F）、主轴转速功能字（S）、刀具功能字（T）、辅助功能字（M）和程序结束符（;）组成。程序字组成程序段，程序段组成数控程序。

小贴士

程序名：程序名是零件程序的存储代号，与文件名的作用相似。方便检索。它一般以特殊符号开头（如O），后续四位数字码（前面零可省略）。

程序段：一个程序段由若干个功能指令字组成，用来指定一个加工步骤，程序段数字大小的顺序不表示加工或控制顺序，只是程序段的识别标记。在编程时，数字大小可以不连续，也可以颠倒，也可以部分或全部省略。但一般习惯按顺序并以5或10的倍数编程，以备插入新的程序段。

● **【实施训练】**

一、数控程序的输入

（1）按 编辑键，选择编辑工作模式。

（2）按 PROG 程序键，显示程序编辑画面或程序目录画面。

（3）输入新程序名，如“O0123”。

（4）按 INSERT 输入键，开始输入程序。

（5）按［EOB］键，再按 INSERT 输入键，换行后继续输入程序。

（6）按 CAN 取消键，可以依次删除输入区最后一个字符。

按［LIB］软键可显示数控系统中已存程序目录。图 1-38 所示为 FANUC 系统程序编辑窗口，图 1-39 所示为 FANUC 系统程序目录窗口。

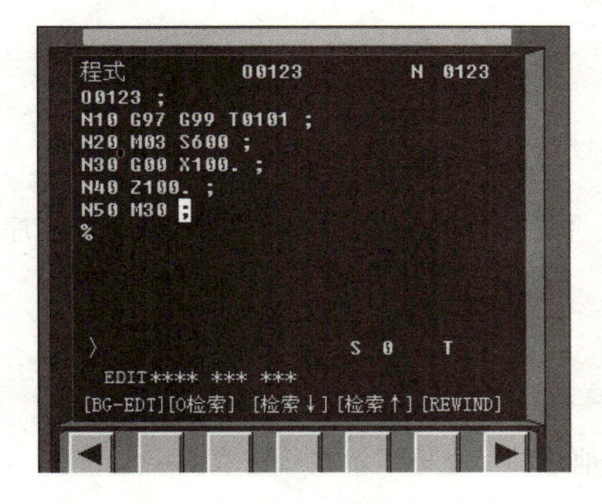

图 1-38　FANUC 系统程序编辑窗口

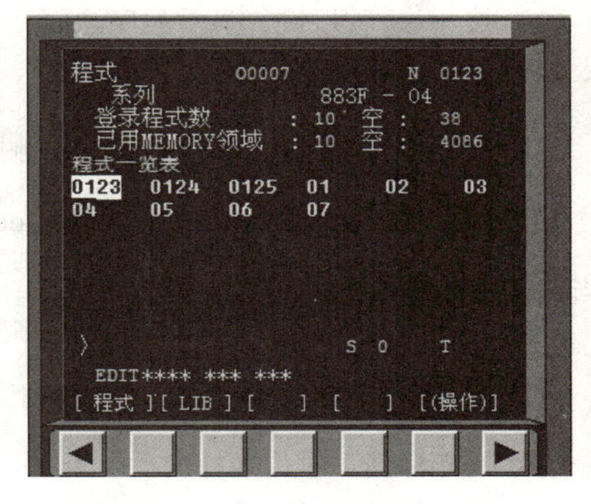

图 1-39　FANUC 系统程序目录窗口

二、数控程序的编辑

（一）程序的查找与打开

（1）按 编辑键或 自动工作模式键，使机床处于编辑或自动工作模式下。

（2）按 PROG 程序键，显示程序画面。

（3）输入要打开的程序，如“O0123”。

（4）按 ↓ 光标向下移动键即可打开该程序。

或者用以下方法：

（1）按 编辑键或 自动工作模式键，使机床处于编辑或自动工作模式下。

（2）按 PROG 程序键，显示程序画面。

（3）按［程序］软键，再按［操作］软键，出现［O 检索］，如图 1-39 所示。

（4）输入程序名如“O0123”，按［O 检索］软键即可打开该程序。

（二）程序的复制步骤

（1）按 编辑键，使机床处于编辑工作模式下。

（2）按 PROG 程序键，显示程序画面。

（3）按［操作］软键。

（4）按［扩展］键。

（5）按软键［EX-EDT］。

（6）检查复制的程序是否已经选择，并按软键［COPY］。

（7）按软键［ALL］。

（8）输入新建的程序名（注意：只输入数字，不输入地址字“O”），并按 INPUT 键。

（9）按软件［EXEC］即可。

（三）程序的删除步骤

（1）按 编辑键，使机床处于编辑工作模式下。

（2）按 PROG 程序键，显示程序画面。

（3）输入要删除的程序名。

（4）按 DELETE 删除键，即可把该程序删除掉。

! 删除所有程序方法：输入“O－9999”，再按删除键，便可删除系统内全部程序。应当谨慎进行此操作。

（四）字的查找

（1）按 编辑键，使机床处于编辑工作模式下。

（2）按光标键 → ，光标向后一个字一个字地移动，光标显示在所选取的字上。

（3）按光标键 ← ，光标向前一个字一个字地移动，光标显示在所选取的字上。

（4）按光标键 ↑ ，光标检索上一程序段的第一个字。

（5）按光标键 ↓ ，光标检索下一程序段的第一个字。

（6）按翻页键 ↑PAGE ，显示前一页，并检索该页中第一个字。

（7）按翻页键 ↓PAGE ，显示下一页，并检索该页中第一个字。

或者用以下方法：

（1）按 编辑键，使机床处于编辑工作模式下。

（2）输入要查找的字，如“M03”。

（3）按软键［检索↑］向上查找，光标停留在“M03”上。

（4）按软键［检索↓］向下查找，光标停留在“M03”上。

（5）若按下的软键方向相反时，会执行相反方向的检索操作。

（五）字的插入步骤

（1）打开程序，并使机床处于编辑工作模式下。

（2）查找字要插入的位置。

（3）输入要插入的字。

（4）按 INSERT 键即可。

（六）字的替换步骤

（1）打开程序，并使机床处于编辑工作模式下。

（2）查找将要被替换的字。

（3）按 ALTER 键即可。

（七）字的删除步骤

（1）打开程序，并使机床处于编辑工作模式下。

（2）查找到将要删除的字。

（3）按 DELETE 删除键即可删除。

小贴士

数控机床控制编码规则：构成数控程序字的最小单元是字符，如26个英文字母、数字和小数点、正负号等。数控系统与通用计算机一样只能接受二进制数信息，故必须把字符转换成二进制才能被数控系统所接受，即需把字符进行编码，把每个字符用一个二进制八位数与之对应。目前国际上普遍采用的两种编码规则，一种是ISO代码（国际标准化代码），一种是EIA代码（美国电子工业信息码）。如今数控系统与普通计算机日益接近，数控机床通信功能也日益强大，可以用数控机床与计算机用数据线相连接，完成数据传输或在线加工，而且在大多数机床上两种代码都可以使用。

程序编辑操作注意事项

（1）程序命名时不能取相同的程序名；

（2）不可随意删除程序，尤其是机床内部的固定程序；

（3）慎重进行全部程序删除操作；

（4）未经允许，禁止修改机床参数值；

（5）进入不熟悉的控制界面，在不明按键作用的前提下，不可胡乱进行操作。

- **【思考与练习】**

（1）数控机床程序由哪些部分组成？

（2）简述FANUC系统新程序输入步骤。

（3）从网上搜索一个完整的数控加工程序进行编辑。

任务五　数控车床MDI操作与对刀操作

- **【能力目标】**

✈ 能进行MDI手动数据输入操作；

✈ 掌握数控车床对刀方法及验证方法；

✈ 学会处理简单的数控车床报警。

- **【知识目标】**

✈ 掌握工件坐标系及建立方法；

✈ 掌握可设定的零点偏置指令；

✈ 掌握主轴正反转、主轴转速指令；

✈ 掌握尺寸功能、刀具功能等指令。

● 【知识学习】

一、工件坐标系

（一）工件坐标系的概念

工件坐标系又称编程坐标系，是编程人员为方便编写数控程序而建立的坐标系，一般建立在工件或零件图样上。

（二）工件坐标系的建立原则

工件坐标系建立有一定的准则，否则无法编写数控加工程序或编写的数控程序无法加工零件。具体有以下几个方面。

1. 工件坐标系方向的设定

工件坐标系的方向必须与所采用的数控机床坐标系方向一致，卧式数控车床上加工工件，工件坐标系 *Z* 轴正方向应向右，*X* 轴正方向向上或向下（前置刀架向下，后置刀架向上），与卧式车床机床坐标系方向一致。如图 1－40 所示。

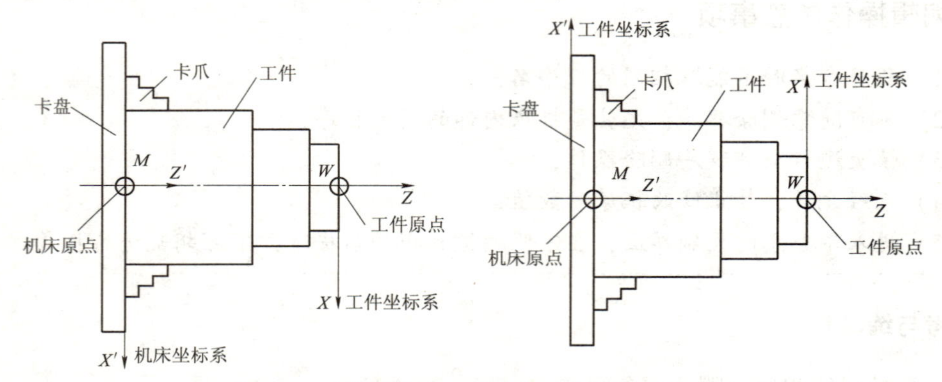

图 1－40　数控车床工件坐标系与机床坐标系

2. 工件坐标系原点位置的设定

工件坐标系的原点又称为工件原点或编程原点。理论上编程原点的位置可以任意设定，但为方便对刀及求解工件轮廓上左基点坐标，应尽量选择在零件的设计基准或工艺基准上。对于数控车床可按以下要求进行设置：

（1）*X* 轴零点设置在工件轴线上。

（2）*Z* 轴零点一般设置在工件右端面上。

（3）对于对称的零件，Z 轴零点也可选择在对称中心平面上。

（4）*Z* 轴零点也可以设置在工件左端面上。

二、程序指令

（一）可设定的零点偏置指令

1. 指令代码

可设定的零点偏置指令有 G54、G55 、G56 、G57、G58 、G59 等；

2. 指令功能

可设定的零点偏置指令是以机床原点为基准的偏移，偏移后使刀具运行在工件坐标系中。通过对刀操作将工件原点在机床坐标系中的位置（偏移量）输入到数控系统相应的存储器（G54、G55 等）中，运行程序时调用 G54、G55 等指令实现刀具在工件坐标系中运行。如图 1－41 所示。

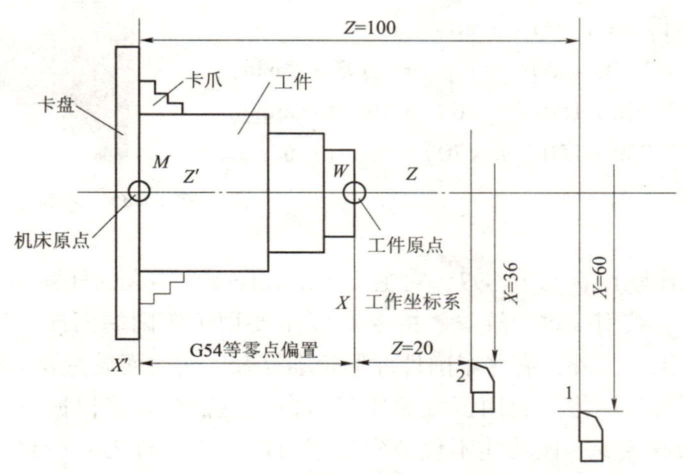

图 1－41　机床坐标系零点偏置情况

3. 指令应用

刀具由 1 点移动到 2 点，相应程序为：

N10　G00 X60. Z110.；　　刀具运行到机床坐标系中坐标为（60，110）的位置

N20　G54；　　调用 G54 零点偏置指令

N30　G00 X36. Z20.；　　刀具运行到工件坐标系中（36，20）的位置。

4. 指令说明

（1）六个可设定的零点偏置指令均为模态有效代码，一经使用，一直有效。

（2）六个可设定的零点偏置功能一样，使用其中任何一个皆可，G54 为开机默认指令。

（3）执行零点偏置指令后，机床并不作移动，只是在执行程序时把工件原点在机床坐标系中的位置量带入数控系统中进行内部计算。

（4）FANUC 系统可以用 G53 指令取消可设定的零点偏置，使刀具运行在机床坐标系中。

（二）主轴转速功能指令

S（Spindle）功能，也称主轴转速功能。作用是控制主轴的转速。单位用 G96 和 G97 两种方式指定。(机床通电后默认为 G97 功能)

G97——恒转速。格式：G97 S __；表示每分钟的主轴转数。如：G97 S1000；表示主轴每分钟转数为 1 000 转恒定不变。单位为 r/min。

G96——恒线速。格式：G96 S __；表示切削点的线速度不变。即切削时工件上任一点的切削速度是固定的。如：G96 S150，表示切削速度恒为 150 m/min。此时转速会由数控系统自动控制做相应变化。公式为：

$$v = n\pi d/1\ 000$$

式中，v——切削速度，由刀具的耐用度决定，m/min；

d——工件直径，mm；

n——转速，r/min。

例：G96 S150；表示切削点线速度控制在 150 m/min。

图 1－42 所示的零件，为保持 A、B、C 各点的线速度在 150 m/min，则各点在加工时的主轴转速分别为：由 $v=n\pi d/1\,000$，得 $n=1\,000\,v/(\pi d)$。

故 A 点转速 $n_A=1\,000\times150/(\pi\times40)=1\,193$（r/min）；

B 点转速 $n_B=1\,000\times150/(\pi\times60)=795$（r/min）；

C 点转速 $n_C=1\,000\times150/(\pi\times70)=682$（r/min）。

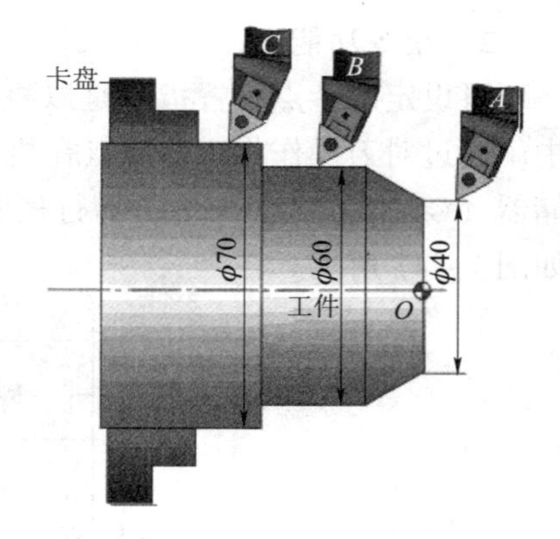

图 1－42　不同工件直径下的转速计算

- **【知识拓展】**

通常，数控机床默认状态为 G97，它主要用于直径变化不大的外圆车削和端面车削，例如螺纹车削、钻削、铰削、攻螺纹等。指令 G96 主要用于车削端面或工件直径变化较大的场合，例如切断加工。另外，有些车削件外形轮廓复杂，而表面质量要求较高，此时使用恒表面速度就具有更大的优势。利用恒表面速度指令，主轴转速将根据正在车削的直径（当前直径）自动增加或减少。该功能不仅节省编程时间，也允许刀具始终以恒切削量切除材料，从而避免刀具额外磨损，并可获得良好的表面加工质量。

想一想

根据计算转速的公式 $n=1\,000\,v/(\pi d)$，如果用恒线速来表示主轴转速时，刀具切削直径较小处是不是造成主轴角速度特别大？如果切削端面时刀具接近中心，直径接近于零，此时理论上主轴转速接近于无穷大，会不会给机床造成损害呢？

小贴士

在车削端面或工件直径变化较大时，为了保证车削表面质量的一致性，使用恒线速度 G96 控制，当工件直径变化不大时，一般选用 G97 恒转速控制。

用恒线速度控制加工端面、锥面和圆弧面时，由于 X 轴的直径 D 值不断变化，当刀具接近工件的旋转中心时，主轴的转速会越来越高. 采用主轴最高转速限定指令，可防止因主轴转速过高，离心力太大导致产生危险及影响机床寿命。

故用 G96 恒线速时必须配合 G50 限速使用。

格式：G50 S__；

例如：G50 S2000；

表示限制主轴的最高转速为 2 000 r/min。

（三）主轴正（反）转功能指令

代码及功能：M03（或 M3）：表示主轴正转；

M04（或 M4）：表示主轴反转。

对于后置刀架，从尾座向主轴端方向看去，顺时针方向为正转，逆时针方向为反转；对于前置刀架，从尾座向主轴端方向看去，逆时针方向为正转，顺时针方向为反转。

M03、M04 指令一般与 S 功能指令结合在一起使用。例如，G97 M03 S1000；表示主轴正转，转速为 1 000 r/min。

（四）尺寸指令

地址：X、Y、Z，此外还有 U、V、W、A、B、C、I、J、K 等。

（1）第一组 X、Y、Z、U、V、W，用于确定终点的直线坐标尺寸；

（2）第二组 A、B、C，用于确定终点的角度坐标尺寸；

（3）第三组 I、J、K，用于确定圆弧轮廓的圆心坐标尺寸。在 FANUC 系统中，还可用 R 指令指定圆弧的半径。

功能：表示机床上刀具运动到达的坐标位置或转角。尺寸单位有米制与英制之分。G20 表示英制，G21 表示米制。其中米制用 mm 表示，英制用 in 表示。

使用尺寸指令功能时的注意事项

（1）G20 与 G21 是模态指令，彼此可以相互取消；

（2）G20 表示英制，最小设定单位为 0.000 1 in；

（3）G21 表示米制，最小设定单位为 0.001 mm；

（4）在同一程序里，G20 与 G21 不能混合使用。在程序里，使用 G20 或 G21 指令的任何切换，并不会导致从一种单位到另一种单位的真正改变，它只会移动小数点的位置，而不是改变数字。

例如从米制到英制：

G21；　　　　初始单位选择（米制）

G00 X50.；　　系统接受的 X 值为 50 mm

G20；　　　　前面的值变为 5.0in（实际变换是 50 mm = 1.968 5 in）

例如从英制到米制：

G20；　　　　初始单位选择（英制）

G00 X6.0；　　系统接受的 X 值为 6.0in

G21；　　　　前面的值变为 60.0 mm（实际变换是 6.0in = 152.4 mm）

（5）尺寸单位的初始控制，可以由系统设置来完成，国内机床大部分初始设置为米制即 G21。

（6）下列各值的单位根据英制、米制转换的 G 代码变化。

F 表示的进给速度的指令值、与位置有关的指令值、偏移量、手摇脉冲发生器 1 个刻度的值、步进的进给量等。

（7）无论采用英制还是米制，输入的角度数据的单位保持不变；

（8）程序中使用的图纸尺寸，根据不同的国家，其单位形式不一样，分为英制和米制。编程时，必须说明程序中数据的单位形式。数控系统提供了两个 G 代码把它们加以区分，即 G20 和 G21。单位的选择必须在设定坐标系之前，在程序的开头位置以单独程序段指定。

（五）刀具进给功能

F（Feed）功能：也称进给功能，作用是指定刀具的进给速度。单位用 G98（每分钟进给量）和 G99（每转进给量）指定。格式：F__；

G99：每转进给量，表示主轴每转一转刀具的进给量。如：G99 F0.2；表示主轴每转一转刀具进给 0.2 mm，相当于 $F=0.2$ mm/r。

G98：每分钟进给量，表示每分钟刀具进给量。如：G98 F100；表示刀具进给速度为 $F=100$ mm/min。

两者区别如图 1－43 与图 1－44 所示。

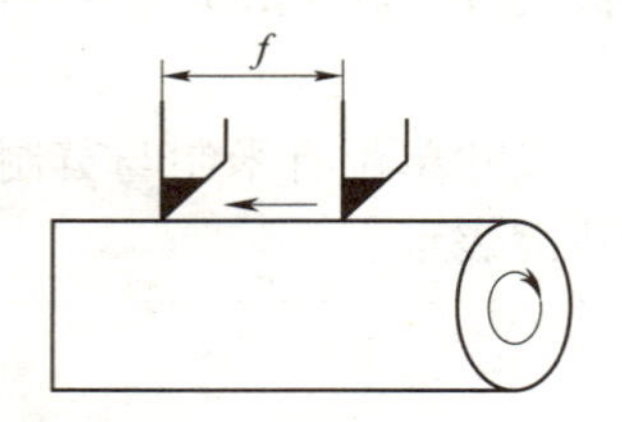

图 1－43　G98 进给量（单位：mm/min）

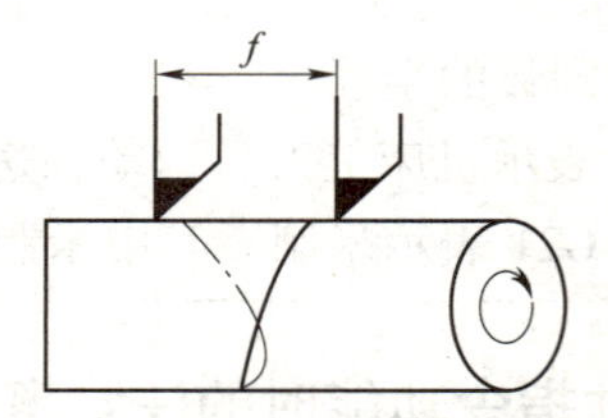

图 1－44　G99 进给量（单位：mm/r）

使用 F 功能时的注意事项

（1）G98 与 G99 只能用对方去取消；

（2）一般数控车床默认为 G99。数控铣床、加工中心默认为 G98。

（3）进给量 F 在实际加工时可在一定范围内调节。由控制面板上的倍率按键调节控制，范围在 0～120%。

（4）F 功能为绩效代码，在 G01、G02、G03 等方式下一直有效，直至出现新的 F 所取代。在 G00 快速进给时 F 无效。

（5）车削螺纹时因主轴转速与刀具严格对应，故分倍率开关无效，固定在 100%。

（6）进给速度是数控机床切削用量中的重要参数，主要根据零件的加工精度和表面粗糙度要求，以及刀具、工件的材料性质来选取。最大进给速度受机床刚性和进给系统的性能限制。

（7）在轮廓加工中，接近拐角处应适当降低进给速度，以克服由于惯性或工艺系统变形，使轮廓拐角处造成“超程”或“欠程”现象。

确定进给速度的原则

（1）当工件的质量要求能够得到保证时，为提高生产效率，可选择较高的进给速度，在 100～200 mm/min 范围内选取。

（2）在切断、加工深孔或用高速钢刀具加工时，选择较低的进给速度，一般在 20～50 mm/min 范围内选取。

（3）当加工精度、表面粗糙度要求高时，进给速度应选小些，一般在 20～50 mm/min 范围内选取。

(4) 刀具空行程时，特别是远距离"回零"时，可以选择该机床数控系统给定的最高进给速度。

(5) 背吃刀量的确定：在机床、工件和刀具的刚度允许的条件下，应可以使背吃刀量等于工件的加工余量，这样可以减少走刀次数，提高生产效率。为了保证表面加工质量，可留少量精加工余量，一般留 0.2 ~ 0.5 mm。

(六) 刀具功能指令

T (Tool) 功能，也称刀具功能，作用是指定刀具和刀具补偿。

格式有两种：

(1) T 后面通常有两位数表示所选择的刀具号码 T × ×，第一位是刀具号，第二位是刀具补偿号（包括刀具偏置补偿、刀具磨损补偿、刀尖圆弧补偿、刀尖刀位号等）。

(2) T 后面通常有四位数表示所选择的刀具号码 T × × × ×，前两位是刀具号，后两位是刀具补偿号。如：

T11 表示选择 1 号刀执行 1 号补偿值；

T13 表示选择 1 号刀执行 3 号补偿值；

T0101 表示选择 1 号刀执行 1 号补偿值；

T0205 表示选择 2 号刀执行 5 号补偿值；

如果取消刀补用 T × 0 或 T × × 00。在仿真中换刀时一般执行 T × × 00。

数控车床刀架上刀具及刀具号位置如图 1 – 45 所示。

图 1 – 45　刀具及刀具号

● **【实施训练】**

一、MDI 手动输入操作步骤

(1) 按 键，使机床运行于 MDI 工作模式；

(2) 按 PROG 程序键，出现如图 1 – 46 所示的程序输入窗口；

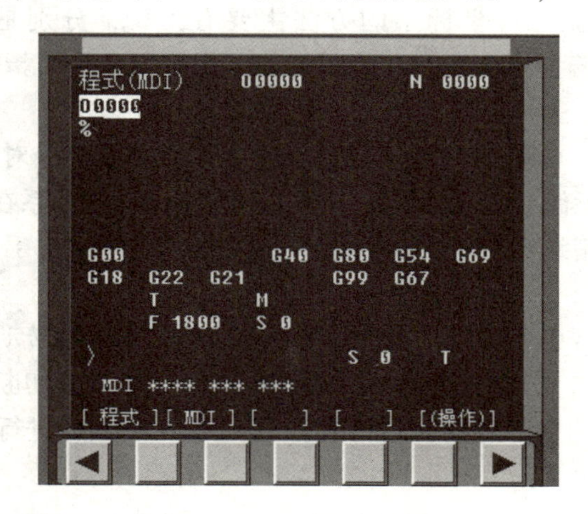

图 1 – 46　FANUC 系统 MDI 方式程序输入窗口

(3) 按 [MDI] 软键，自动出现程序名“O0000”；

(4) 输入程序，例如“M03 S600”；

(5) 按 数控启动键，运行程序；

(6) 如遇 M02 或 M30 指令停止运行或按 RESET 复位键结束。

使用 MDI 手动输入操作注意事项

(1) MDI 手动输入的程序不能被存储，程序运行后并自动消除；

(2) 按数控启动键后，运行中的程序段不能被编辑。程序执行完毕后，输入区的内容仍保留。当数控启动键再次按下时，机床重新运行；

(3) FANUC－0i 系统最多输入 10 个程序段；

(4) MDI 手动输入操作、对刀练习前，机床应先回参考点；

(5) 练习 MDI 手动输入操作训练时，不能随意运行快速移动指令，以避免撞刀。

二、试切法对刀及检验方法

(一) 工件装夹

取 ϕ50 mm×70 mm 的 45 钢毛坯，装夹在三爪自定心卡盘上，伸出 50 mm 左右，用划线盘校正后用卡盘扳手旋紧三爪自定心卡盘，夹紧工件。

(二) 刀具装夹

按要求把外圆车刀装入刀架 1 号刀位并夹紧。

(三) 对刀操作

对刀操作是数控加工的重要操作，通过车刀位点的试切削，测出工件坐标系在机床坐标系中的位置，将其存储到 G54 等零点偏置寄存器或刀具长度补偿中，运行程序时调用存储器中的数值。数控车床的对刀方法主要有试切对刀法、机械对刀仪法、光学对刀仪法和自动对刀法等。其中试切对刀法是数控车削加工中应用最多的一种对刀方法，下面主要介绍试切对刀法，示意图如 1－47 所示。

采用试切对刀法建立工件坐标系的方法主要有三种，分别是使用 G54、G55、G56、G57、G58、G59 等零点偏置指令对刀、使用工件试切对刀、使用指令 G50 设定工件坐标系对刀。通常采用前两种方法。

1. 使用 G54、G55、G56、G57、G58、G59 等零点偏置指令对刀

工件坐标系建立在工件右端面轴线上，通过对刀将工件坐标系在机床坐标系中的偏置距离测量出来并输入、存储到 G54 中，步骤如下：

(1) *Z* 轴对刀。

在 MDI 模式下输入 M03 S600 指令，按程序启动键，使主轴转动（或手动模式下按主轴正转按钮，使主轴转动）。切换成手动（JOG）模式，移动刀具切断端面，再按 [＋X] 键退出刀具（刀具 *Z* 方向位置不能移动），如图 1－48 所示，然后进行对刀面板操作。

对刀面板操作步骤如下：

① 按 OFFSET SETTING 参数键（OFFSET），出现如图 1－49 所示参数显示窗口；

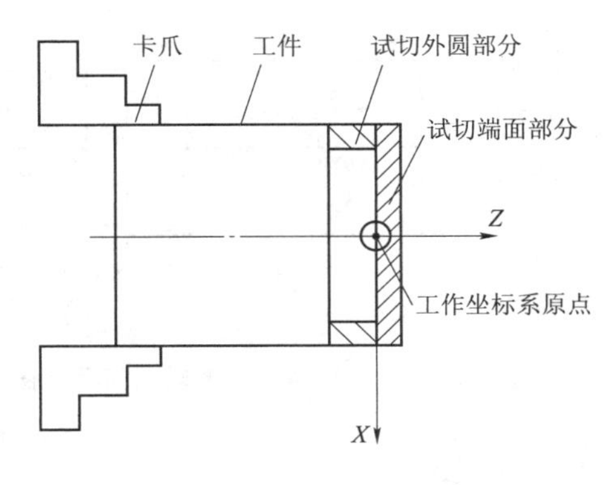

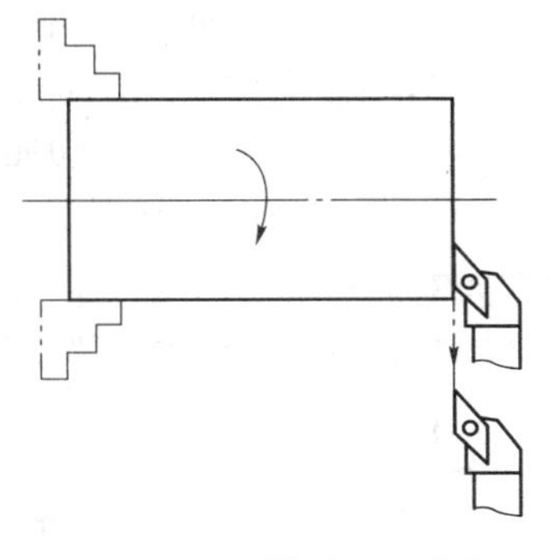

图 1－47　试切法对刀示意图　　　　**图 1－48　*Z* 轴对刀示意图**

② 按软键［坐标系］，出现如图 1－50 所示零点偏置窗口；

③ 光标移到 G54 的 *Z* 轴数据；

④ 输入刀具在工件坐标系中 *Z* 坐标值，此处为“Z0”。按软键［操作］，再按软键［测量］，完成 *Z* 轴对刀。

（2）*X* 轴对刀。

在 MDI 模式下输入 M03 S600 指令，按数控启动键，使主轴转动（或手动模式下按主轴正转按钮，使主轴转动）。切换成手动（JOG）模式，移动刀具接近工件并切削外圆（长度为 10～15 mm），沿 +*Z* 方向退出车刀（刀具 *X* 方向位置不能移动），停车，测量所车外圆直径（假设此处外圆直径为 ϕ28. 68 mm），进行面板操作。

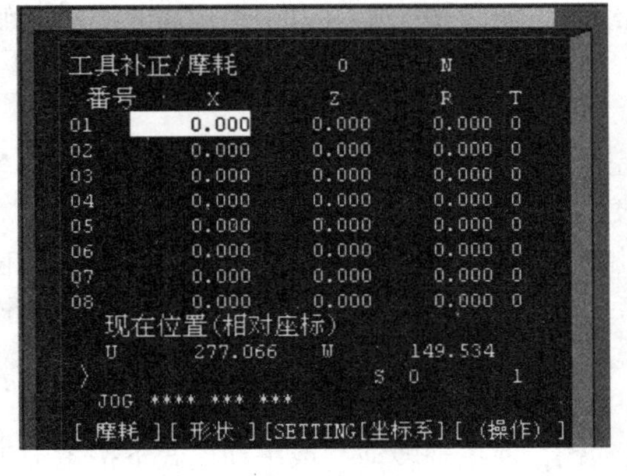

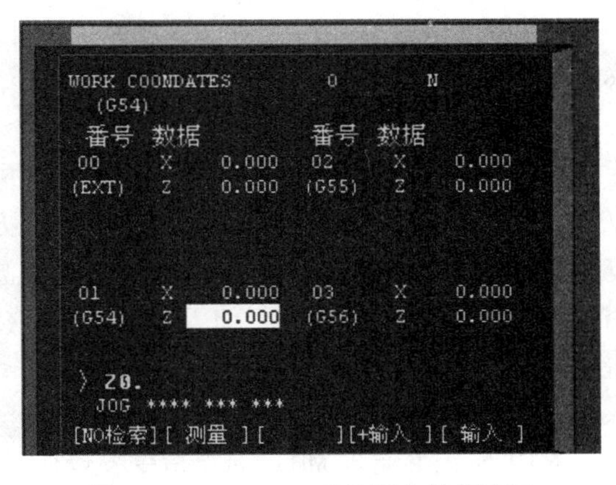

图 1－49　FANUC 系统参数显示窗口　　　　**图 1－50　FANUC 系统零点偏置窗口**

对刀面板操作步骤如下：

① 按 OFFSET SETTING 参数键（OFFSET），出现如图 1－49 所示参数显示窗口；

② 按软键［坐标系］，出现如图 1－50 所示零点偏置窗口；

③ 光标移到 G54 的 *X* 轴数据；

④ 输入刀具在工件坐标系中 *X* 坐标值（直径），此处为“X28. 68”。按软键［操作］，再按软键［测量］，完成 *X* 轴对刀。如图 1－51 所示。

（3）对刀检验

对刀结束后，Z 轴方向和 X 轴方向分别验证对刀是否正确。X 轴方向验证对刀时，应使刀具 Z 轴方向离开工件；Z 轴方向验证对刀时，应使刀具在 X 轴方向离开工件，以防止刀具移动中撞到工件。

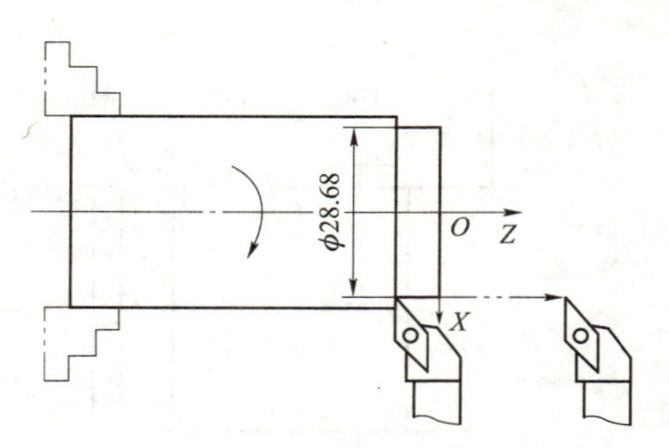

图 1－51　X 轴对刀示意图

Z 轴方向对刀检验步骤如下：

① 使机床运行于 MDI 工件模式；

② 按 PROG 程序键；

③ 按［MDI］软键，自动出现加工程序名“O0000”；

④ 输入测试程序“G00 T0101 G54 Z0 M03 S500”；

⑤ 按 数控启动键，运行程序；

⑥ 程序结束后，观察刀具是否与工件右端面处于同一平面，如“是”则对刀正确；如“不是”则对刀操作不正确，需要查找原因，重新对刀。

X 轴方向对刀检验步骤如下：

① 使机床运行于 MDI 工件模式；

② 按 PROG 程序键；

③ 按［MDI］软键，自动出现加工程序名“O0000”；

④ 输入测试程序“G00 T0101 G54 X0 M03 S500”；

⑤ 按 数控启动键，运行程序；

⑥ 程序结束后，观察刀具是否处于工件轴线上，如“是”则对刀正确；如“不是”则对刀操作不正确，需要查找原因，重新对刀。

2. 使用工件试切对刀

车床加工零件时，一般使用多把刀具共同完成，若采用零点偏置指令对刀时，需要把车刀设置在一个零点偏置指令中，使用时不太方便，故车床加工常采用工件试切对刀，通过对刀将工件坐标系原点在机床坐标系中的位置测出并输入到刀具长度补偿等寄存器中，运行程序时调用相应刀具补偿号，使刀具在工件坐标系中运行。此时一般把 G54、G55 等零点偏置指令中的 X、Z 值先全部清零。

（1）Z 轴对刀。

MDI 模式下输入 M03 S600 指令，按循环启动键，使主轴转动（或手动模式下按主轴正转按钮，使主轴转动）。切换成手动（JOG）模式，移动车刀切削工作端面，然后按［＋X］键退出刀具，进行面板操作。面板操作步骤如下：

① 按 OFFSET SETTING 参数键（OFFSET），出现如图 1－49 所示参数显示窗口；

② 按软键［补正］，出现如图 1－52 所示刀具补偿窗口；

③ 光标移至该刀具号的 Z 轴数据处；

④ 按软键［操作］，出现如图 1－53 刀具补偿操作显示窗口；

⑤ 输入刀具在工件坐标系中 Z 坐标值，此处为“Z0”，按软键［测量］，完成 Z 轴对刀。

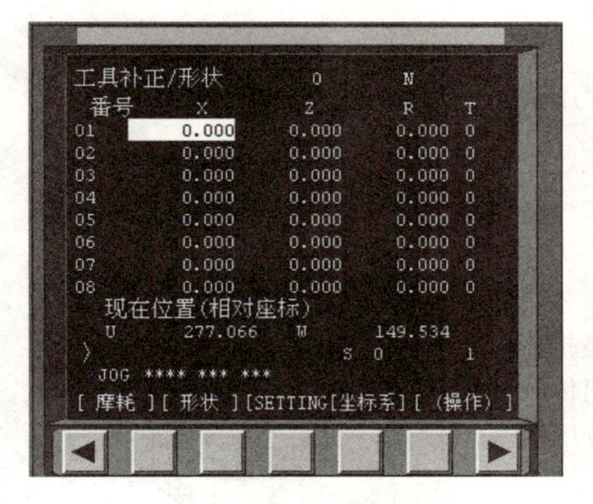

图 1－52　FANUC 系统刀具补偿窗口

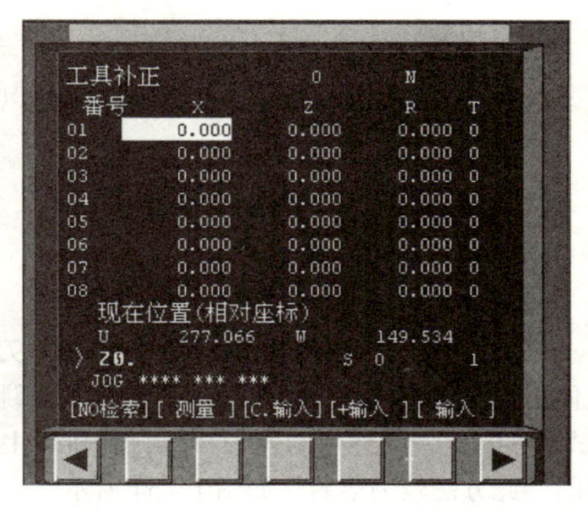

图 1－53　FANUC 系统刀具补偿操作显示窗口

（2）*X* 轴对刀。

MDI 模式输入 M03 S600 指令，按数控启动键，使主轴转动。切换成手动（JOG）模式，移动车刀并切削外圆（长度约 10～15 mm），沿 +*Z* 方向退出车刀（刀具 *X* 方向位置不能移动），停车，测量所车外圆直径（假设此处外圆直径为 ϕ30 mm），进行面板操作。面板操作步骤如下：

① 按 OFFSET SETTING 参数键（OFFSET），出现如图 1－49 所示参数显示窗口；

② 按软键［补正］，出现如图 1－52 所示刀具补偿窗口；

③ 光标移至刀具号的 *X* 轴数据处；

④ 按软键［操作］，出现如图 1－53 刀具补偿操作显示窗口；

⑤ 输入刀具在工件坐标系中 *X* 坐标值（直径），例如此处为“X30”，再按软键［测量］，完成 *X* 轴对刀。

（3）对刀检验。

对刀检验步骤同上，用长度补偿对刀，测试程序中不用写 G54 等零点偏置指令。

对刀操作注意事项

（1）对刀练习中，刀具接近工件外圆面、端面时，进给倍率应调至较小，一般为 1%～2%；进给倍率过大会损坏刀具或机床设备。

（2）对刀前应注意确定刀具在刀架中的刀位号。当输入刀具在工件坐标系中 *X* 坐标值（直径）时，对应的番号不一定与刀位号一一对应。如 T0102（刀具刀位号为 01，但对刀输入数据番号 02）、T0203（刀具刀位号为 02，但对刀输入数据番号 03）等。

（3）测试对刀时，应调小进给倍率，避免因对刀错误而发生撞刀。

（4）数控车床对刀测试时尽量使 *X* 轴与 *Z* 轴分开进行。测试前应使刀具处于适当位置，避免刀具撞到工件。

（5）验证对刀时刀具号应正确。

- 【知识拓展】

数控机床操作中如发生意外事故可采取以下几种方法解决：

（1）把进给倍率调到0%。

（2）按 RESET 复位键，停止机床动作。

（3）按下紧急急停按钮。

（4）关闭电源开关。

（5）手动对刀是基本对刀方法，一般对刀是指在机床上使用相对位置检测手动对刀，但它还是没跳出传统车床“试切—测量—调整”的对刀模式，在机床上占用较多的时间。此方法较为落后。如图1－54所示。

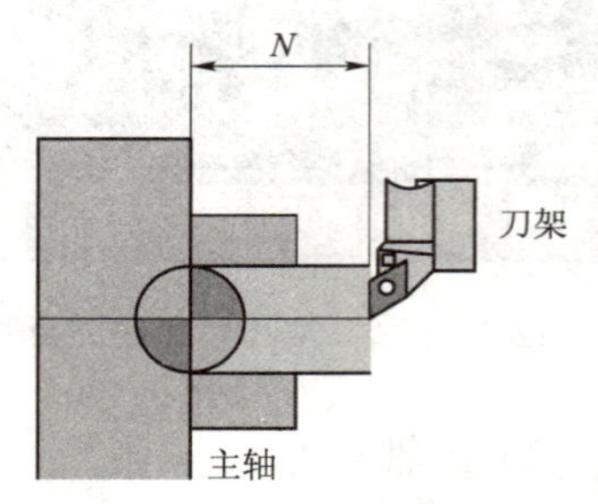

图1－54　相对位置检测对刀

（6）机外对刀仪对刀，机外对刀的本质是测量出刀具假想刀尖点到刀具基准之间 X 轴及 Z 轴方向的距离。利用机外对刀仪可将刀具预先在机床外校对好，以便装上机床后将对刀长度输入相应刀具补偿号即可使用，如图1－55所示。

（7）自动对刀，自动对刀是通过刀尖检测系统实现的，刀尖以设定的速度向接触式传感器接近，当刀尖与传感器接触并发出信号，数控系统立即记下该瞬间的坐标值，并自动修正刀具补偿值。自动对刀过程如图1－56所示。

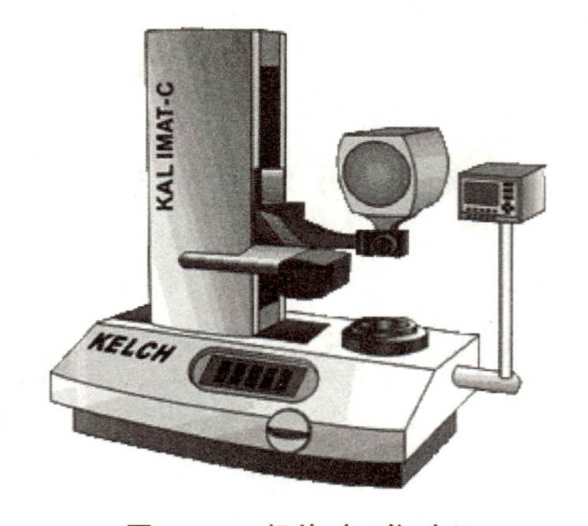

图1－55　机外对刀仪对刀

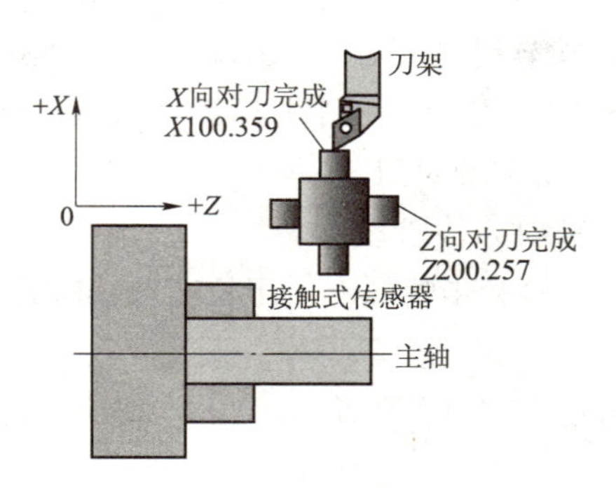

图1－56　自动对刀

- 【思考与练习】

（1）什么是工件坐标系？数控车床工件坐标系建立的原则有哪些？

（2）简述FANUC系统采用工件试切对刀方法的步骤？

（3）数控机床加工中如果出现意外事故，应如何处理？

项目二　轴类零件加工

- 【项目描述】

本项目通过加工台阶轴类零件，掌握 FANUC－0i Mate－TD 系统面板及操作面板使用方法、程序编制方法、仿真加工方法、机床基本操作、零件尺寸控制以及多把车刀对刀操作等，为接下来的深入学习打下良好基础。

任务一　简单阶梯轴加工

- 【能力目标】

  - 能熟练装夹工件、刀具；
  - 能熟练进行机床基本操作；
  - 掌握零件的单段加工方法；
  - 掌握零件尺寸控制方法。

- 【知识目标】

  - 掌握基本编程术语；
  - 掌握数控程序中 N、M、G 等功能指令；
  - 掌握准备功能 G00、G01 指令及其应用；
  - 学会编写简单数控加工程序；
  - 学会简单阶梯轴加工工艺制订方法。

- 【工作任务】

进行简单阶梯轴的加工，具体尺寸如图 2－1 所示。其三维效果图如图 2－2 所示。

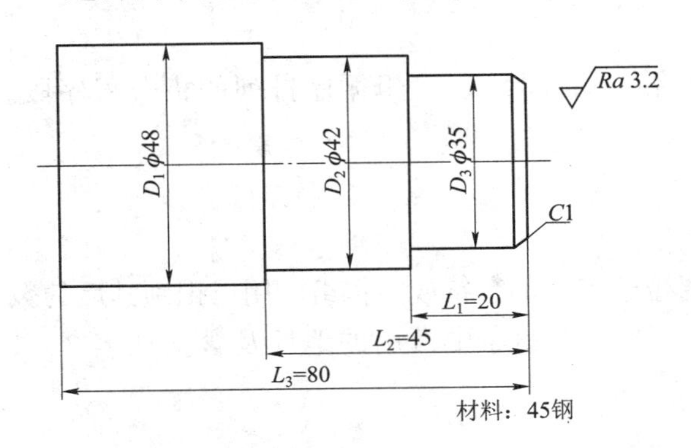

图 2－1　零件图（毛坯：φ48 mm）

图 2－2　三维效果图

●【知识学习】

一、程序指令

（一）编程基本术语

1. 字符

字符是用于组织、控制或表示数据的各种符号，如数字、字母、标点符号和数学运算符号等。在功能上，字符是计算机进行存储或传送的信号；在结构上，字符是加工程序的最小组成单位。

（1）数字。

程序中可以使用十个数字（0～9）来组成一个数。数字有两种模式：一种是整数值（没有小数部分的数），另一种是实数值（具有小数部分的数）。数字有正负之分，在一些控制器中，实数可以有小数点，也可以没有小数点。两种模式下的数字，只能输入控制器系统许可范围内的数字。

（2）字母。

26个英文字母都可用来编程，用字母表示地址码，通常编写在前面。大写字母是CNC编程中的正规名称，但是一些控制器也可以接受小写形式的字母，并与对应的大写字母具有相同的意义。

（3）符号。

除了数字和字母，编程中也使用一些符号。最常见的符号是小数点、负号、百分号、圆括号等，这将取决于控制器选项。

2. 字

字是程序字的简称。它是一套有规定次序的字符，可以作为一个信息单元存储、传递以用操作，如“X234.678”就是由8个字符组成的一个字。

3. 程序段

字在CNC系统中作为单独的指令使用，而程序段则作为多重指令使用。输入控制系统的程序由单独的以逻辑顺序排列的指令行组成，每一行由一个或几个字组成，每一个字由两个或多个字符组成。程序由程序段组成，程序中每一行为一个程序段。

4. 程序

CNC程序通常以程序号或类似的符号开始，后面紧跟以逻辑循序排列的指令程序段。程序段以停止代码终止符号结束，比如百分号（%）。

（二）字地址格式

1. 地址

地址又称地址符。在数控加工中，它是指位于字头的字符或字符组，用以识别其后的数据。在传递信息时，它表示其出处或目的地。在加工程序中常用的地址及含义如表2－1所示。

2. 地址字

地址字是由带有地址的一组字符组成的字。加工程序中的地址字也称为程序字。程序

表 2-1　地址码中英文字母的含义

地址	功能	含义	地址	功能	含义
A	坐标字	绕 X 轴旋转	Q	固定循环指令参数	固定循环终止段号
B	坐标字	绕 Y 轴旋转	R	坐标字	圆弧半径中的指定
C	坐标字	绕 Z 轴旋转	S	主轴功能	主轴旋转的指令
D	补偿号	刀具半径补偿指令	T	刀具功能	刀具编号的指令
F	进给速度	进给速度指令	U	坐标字	与 X 向平行的附加轴的增量坐标值或暂停时间
G	准备功能	指令动作方式	V	坐标字	与 Y 向平行的附加轴的增量坐标值
H	补偿号	长度补偿指令	W	坐标字	与 Z 向平行的附加轴的增量坐标值
I	坐标字	圆弧中心 X 轴向坐标	X	坐标字	X 轴的绝对坐标值或暂停时间
J	坐标字	圆弧中心 Y 轴向坐标	Y	坐标字	Y 轴的绝对坐标
K	坐标字	圆弧中心 Z 轴向坐标	Z	坐标字	Z 轴的绝对坐标
L	重复次数	固定循环及子程序的重复次数			
M	辅助功能	机床辅助功能指令			
N	顺序号	程序段顺序号			
O	程序号	程序号/子程序号			
P	固定循环指令参数	固定循环起始段号			

字包括顺序号字、准备功能字、尺寸字、进给功能字、主轴转速功能字、刀具功能字、辅助功能字和程序段结束字。

其中，程序段结束字一般写在程序段后，表示程序结束。当用“EIA”标准代码时，结束符为“CR”；用“ISO”标准代码时，结束符为“NL”或“LF”；有的用符号“*”表示，有的直接回车即可，FANUC 系统用“;”表示。

（三）顺序号指令

顺序号也称程序段号。

地址：用字母 N 表示。范围：N1～N99999999，一般放在程序段开头。

功能：表示该程序段的号码，常间隔 5 或 10 等，便于再插入程序段时而不影响原来的顺序。

例如：N10　…

N20　…

N30　…

指令使用说明：顺序号指令不代表数控程序执行顺序，可以不连续，通常由小到大排列，仅用于程序的校对与检索，程序比较短时不写也可以。

（四）辅助功能

辅助功能又称 M 功能或 M 代码，是控制机床在加工操作时做一些辅助动作的开、关功能。如主轴的转停、冷却液的开关、卡盘的夹紧松开、刀具的更换等。如表 2-2 所示。

表 2-2　数控车床常见辅助功能

M 代码	说明	M 代码	说明
M00	程序停止	M19	主轴定位
M01	可选择停止程序	M21	尾架向前
M02	程序结束（通常需要重启）	M22	尾架向后
M03	主轴正转	M22	螺纹逐渐退出“开”
M04	主轴反转	M24	螺纹逐渐退出“关”
M05	主轴停转	M30	程序结束
M07	冷却油雾“开”	M41	低速齿轮选择
M08	冷却液“开”	M42	中速齿轮选择 1
M09	冷却液“关”	M43	中速齿轮选择 2
M10	卡盘夹紧	M44	高速齿轮选择
M11	卡盘松开	M48	进给倍率取消“关”（使用有效）
M12	尾架顶尖套筒进	M49	进给倍率取消“开”（使用无效）
M13	尾架顶尖套筒退	M98	子程序调用
M17	转塔向前检索	M99	子程序结束
M18	转塔向后检索		

1. 程序停止（M00）

说明：

M00 的含义为程序停止，属于非模态指令；程序执行到 M00 这一功能时，将停止机床所有的自动操作，包括所有轴的运动、主轴的旋转、冷却液功能、程序的进一步执行；M00 功能可以编写在单独的程序段中，也可以在包含其他指令的程序段中编写，通常是轴的运动。

M00 使用注意事项

M00 使程序停在本程序段状态，不执行下一段，在此以前有效的信息全部保存下来，例如进给率、坐标设置、主轴速度等，相当于单段停止。当按下控制面板上的循环启动键后，可继续执行下一段程序。特别注意的是，M00 功能将取消主轴旋转和冷却液功能，因此必须在后续程序段中对它们进行重复编写，否则会发生安全事故。

2. 程序选择停止（M01）

说明：

M01 的含义为程序选择停止，又称为有条件的程序停止。属于非模态指令；当控制面板上的“选择停”为“开”，程序执行到 M01 时，机床停止运动，即 M01 起作用。否则，执行到 M01 时，M01 不起作用，机床接着执行下一段程序；当 M01 起作用时它的运转方式与 M00 功能一样，所有轴的运动、主轴旋转、冷却液功能和进一步的程序执行都暂时中断，而进给率、坐标设置、主轴速度等设置保持不变。

小贴士

（1）在一个程序段中只能指令一个 M 代码，如果在一个程序段中同时指令了两个或两个以上的 M 代码时，则只有最后一个 M 代码有效，其余的 M 代码无效。

通常辅助功能 M 代码是以地址 M 为首，后跟两位数字组成。不同厂家和不同的机床，M 代码的书写格式和功能不尽相同，须以厂家的说明书为准。

（2）如果 M00 功能与运动指令编写在一起，程序停止将在运动完成后才有效。也就是将 M00 指令编写在运动指令之前与之后无实质区别。

（3）M01 通常用于关键尺寸的抽样检查或临时停车。M01 与 M00 的区别在于，M01 适用于大批量的零件加工，而 M00 适用于单件加工。

3. 程序结束（M02）

说明：

M02 的含义为主程序结束，属于非模态指令，当控制器读到程序结束功能指令时，便取消所有轴的运动、主轴旋转及冷却液功能，机床复位，并且通常将系统重新设置到缺省状态；执行 M02 时，将终止程序执行，但不会回到程序的第一个程序段，按控制面板上的复位键后可以返回。但现在比较先进的控制器可以通过设置参数，使 M02 的功能与 M30 的功能一样，即执行到 M02 时返回到程序开头位置，含有复位功能。

4. 程序结束（M30）

说明：

M30 的含义为主程序结束，属于非模态指令，当控制器读到程序结束功能指令时，便取消所有轴的运动、主轴旋转及冷却液功能，机床复位，并且通常将系统重新设置到缺省状态；执行 M30 时，将终止程序执行，并返回程序开头位置。

- **【知识拓展】**

（1）M02 与 M30 可以单独处在一段上，也可以与其他指令处在一行上，如果与运动指令编写在一起，程序停止将在运动结束后才有效。

（2）M02 和 M30 的含义均为主程序结束，但通常在主程序中使用 M30。

5. 主轴旋转功能（M03、M04、M05）

说明：

（1）M03 表示主轴顺时针旋转（正转 CW）。

（2）M04 表示主轴逆时针旋转（反转 CCW）。

（3）后置刀架，从主轴箱向主轴方向看去，顺时针为正转，反之为反转；前置刀架相反。

（4）M05 为主轴停，不管主轴的旋转方向如何，执行 M05 后，主轴将停止转动。

（5）主轴停止功能可以作为单独程序段编写，也可以编写在包含刀具运动的程序段中，通常只有在运动完成后，主轴才停止旋转，这是控制器中添加的一项安全功能。当然，最后不要忘记编写 M03 或 M04 恢复主轴旋转。

主轴旋转功能使用注意事项

（1）在加工过程中，主轴旋转方向需要改变时，需用 M05 先将主轴停转，再启动主轴反方向旋转，不允许由正转直接转向反转或由反转直接转向正转。

（2）主轴地址必须和主轴旋转功能 M03 或 M04 同时使用，只使用其中一个对控制器没有任何意义。如果将主轴转速和主轴旋转方向编写在同一程序段中，主轴转速和主轴旋转方向将同时有效；如果将主轴转速和主轴旋转方向编写在不同的程序段中，主轴将不会旋转，直到将转速和旋转方向处理完毕。一般情况下，M03 或 M04 与 S 地址编写在一起或在其后编写，最好不要将它们编写在 S 地址前。

6. 冷却液功能（M07、M08、M09）

说明：

（1）M07 为冷却液“开”，冷却液为喷雾状的，是小量切削液和压缩空气的混合物；

（2）M08 为冷却液“开”，冷却液通常为液体，是可溶性油和水的混合物；

（3）M09 为冷却液“关”；

（4）冷却液功能可以编写在单独的程序段中，或与轴的运动一起编写；

（5）冷却液“开”和轴运动编写在一起时，将和轴运动同时变得有效；

（6）冷却液“关”和轴运动编写在一起时，只有在轴运动完成以后变得有效；

（7）加工冷却时，不要使冷却液喷到工作区域外，并且不要让冷却液喷到高温的切削刃上。

小贴士

大多数的金属切削均需要合适的冷却液来喷洒在切削刃上，主要目的是散掉切削过程中产生的热量；第二个目的就是使用冷却液的冲力，从切削区域排屑，第三个目的是由于冷却液有一定润滑作用，可以减少切削刀具和金属材料之间的摩擦，从而延长刀具寿命，并改善工件表面的加工质量。

7. 进给倍率控制（M48、M49）

说明：

（1）M48 为进给倍率取消功能“关”，即进给倍率有效，M49 为进给倍率取消功能“开”，即进给倍率无效。二者均属于模态指令，彼此可以相互取消。

（2）通常 M49 为默认状态，在工件加工过程中，操作人员可以通过 CNC 系统控制面板上的一个专用旋钮开关来控制进给倍率，如图 2－3 所示。

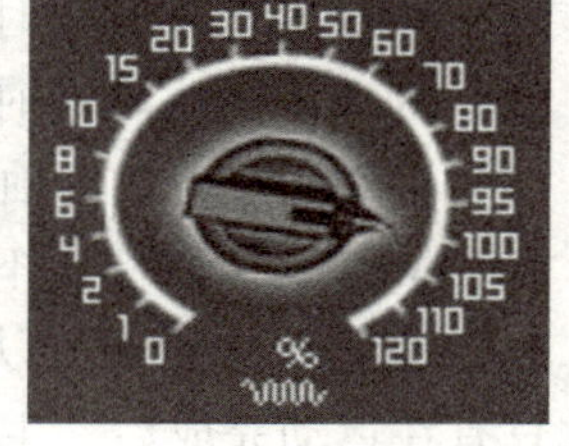

图 2－3　进给倍率调节开关

（3）当 M48 有效时，CNC 系统控制面板上进给倍率开关不起作用。刀具进给速度为程序设定值。

（4）在数控车床上执行螺纹加工指令 G32、G92、G76 时，M48 自动生效，M49 是无效的。

（五）准备功能（G 代码或 G 功能）

地址：用字母 G 表示。范围：G00～G99，前置的 0 可以省略。例如 G00 与 G0、G01 与 G1 等可以互用。

功能：用来指令机床进行加工运动和插补的功能，可以建立机床或控制系统工作方式的一种命令。

说明：

① 不同数控系统 G 各不相同，同一数控系统不同型号 G 代码也有变化，使用时应以机

床使用说明为准。

② G代码有模态和非模态代码两种，其中模态代码一旦使用指令，则一直有效，直到被同组的其他G代码取代为止，非模态代码仅在本程序段中有效。

③ FANUC－0i Mate－TD系统中G代码有A代码、B代码、C代码之分，如无特殊情况，本书均以A代码为例进行介绍，如表2－3所示。

表2－3　FANUC－0i Mate－TD数控车系统常用G代码

G代码	组别	模态	说明	G代码	组别	模态	说明
G00	01	*	快速定位（快速移动）	G59	14	*	第六可设定零点偏置
G01		*	直线插补	G65	00		宏程序调用
G02		*	顺时针圆弧插补	G66		*	宏程序模态调用
G03		*	逆时针圆弧插补	G67		*	宏程序模态调用取消
G04	00		暂停	G70	00		精车复合循环
G17		*	XY平面选择	G71			粗车复合循环
G18		*	XZ平面选择	G72			端面粗车复合循环
G19		*	YZ平面选择	G73			固定形状粗车复合循环
G20	06	*	英制输入	G74			端面深孔钻削
G21		*	米制输入	G75			外圆车槽复合循环
G22	04	*	存储行程检测功能有效	G76			螺纹切削复合循环
G23		*	存储行程检测功能无效	G80	10	*	取消固定循环
G28	06		返回参考点	G83		*	端面钻孔循环
G29			从参考点返回	G84		*	端面攻螺纹循环
G32	01	*	切削螺纹	G85		*	端面镗孔循环
G40	07	*	取消刀尖半径补偿	G87		*	侧面钻孔循环
G41		*	刀尖半径左补偿	G88		*	侧面攻螺纹循环
G42		*	刀尖半径右补偿	G89		*	侧面镗孔循环
G50	00	*	工件坐标系设定或最大转速限制	G90	01	*	外圆、内孔切削单一循环
G52		*	可编程坐标系偏移	G91		*	用X、Z表示绝对值编程；用U、W表示增量值编程
G53		*	取消可设定的零点偏置（选择机床坐标系）	G92	01	*	螺纹切削单一循环
G54	14	*	第一可设定零点偏置	G94	01	*	端面切削单一循环
G55		*	第二可设定零点偏置	G96	02	*	刀具恒线速切削（加工表面的切削速度不变）
G56		*	第三可设定零点偏置	G97		*	恒定的主轴转速切削
G57		*	第四可设定零点偏置	G98	05	*	每分钟进给量（mm/min）
G58		*	第五可设定零点偏置	G99		*	每转进给量（mm/r）

注：标注“*”为模态有效指令。

（六）刀具快速定位指令 G00（或 G0）

1. 指令功能

指刀具以机床规定的速度从所在的位置快速移动到目标点，移动速度由机床系统设定，无须在程序中指定。

2. 指令格式

G00　X（U）__　Z（W）__；

其中，X、Z 表示目标点的坐标（U、W 表示相对增量）。

例如　G00　X50. Z120.；表示刀具从当前点快速移动到点（50，120）位置。

3. 指令说明

（1）在一个程序段中，绝对坐标和增量坐标可以混用编程；如 G00　X __　W __；

（2）X 和 U 采用直径编程；

（3）移动速度由参数来设定，指令执行开始后，刀具沿着各个坐标方向同时按参数设定的速度移动，最后减速到达终点，移动速度也可以通过控制面板上的倍率开关来调节；

（4）用 G00 指令快速移动时，地址 F 下编程的进给速度无效；

（5）G00 为模态有效代码，一经使用持续有效，直到被同组 G 代码取代为止；

（6）G00 指令的目标点不可设置在工件上，一般应与工件有 2 ~ 5 mm 的安全距离，也不能在移动过程中碰到机床、夹具等。

G00 快速定位指令使用注意事项

（1）利用 G00 使刀具快速移动，在各坐标方向上刀具有可能不是同时到达终点。刀具移动轨迹是几条线段的组合，通常不是一条直线，而是折线。如图 2－4 所示，执行该段程序时，刀具首先以快速进给速度运动到（60，60）后再运动到（60，100）。

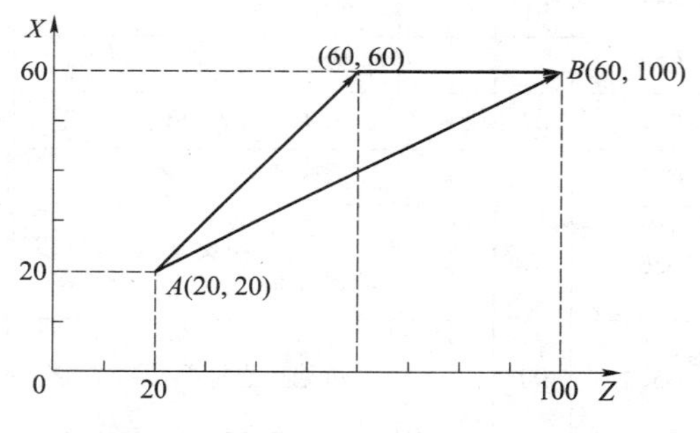

图 2－4　G00 轨迹图

（2）G00 运行的轨迹是折线，为了使刀具在移动的过程中避免与尾座碰撞，在编写 G00 时，X 与 Z 最好分开写，当刀具需要靠近工件时，首先得沿 Z 轴，然后再沿 X 轴运动，再返回换刀位置，为了到达相同的安全位置，先沿 X 轴做相反的运动，然后再沿 Z 轴运动。如图 2－5 所示。

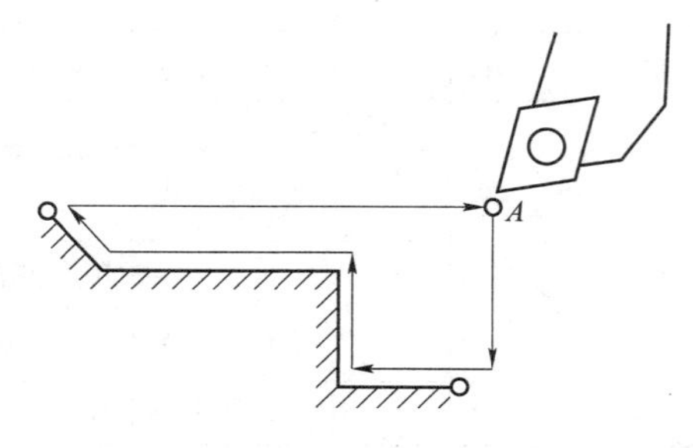

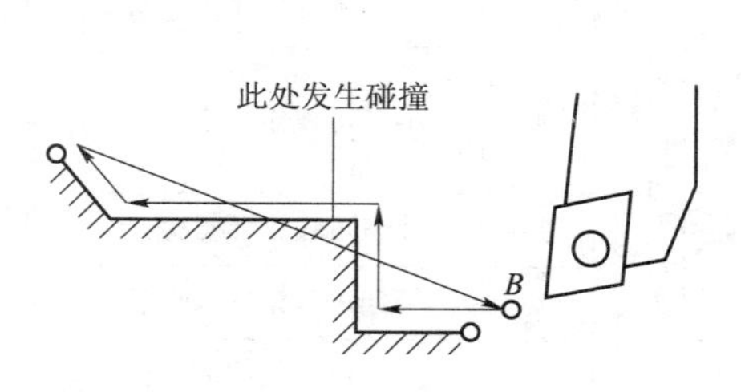

图 2－5　G00 轨迹图

小贴士

G00 指令用于定位，其唯一目的就是节省非加工时间。刀具以快速进给速度移动到指令位置，接近终点位置时，进行减速，当确定到达指令位置，即定位后，开始执行下一个程序段。由于速度快，只能用于空行程，不能用于切削。快速运动操作通常包括以下四种类型的运动：（1）从换刀位置到工件的运动；（2）从工件到换刀位置的运动；（3）绕过障碍物的运动；（4）工件上不同位置间的运动。

（七）刀具直线插补指令 G01（或 G1）

1. 指令功能

指刀具以进给功能 F 下编程的进给速度沿直线从起始点加工到目标点。

2. 指令格式

G01　X（U）__　Z（W）__　F __；

其中，X、Z 表示直线插补目标点的坐标（U、W 表示相对增量）；F 为直线插补时的进给速度，单位一般为 mm/r（毫米/转）。

例　如图 2－6 所示，刀具起始点为 P_0 点，经 P_1、P_2 切削至 P_3 外圆处。

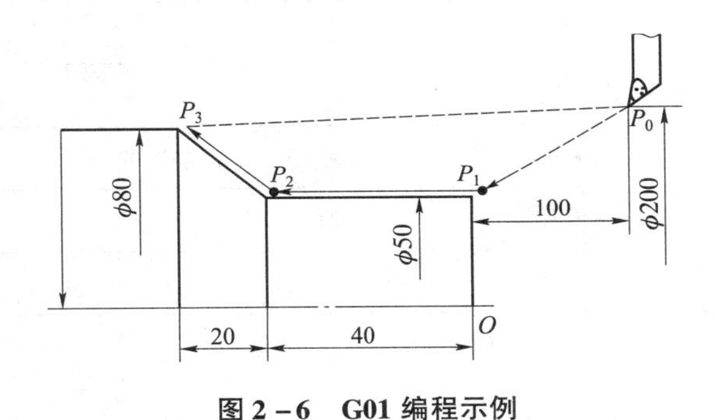

图 2－6　G01 编程示例

解：刀具从 P_0 点快速移至 P_1 点，坐标为（50，2），Z 向留有安全距离，然后直线加工至 P_2 点，再直线加工至 P_3 点。

加工程序参考：N10 G00 X50. Z2.；

N20 G01 X50. Z－40. F0.2；

N30 G01 X80. Z－60.（W－20.）；

3. 指令说明

（1）G01 为直线插补指令，又称直线加工指令，是模态指令，一经使用持续有效，直到被同组 G 代码取代；

（2）G01 用于直线切削加工，必须给定刀具进给速度，且程序中只能指定一个进给速度；

（3）F 为进给速度，模态值，可为每分钟进给量或主轴每转进给量。在数控车床上通常指定为主轴每转进给量。该指令是轮廓切削进给指令，移动的轨迹为直线。F 是沿直线移动的速度。如果没有指定进给速度，就认为进给速度为零。进给时，直线各轴的分速度与各轴的移动距离成正比，以保证刀具在各轴同时到达终点。

（4）直线插补指令是直线运动指令，刀具按地址 F 下编程的进给速度，以直线方式从起始点移动到目标点位置。所有坐标轴可以同时运行，在数控车床上使用 G01 指令可以实现纵切、横切、锥切等直线插补运动。

二、加工工艺分析

（一）选择工、量、刃具

1. 工具选择

45 钢棒装夹在三爪定心卡盘上，用划线盘校正并夹紧。其他工具如表 2－4 所示。

表 2－4　简单阶梯轴加工工、量、刃具清单

工、量、刃具清单				图号		
种类	序号	名称	规格	精度	单位	数量
工具	1	三爪自定心卡盘			个	1
	2	卡盘扳手			副	1
	3	刀架扳手			副	1
	4	垫刀片			块	若干
	5	划线盘			个	1
量具	1	游标卡尺	0～150 mm	0.02 mm	把	1
刃具	1	外圆车刀	90°		把	1
	2	切断刀	4 mm×30 mm		把	1

2. 量具选择

外圆、长度精度要求不高，选用 0～150 mm 游标卡尺测量。

3. 刀具选择

加工材料为 45 钢，刀具选用 90°硬质合金外圆车刀，置于 T01 号刀位，用切断刀手动切断工件。

（二）加工工艺路线

加工精度较低，不分粗、精加工；加工余量较大，需分层切削加工出零件，本任务分五次切削，进刀点分别为 $\phi44$（P_6）、$\phi42$（P_4）、$\phi38$、$\phi36$、$\phi3$（P_1）3 处。参考路线为：刀具从起刀点快速移至进刀点 $\phi44$——直线加工至 $Z-45$ 处——沿 $+X$ 方向退刀——刀具沿 $+Z$ 方向退回——X 方向进刀至 $\phi42$——直线加工至 $Z-45$ 处——沿 $+X$ 方向退刀——刀具沿 $+Z$ 方向退回——X 方向进刀至 $\phi38$——直线加工至 $Z-20$ 处——沿 $+X$ 方向退刀——刀具沿 $+Z$ 方向退回——X 方向进刀至 $\phi35$——直线加工至 $Z-20$——沿 $+X$ 方向退刀——刀具沿 $+Z$ 方向退回——X 方向进刀至 $\phi33$——直线加工至 $X35$、$Z-1$ 处——直线加工至 $Z-20$ 处——沿 $+X$ 方向退刀——刀具沿 $+Z$ 方向退回至起刀点——程序结束。如图 2－7 所示。

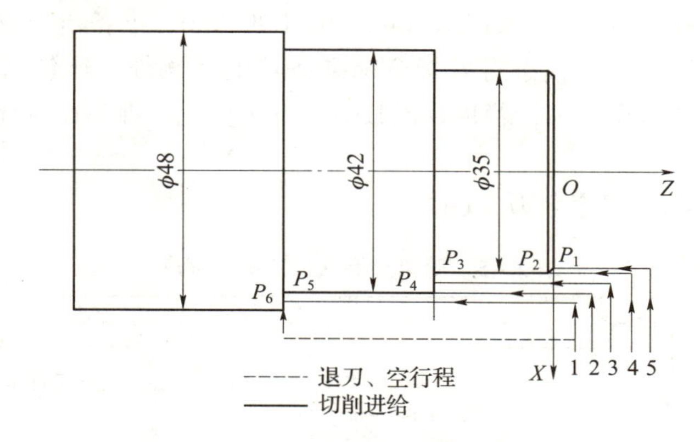

图 2－7　车削阶梯轴走刀路线

（三）合理切削用量选择

加工材料为45钢，硬度较大，切削力适中，切削用量可选大些，但因是首次加工，切削用量尽可能选择较小值。

背吃刀量：$a_p=2$ mm；

主轴转速：$S=600$ r/min；

进给速度：$F=0.2$ mm/r。

三、编制参考程序

（一）建立工件坐标系

根据工件坐标系建立原则：数控车床工件原点一般设在右端面与工件回转轴线交点处，故工件坐标系设置在工件右端面中心处。

（二）计算基点及工艺点坐标

以零件各几何要素之间的连接点为基点。例如，零件轮廓上两条直线的交点、直线与圆弧的交点或切点等，往往作为直线、圆弧插补的目标点，是编写数控程序的重要数据。坐标系建立后应计算基点坐标。对于数控车床，编程时 X 轴方向通常用直径数据作为编程依据。

（三）编制程序

编程时一些准备工作的数控指令应该编写在程序前面第一、二程序段内，然后开始编写加工程序，准备工作一般有：

（1）以机床坐标系原点为基准偏移的零点偏置指令：G54～G59 等（若未用零点偏置指令对刀，可不写该指令）。

（2）主轴启动及转速指令：M03 主轴正转（M04 主轴反转）、S 指令代码等。

（3）加工所用的刀具号及刀具补偿号，如 T0101、T0202 等。

（4）切削液开关指令。

（5）FANUC 系统初始状态设置指令：G40 取消刀尖半径补偿、G99 每转进给量、G97 主轴恒转速、G21 米制尺寸输入、G80 取消固定循环等指令。

（6）刀具起点位置，可不设置刀具起点位置，但必须保证刀具运行时不发生撞刀。

以上加工新准备指令可写在同一程序段内，也可分别写在不同的程序段内。大多数加工程序的第一、二段程序内容相似。如 N10 G40 G97 G99 G80。准备指令编好后，接着编写其他加工程序段，各程序段中，模态有效指令除准备功能代码外，还包括尺寸指令、刀具指令、进给指令、主轴转速指令等，若指令或数值不发生变化，在后面程序段中可省略不写。

（四）参考程序

参考程序见表 2－5，程序名为“O123”。

表 2－5　简单阶梯轴加工参考程序

程序段号	程序内容	动作说明
N10	T0101 M03 S600	选择 01 号刀，执行 01 号刀补，建立工件坐标系主轴正转，进给速度为 600 mm/r
N20	G00 X50. Z2.	刀具快速移到加工起点（50，2）处
N30	G00 X44.	刀具快速运动至 $X44$ 处，准备切削
N40	G01 Z－45. F0.2	以 $F=0.2$ mm/r 的速度直线加工至 $Z-45$ 处
N50	X50.	刀具沿 $+X$ 方向退刀至 $X50$ 处
N60	G00 Z2.	刀具沿 $+Z$ 方向退刀至 $Z2$ 处
N70	X42.	刀具进刀至 $X42$ 处
N80	G01 Z－45.	以 $F=0.2$ mm/r 的速度直线加工至 $Z-45$ 处
N90	X50.	刀具沿 $+X$ 方向退刀至 $X50$ 处
N100	G00 Z2.	刀具沿 $+Z$ 方向退刀至 $Z2$ 处
N110	X38.	刀具进刀至 $X38$ 处
N120	G01 Z－20.	以 $F=0.2$ mm/r 的速度直线加工至 $Z-20$ 处
N130	X50.	刀具沿 $+X$ 方向退刀至 $X50$ 处
N140	G00 Z2.	刀具沿 $+Z$ 方向退刀至 $Z2$ 处
N150	X36.	刀具进刀至 $X36$ 处
N160	G01 Z－20.	以 $F=0.2$ mm/r 的速度直线加工至 $Z-20$ 处
N170	X50.	刀具沿 $+X$ 方向退刀至 $X50$ 处
N180	G00 Z2.	刀具沿 $+Z$ 方向退刀至 $Z2$ 处
N190	X33.	刀具进刀至 $X33$ 处
N200	G01 Z0.	刀具进刀至 $Z0$，准备倒角
N210	G01 X35. Z－1.	刀具进刀至（35，－1）处，进行倒角加工
N220	Z－20.	以 $F=0.2$ mm/r 的速度直线加工至 $Z-20$ 处
N230	X50.	刀具沿 $+X$ 方向退刀至 $X50$ 处
N240	G00 Z2.	刀具沿 $+Z$ 方向退刀至 $Z2$ 处
N250	X100. Z100.	刀具快速退刀至（100，100）处
N260	M30	程序结束

● 【资料链接】

一、如何选择数控加工走刀路线

走刀路线是指数控加工过程中刀具相对于被加工工件的运动轨迹和方向。加工路线的合理选择是非常重要的，因为它与零件的加工精度和表面质量密切相关。在确定走刀路线时主要考虑以下几点：

（1）保证零件的加工精度要求。

（2）方便数值计算，减少编程工作量。

（3）寻求最短加工路线，减少空走刀时间以提高加工效率。

（4）尽量减少程序段数。

（5）保证工件轮廓表面加工后的粗糙度的要求，最终轮廓应安排最后一次走刀连续加工出来。

（6）刀具的进退刀（切入与切出）路线也要认真考虑，以尽量减少在轮廓处停刀（切削力突然变化造成弹性变形）而留下刀痕，也要避免在轮廓面上垂直下刀而划伤工件。

二、确定走刀路线

确定走刀路线的主要工作在于确定粗加工及空行程的进给路线等，因为精加工的切削过程的进给路线基本上是沿着零件轮廓顺序进给的。走刀路线一般是指刀具从起刀点开始运动，直至返回该点并结束加工程序所经过的路径，包括切削加工的路径及刀具切入、切出等非切削空行程。

（一）刀具切入、切出

在数控车床上进行加工时，尤其是精车，要妥当考虑刀具的切入、切出路线，尽量使刀具沿轮廓的切线方向切入、切出，以免因切削力突然变化而造成弹性变形，致使在光滑连接轮廓上产生表面划伤、形状突变或滞留刀痕等问题。车螺纹时，必须设置升速段和降速段，这样可避免因车刀升降速而影响螺距的稳定。

（二）确定最短的走刀路线

确定最短的走刀路线，除了依靠大量的实践经验外，还要善于分析，必要时可辅以一些简单计算。

（1）灵活设置程序循环起点。在车削加工编程时，许多情况下采用固定循环指令编程，如图 2－8（a）是采用矩形循环方式进行外轮廓粗车的一种情况示例。考虑加工中换刀的安全性，常将起刀点设在离毛坯件较远的位置，图 2－8 中为 A 点处，同时，将起刀点和循环起点重合，其走刀路线如图 2－8（a）所示。若将起刀点和循环起点分开设置，分别在 A 点和 B 点处，其走刀路线如图 2－8（b）所示，显然，其走刀路线短。

（2）合理安排返回换刀点。在手工编制较复杂轮廓的加工程序时，编程人员有时将每一刀加工后的刀具通过执行返回换刀点，使其返回到换刀点位置，然后再执行后续程序。这样会增加走刀路线的长度，从而降低生产效率。因此，在不换刀的前提下，执行退刀动作时，不用返回换刀点。安排走刀路线时，应尽量缩短前一刀终点与后一刀起点间的距离，方可满足走刀路线为最短的要求。

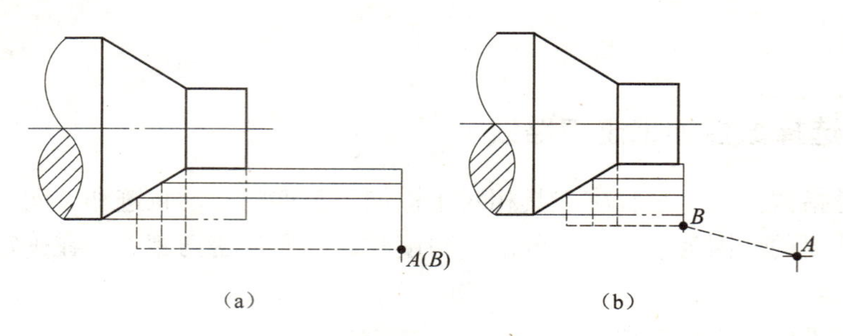

(a)　　　(b)

图 2-8　起刀点和循环起点

(a) 起刀点和循环起点重合；(b) 起刀点和循环起点分离

(三) 确定最短的切削进给路线

切削进给路线短可有效地提高生产效率、降低刀具的损耗。在安排粗加工或半精加工的切削进给路线时，应同时兼顾到被加工零件的刚性及加工的工艺性要求。

图 2-9 所示是几种不同切削进给路线的安排示意图，其中，图 2-9 (a) 表示封闭轮廓复合车削循环的进给路线，图 2-9 (b) 表示“三角形”进给路线，图 2-9 (c) 表示“矩形”进给路线。

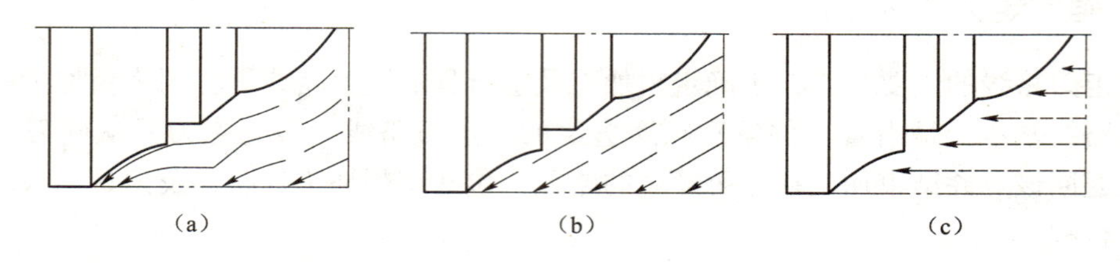
(a)　　　(b)　　　(c)

图 2-9　进给路线安排示意图

(a) 封闭轮廓复合车削循环进给路线；(b)“三角形”进给路线；(c)“矩形”进给路线

对以上三种切削进给路线进行分析和判断可知：“矩形”循环进给路线的走刀长度总和为最短，即在同等条件下，其切削所需的时间（不含空行程）为最短，刀具的损耗小。另外，“矩形”循环加工的程序段格式较简单，所以，在制订加工方案时，建议采用“矩形”走刀路线。

(四) 零件轮廓精加工一次走刀完成

在安排可以一刀或多刀进行的精加工工序时，零件轮廓应由最后一刀连续加工而成，此时，加工刀具的进、退刀位置要考虑妥当，尽量不要在连续轮廓中安排切入、切出、换刀及停顿，以免因切削力突然变化而造成弹性变形，致使光滑连续的轮廓上产生表面划伤、形状突变或滞留刀痕等缺陷。

总之，在保证加工质量的前提下，使加工程序具有最短的进给路线，不仅可以节省整个加工过程的执行时间，还能减少不必要的刀具耗损及机床进给滑动部件的磨损等。

三、数控车床切削用量的选择

切削用量（a_p、f、v）的合理选择，对于能否充分发挥数控机床潜力与刀具切削性能，实现优质、高产、降低成本和安全操作起到很重要的作用。粗车时，首先考虑选择一个尽可

能大的背吃刀量 a_p，其次选择一个较大的进给量 f，最后确定一个合适的切削速度 v。增大背吃刀量 a_p 可使走刀次数减少，增大进给量 f 有利于断屑，因此根据以上原则选择粗车切削用量对于提高生产效率，减少刀具损耗，降低加工成本是有利的。

精车时，对加工精度和表面粗糙度要求较高，加工余量不大且较均匀，因此选择精车切削用量时，应着重考虑如何保证工件的加工质量，并在此基础上尽量提高生产率。因此精车时应选用较小（但不太小）的背吃刀量 a_p 和进给量 f，并选用切削性能高的刀具材料和合理的几何参数，以尽可能提高切削速度 v。

（一）背吃刀量 a_p 的确定

在工艺系统刚度和机床功率允许的情况下，尽可能选取较大的背吃刀量，以减少进给次数。当零件精度要求较高时，则应考虑留出精车余量，其所留的精车余量一般比普通车削时所留余量小，常取 0.1 ~0.5 mm。

（二）进给量 f（有些数控机床用进给速度 v_f）

进给量 f 的选取应该与背吃刀量和主轴转速相适应。在保证工件加工质量的前提下，可以选择较高的进给速度（2 000 mm/min 以下）。在切断、车削深孔或精车时，应选择较低的进给速度。当刀具空行程特别是远距离“回零”时，可以设定尽量高的进给速度。

粗车时，一般取 f =0.3 ~0.8 mm/r，精车时常取 f =0.1 ~0.3 mm/r，切断时取 f =0.05 ~0.20 mm/r。

进给速度是指在单位时间里，刀具沿进给方向移动的距离，单位为 mm/min。

$$v_f = f \times n。$$

粗加工时，进给量根据工件材料、车刀导杆直径、工件直径和背吃刀量进行选取，如表 2 -6 所示。从表可以看出，在背吃刀量一定时，进给量随着导杆尺寸和工件尺寸的增大而增大；加工铸铁时，切削力比加工钢件时小，可以选取较大的进给量。

表 2 -6　硬质合金车刀粗车外圆及端面的进给量

工件材料	车刀刀杆尺寸 $B \times H$ /（mm × mm）	工件直径/mm	背吃刀量 a_p/mm			
			≤3	>3 -5	>5 -8	>8 -12
			进给量 f/（mm · r^{-1}）			
碳素钢、合金钢	16 ×25	20	0.3 ~0.4	—	—	—
		40	0.4 ~0.5	0.3 ~0.4	—	—
		60	0.5 ~0.7	0.4 ~0.6	0.3 ~0.5	—
		100	0.6 ~0.9	0.5 ~0.7	0.5 ~0.6	0.4 ~0.5
		400	0.8 ~1.2	0.7 ~1.0	0.6 ~0.8	0.5 ~0.6
	20 ×30 25 ×25	20	0.3 ~0.4	—	—	—
		40	0.4 ~0.5	0.3 ~0.4	—	—
		60	0.5 ~0.7	0.5 ~0.7	0.4 ~0.6	—
		100	0.8 ~1.0	0.7 ~0.9	0.5 ~0.7	0.4 ~0.7
		400	1.2 ~1.4	1.0 ~1.2	0.8 ~1.0	0.6 ~0.9

续表

工件材料	车刀刀杆尺寸 $B \times H$ /（mm×mm）	工件直径/mm	背吃刀量 a_p/mm			
			≤3	>3～5	>5～8	>8～12
			进给量 f/(mm·r^{-1})			
铸铁及铜合金	16×25	40	0.4～0.5	—	—	—
		60	0.5～0.8	0.5～0.8	0.4～0.6	—
		100	0.8～1.2	0.7～1.0	0.6～0.8	0.5～0.7
		400	1.0～1.4	1.0～1.2	0.8～1.0	0.6～0.8
	20×30 25×25	40	0.4～0.5	—	—	—
		60	0.5～0.9	0.5～0.8	0.4～0.7	—
		100	0.9～1.3	0.8～1.2	0.7～1.0	0.5～0.8
		400	1.2～1.8	1.2～1.6	1.0～1.3	0.9～1.1

精加工与半精加工时，进给量可根据加工表面粗糙度要求按表选取，同时考虑切削速度和刀尖圆弧半径因素，如表2－7所示。

表2－7　按表面粗糙度选择进给量的参考值

工件材料	表面粗糙度 Ra/μm	切削速度 v_c/(m·min^{-1})	刀尖圆弧半径/mm		
			0.5	1.0	2.0
			进给量 f/(mm·r^{-1})		
碳钢及硬质合金	>1.25～2.50	<50	0.10	0.11～0.15	0.15～0.22
		50～100	0.11～0.16	0.16～0.25	0.25～0.35
		>100	0.16～0.20	0.20～0.25	0.25～0.35
	>2.5～5.0	<50	0.18～0.25	0.25～0.30	0.30～0.40
		>50	0.25～0.30	0.30～0.35	0.30～0.50
	>5～10	<50	0.30～0.50	0.45～0.60	0.55～0.70
		>50	0.40～0.55	0.55～0.65	0.65～0.70
铸铁、青铜、铝合金	>5～10	不限	0.25～0.40	0.40～0.50	0.50～0.60
	>2.5～5.0		0.15～0.25	0.25～0.40	0.40～0.60
	>1.25～2.50		0.10～0.15	0.15～0.20	0.20～0.35

（三）主轴转速的确定

1. 光车外圆时主轴转速

光车外圆时主轴转速应根据零件上被加工部位的直径，并按零件和刀具材料以及加工性质等条件所允许的切削速度来确定。

切削速度除了计算和查表选取外，还可以根据实践经验确定。需要注意的是，交流变频调速的数控车床低速输出力矩小，因而切削速度不能太低。

切削速度确定后，用公式 $n = 1\ 000\ v_c/\pi d$ 计算主轴转速 n（r/min）。如表2－8所示为硬质合金外圆车刀切削速度的参考值。

如何确定加工时的切削速度，除了可参考表 2－8 所列出的数值外，还主要根据实践经验进行确定。

表 2－8　硬质合金外圆车刀切削速度的参考值

工件材料	热处理状态	a_p/mm		
		(0.3, 2.0]	(2, 6]	(6, 10]
		f/(mm·r^{-1})		
		(0.08, 0.30]	(0.3, 0.6]	(0.6, 1.0)
		v_c (m·min^{-1})		
低碳钢、易切钢	热轧	140～180	100～120	70～90
中碳钢	热轧	130～160	90～110	60～80
	调质	100～130	70～90	50～70
合金结构钢	热轧	100～130	70～90	50～70
	调质	80～110	50～70	40～60
工具钢	退火	90～120	60～80	50～70
灰铸铁	HBS＜190	90～120	60～80	50～70
	HBS＝190～225	80～110	50～70	40～60
高锰钢			10～20	
铜及铜合金		200～250	120～180	90～120
铝及铝合金		300～600	200～400	150～200
铸铝合金（w_{si}13%）		100～180	80～150	60～100

注：切削钢及灰铸铁时刀具耐用度约为 60 min。

2. 车螺纹时主轴的转速

在车削螺纹时，车床的主轴转速将受到螺纹的螺距 P（或导程）的大小、驱动电机的升降频特性以及螺纹插补运算速度等多种因素影响，故对于不同的数控系统，推荐不同的主轴转速选择范围。大多数经济型数控车床推荐车螺纹时的主轴转速 n（r/min）为：

$$n \leqslant (1\,200/P) - k$$

式中，P——被加工螺纹的螺距，mm；

k——保险系数，一般为 80。

此外，在安排粗、精车削用量时，应注意机床说明书给定的允许切削用量范围，对于主轴采用交流变频调速的数控车床，由于主轴在低转速时扭矩降低，尤其应注意此时的切削用量选择。

四、数控加工工艺路线的设计

数控加工工艺路线设计与通用机床加工工艺路线设计的主要区别，在于它往往不是指从毛坯到成品的整个工艺过程，而仅是几道数控加工工序的具体描述。因此在工艺路线设计中一定要注意，由于数控加工工序一般都穿插于零件加工的整个工艺过程中，因而要与其他加工工艺衔接好。常见工艺流程为：毛坯→热处理→通用机床加工→数控机床加工→通用机床加工→成品。

五、阶梯轴的检测方法

常见台阶长度检测方法及外圆检测方法如图 2－10 和图 2－11 所示。

（一）台阶长度检测方法

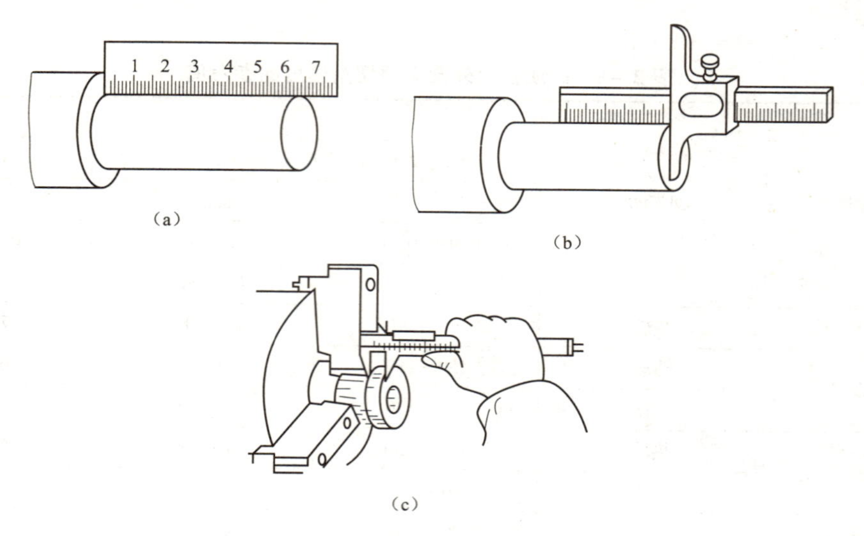

图 2-10 台阶长度检测方法

（a）钢直尺检测长度；（b）深度游标卡尺检测长度；（c）游标卡尺检测长度

（二）外圆检测方法

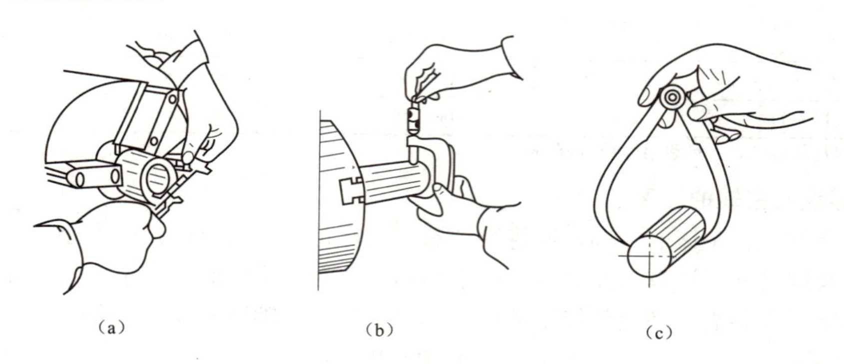

图 2-11 外圆检测方法

（a）游标卡尺检测外圆；（b）千分尺检测外圆；（c）外卡钳检测外圆

六、数控加工工艺路线设计中应注意以下几个问题

（一）工序的划分

根据数控加工的特点，数控加工工序的划分一般可按下列方法进行：

（1）以一次安装、加工作为一道工序。这种方法适用于加工内容较少的零件，加工完成后就能达到待检状态。

（2）以同一把刀具加工的内容划分工序。有些零件虽然能在一次安装中加工出很多待加工表面，但考虑到程序太长，会受到某些限制，如控制系统的限制（主要是内存容量）、机床连续工作时间的限制（如一道工序在一个工作班内不能结束）等。此外，程序太长会增加出错与检索的困难。因此程序不能太长，一道工序的内容不能太多。

（3）以加工部位划分工序。对于加工内容很多的工件，可按其结构特点将加工部位分成几个部分，如内腔、外形、曲面或平面，并将每一部分的加工作为一道工序。

（4）以粗、精加工划分工序。对于经加工后易发生变形的工件，由于对粗加工后可能发生的变形需要进行校形，故一般来说，凡要进行粗、精加工的工件，都要将工序分开。

（二）顺序的安排

顺序的安排应根据零件的结构和毛坯状况，以及定位、安装与夹紧的需要来考虑。顺序安排一般应按以下原则进行：

（1）上道工序的加工不能影响下道工序的定位与夹紧，中间穿插有通用机床加工工序的也应综合考虑；

（2）先进行内腔加工，后进行外形加工；

（3）以相同定位、夹紧方式加工或用同一把刀具加工的工序，最好连续加工，以减少重复定位次数、换刀次数与挪动压板次数。

七、数控车削加工工艺文件

数控加工工艺文件不仅是进行数控加工和产品验收的依据，也是操作人员遵守和执行的规程，同时还为产品零件重复生产积累了必要的工艺资料，进行技术储备。这些由工艺人员制订的工艺文件是编程员在编制数控加工程序时所依据的相关技术文件。编制数控加工工艺文件是数控加工工艺设计的重要内容之一。

一般来说，数控车床所需工艺文件应包括编程任务书、数控加工工序卡片、数控机床调整卡、数控加工刀具卡、数控加工进给路线图、数控加工程序单等。

其中，以数控加工工序卡片和数控加工刀具卡最为重要，这些卡片暂无国家标准，前者是说明数控加工顺序和加工要素的文件，后者为刀具使用依据。如表 2－9 和表 2－10 所示为两种卡片的参考格式。

表 2－9 数控加工工序卡片

<table>
<tr><td rowspan="2">单位</td><td colspan="4" rowspan="2">数控加工工序卡片</td><td colspan="3">产品名称及代号</td><td colspan="2">零件名称</td><td>零件图号</td></tr>
<tr><td colspan="3"></td><td colspan="2"></td><td></td></tr>
<tr><td colspan="5" rowspan="6">工序简图</td><td colspan="3">车间</td><td colspan="3">使用设备</td></tr>
<tr><td colspan="3"></td><td colspan="3"></td></tr>
<tr><td colspan="3">工艺序号</td><td colspan="3">程序编号</td></tr>
<tr><td colspan="3"></td><td colspan="3"></td></tr>
<tr><td colspan="3">夹具名称</td><td colspan="3">夹具编号</td></tr>
<tr><td colspan="3"></td><td colspan="3"></td></tr>
<tr><td>工步号</td><td colspan="4">工步作业内容</td><td>刀具号</td><td>刀补量</td><td>主轴
转速</td><td>进给
速度</td><td>背吃
刀量</td><td>备注</td></tr>
<tr><td></td><td colspan="4"></td><td></td><td></td><td></td><td></td><td></td><td></td></tr>
<tr><td></td><td colspan="4"></td><td></td><td></td><td></td><td></td><td></td><td></td></tr>
<tr><td></td><td colspan="4"></td><td></td><td></td><td></td><td></td><td></td><td></td></tr>
<tr><td></td><td colspan="4"></td><td></td><td></td><td></td><td></td><td></td><td></td></tr>
<tr><td>编制</td><td></td><td>审核</td><td></td><td>批准</td><td></td><td colspan="2">年 月 日</td><td colspan="2">共 页</td><td>第 页</td></tr>
</table>

表 2-10 数控刀具卡片

<table>
<tr><td colspan="2">零件图号</td><td></td><td colspan="5" rowspan="2">数控刀具卡片</td><td>使用设备</td></tr>
<tr><td colspan="2">刀具名称</td><td></td><td></td></tr>
<tr><td colspan="2">刀具编号</td><td></td><td>换刀
方式</td><td colspan="2"></td><td>程序
编号</td><td colspan="2"></td></tr>
<tr><td rowspan="4">刀具组成</td><td>序号</td><td colspan="2">编号</td><td colspan="2">刀具名称</td><td>规格</td><td>数量</td><td>备注</td></tr>
<tr><td>1</td><td colspan="2"></td><td colspan="2"></td><td></td><td></td><td></td></tr>
<tr><td>2</td><td colspan="2"></td><td colspan="2"></td><td></td><td></td><td></td></tr>
<tr><td>3</td><td colspan="2"></td><td colspan="2"></td><td></td><td></td><td></td></tr>
<tr><td colspan="2">备注</td><td colspan="7"></td></tr>
<tr><td colspan="2">编制</td><td></td><td>审校</td><td></td><td>批准</td><td></td><td>共 页</td><td>第 页</td></tr>
</table>

- **【实施训练】**

一、加工准备

（1）检查毛坯尺寸。

（2）开机、回参考点。

（3）装夹刀具与工件。外圆车刀按要求装于刀具的 T01 号刀位，45 钢棒装夹在三爪定心卡盘上，伸出 50 mm，找正并夹紧。

（4）程序输入。把编写好的程序通过数控面板输入到数控机床。

二、对刀操作

X、*Z* 轴采用试切法对刀，通过对刀把操作得到的数据输入到刀具几何形状补偿存储器中，此时 G54 等零点偏置中数值需输入 0。

三、空运行操作

（一）空运行操作

FANUC 系统空运行是指机床按设定的运动速度（快速）运行，可用快速运动开关来改变进给速度。其用于不装夹工件时的加工程序检验。空运行操作只需按下空运行开关即可，空运行操作结束后要使空运行按钮复位。

（二）机床轴锁住及辅助功能锁住操作

按下机床操作面板上的机床锁住开关，启动程序开关后，机床不移动，只显示刀具位移的变化，用于检查程序。另外还有辅助功能锁住，它使 M、S、T 代码被禁止并且不能执行，与机床锁住功能一样用于检查程序。

四、零件单段运行加工

零件单段工作模式是按下数控启动按钮后，刀具在执行完程序中的一段程序后停止。通过单段加工模式可以一段一段地执行，便于仔细检查数控程序。操作步骤如下：

打开程序，选择自动加工方式，调用进给倍率，按单段运行按钮，按循环启动按钮进行加工，每段程序执行结束后，继续按循环启动按钮即可一段一段地执行程序。

五、加工结束，清理机床

• 【检查与评价】

零件加工结束后进行检查与评价，检查与评价结果写在表 2－11 中。

表 2－11　简单阶梯轴零件加工评分表

班级		姓名			学号	
工作任务					零件编号	
项目	序号	技术要求	配分	评分标准	学生自评	教师评分
程序与工艺	1	切削加工工艺制订正确	5	不规范每处扣 1 分		
	2	切削用量选择合理	5	不规范每处扣 1 分		
	3	程序正确、规范	10	不规范每处扣 1 分		
机床操作	4	设备操作、维护保养正确	10	不规范每处扣 1 分		
	5	安全、文明生产	10	出错全扣		
	6	刀具选择、安装规范	5	不规范每处扣 1 分		
	7	工件找正、安装规范	5	不规范每处扣 1 分		
工作态度	8	行为规范、态度端正	10	不规范每处扣 1 分		
工件质量（外圆）	9	倒角	4	不合格每处扣 1 分		
	10	ϕ42 mm	10	不合格每处扣 1 分		
	11	ϕ35 mm	10	不合格每处扣 1 分		
工件质量（长度）	12	20 mm	8	不合格每处扣 1 分		
	13	45 mm	5	不合格每处扣 1 分		
表面粗糙度	14	Ra3. 2 μm	3	超差全扣		
综合得分			100			

机床操作注意事项

（1）刀具、工件应按要求装夹。

（2）加工前做好各项检查工作。

（3）加工时应关好机床防护门。

（4）机床坐标系与工件坐标系的位置关系在机床锁住前后有可能会出现不一致的情况，使用机床锁住功能空运行后，应重新回参考点一次。

（5）空运行按钮必须复位，否则会发生撞刀现象。

（6）首次切削禁止采用自动加工方式加工，可用单段，以避免发生意外事故。

(7) 加工完毕，用切断刀手动切断工件。手动切断时进给倍率为1%～2%。
(8) 若加工过程中有意外发生，按复位键或紧急停止按钮，查找原因。

● 【知识拓展】

一、数控加工过程中如何对切削过程进行监控与调整

工件在找正及程序调试完成之后，就可进入自动加工阶段。在自动加工过程中，操作人员要对切削的过程进行监控，防止出现由于非正常切削而造成的工件质量问题及其他事故。对切削过程进行监控主要考虑以下几个方面：

(一) 加工过程监控

粗加工主要考虑的是工件表面加工余量的快速切除。在机床自动加工过程中，根据设定的切削用量，刀具按预定的切削轨迹自动切削。此时操作人员应注意通过切削负荷仪观察自动加工过程中的切削负荷变化情况，根据刀具的承受力状况，调整切削用量，发挥机床的最大效率。

(二) 切削过程中切削声音的监控

在自动切削过程中，一般开始切削时，刀具切削工件的声音是稳定的、连续的、轻快的，此时机床的运动是平稳的。随着切削过程的进行，由于工件上有硬质点或刀具磨损等原因，切削过程出现不稳定，不稳定的表现是切削声音发生变化，刀具与工件之间会出现相互撞击声，机床会出现振动。此时应及时调整切削用量及切削条件，当调整效果不明显时，应暂停机床，检查刀具及工件状况。

(三) 精加工过程监控

精加工主要是保证工件的加工尺寸和加工表面质量，切削速度较高，进给量较大。此时应着重注意积屑瘤对加工表面的影响，对于上述问题的解决，一是要注意调整切削液的喷淋位置，让加工表面时刻处于最佳的冷却条件；二是要注意观察工件的已加工面质量，通过调整切削用量，尽可能避免工件的已加工面质量的变化。如调整仍无明显效果，则应停机检查原程序编得是否合理。

特别注意的是，在暂停检查或停车检查时，要注意刀具的位置。如刀具在切削过程中停机，主轴突然停转，会使工件表面产生刀痕。一般应在刀具离开切削状态时，考虑停机。

(四) 刀具监控

刀具的质量很大程度决定了工件的加工质量。在自动加工切削过程中，要通过声音监控、切削时间控制、切削过程中暂停检查、工件表面分析等方法判断刀具的正常磨损状况及非正常破损状况。

● 【思考与练习】

(1) 简述辅助功能指令代码及其含义。
(2) 单段加工运行有何作用？
(3) 编写图2－12和图2－13所示零件的加工程序并练习加工。毛坯尺寸 $\phi50$ mm。

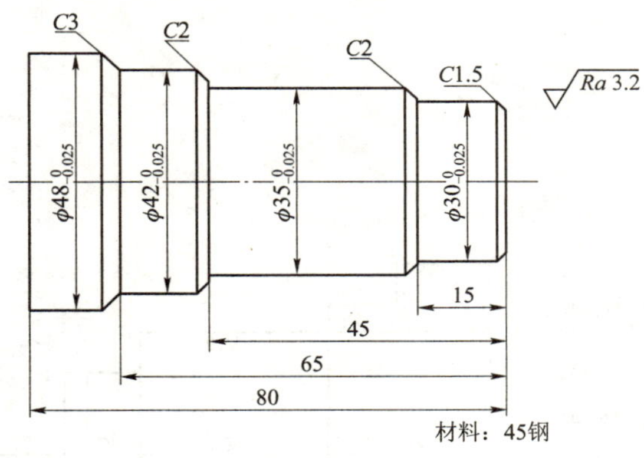

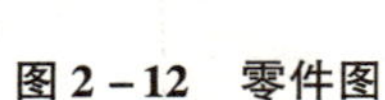

图 2－12　零件图

图 2－13　三维效果图

任务二　槽加工及切断

- **【能力目标】**

  ✈ 能熟练装夹切槽刀；
  ✈ 能熟练进行切槽刀对刀并掌握其验证方法；
  ✈ 会用切槽刀进行断点加工；
  ✈ 学会零件尺寸控制方法。

- **【知识目标】**

  ✈ 掌握半径编程、直径编程含义及应用；
  ✈ 掌握绝对尺寸、相对增量尺寸指令及应用；
  ✈ 掌握暂停指令及应用；
  ✈ 掌握简单阶梯轴加工工艺制订方法。

- **【工作任务】**

工作任务如图 2－14 和图 2－15 所示。

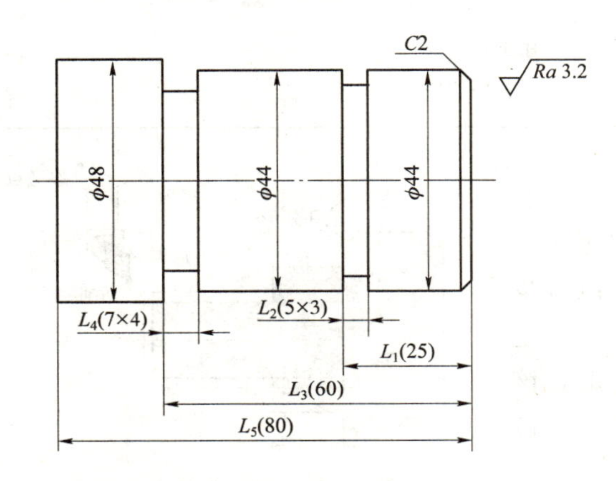

图 2－14　零件图（毛坯：ϕ50 mm）

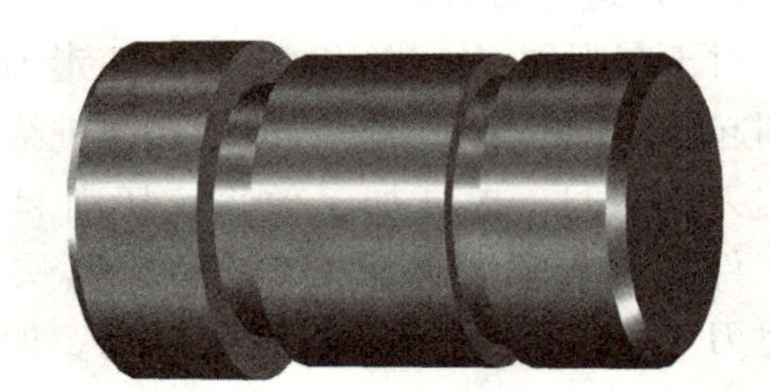

图 2－15　三维效果图

● 【知识学习】

一、编程指令

（一）半径编程及直径编程

1. 功能

CNC 车床上，所有沿 X 轴的尺寸都可以用直径编程和半径编程。直径编程易于理解，因为图纸中的回转体工件一般使用直径尺寸，而且在车床上直径也较为常见。因此，大多数 FANUC 控制器的缺省值为直径编程，也可以通过改变系统参数，将输入的 X 值作为半径值编程。用直径值编程时，尺寸标注须一致，这样可避免尺寸换算过程中可能造成的错误，给编程带来很大方便。如图 2－16 所示。

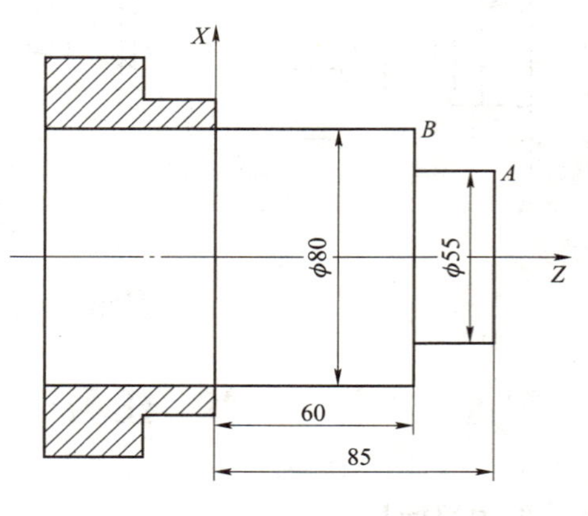

图 2－16　直径编程

2. 使用方法

FANUC 系统可以通过参数（由 1006 号参数的第 3 位设定）设置实现半径、直径编程。一般情况下都是直径编程，但固定循环参数中，沿 X 轴方向背吃刀量为半径值；圆弧插补中的 I 值为半径值。

直径编程时使用注意事项，如表 2－12 所示。

表 2－12　直径编程时注意事项

项目	注意事项
X 轴指令	用直径值指定
用地址 U 的增量值指令	用直径值指定
坐标系设定（G50）	用直径指定 X 轴坐标值
刀具位置补偿量 X 值	用参数设置为直径径还是半径值
固定循环中沿 X 轴切深（R）	用半径值指令
圆弧插补中的 R、I、K	用半径值指令
X 轴方向进给速度	用半径值指令
X 轴位置显示	用直径值指令

（二）进退刀方式

对于车削加工，进刀时采用快速走刀接近工件切削起点附近的某个点，再改用切削进给，以减少空走刀的时间，提高加工效率。切削起点的确定与工件毛坯余量大小有关，应以刀具快速走到该点时刀尖不与工件发生碰撞为原则。如图 2－17 所示。

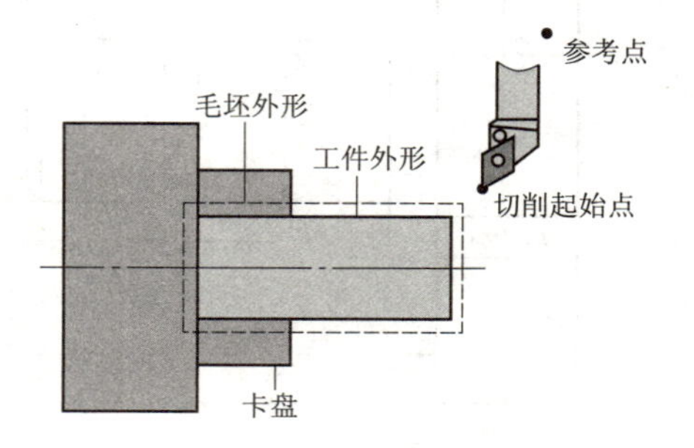

图 2－17　切削起始点的确定

（三）绝对坐标、增量坐标指令

1．指令功能

绝对坐标：刀具运行过程中，刀具的位置坐标是以工件坐标系原点为基准标识的。

增量坐标：刀具运行过程中，刀具的位置坐标是以相对于前一位置的增量为标识的。

2．指令代码

绝对坐标：用 X、Z 表示。

增量坐标：用 U、W 表示。

注：FANUC－0i Mate－TC 系统中，C 代码绝对坐标指令为 G90，增量坐标指令为 G91。

3．指令使用说明

（1）增量坐标是指刀具起始位置到目标点移动增量：方向与坐标轴方向一致时为正，方向与坐标轴方向相反时为负。

（2）FANUC 系统中可以用绝对、增量混合方式编程，即在同一段程序中 X 和 W 或 U 和 Z 同时存在。

（四）进给暂停指令 G04（或 G4）

1．指令功能

执行本指令进给暂停至指定时间后执行下一段程序，非模态代码，常用于车槽、车端面、锪孔等场合，以提高表面质量。

2．指令格式

G04 X __；X __表示暂停时间，可用带小数点的数，单位为 s。

G04 U __；U __表示暂停时间，可用带小数点的数，单位为 s。

G04 P __；P __表示暂停时间，不允许用带小数点的数，单位为 ms。

例如：G04 X1（U1）；表示暂停 1 s；

G04 P50；表示暂停 50 ms，即暂停 0.05 s。

●【知识拓展】

暂停指令是应用在程序处理过程中有目的进给延迟，在程序指定的这段时间内，所有轴的运动都将停止，但不影响其他程序指令和功能。超过指定的时间后，控制系统将立即从包含暂停指令程序段的下一程序段重新开始处理程序。

暂停指令主要有以下两方面的应用。

（1）实际切削过程中的应用。

暂停指令主要用于钻孔、扩孔、凹槽加工或切断工作时的排屑，也用于车削和钻孔时消除切削刀具最后切入时留在工件上的加工痕迹。

（2）当没有切削运动时对机床附件的应用

暂停指令的第二个常见应用是应用在某些辅助功能（M 功能）上。其中一个功能用于控制各种 CNC 机床附件，如棒料进给器、尾座、套筒、夹紧工具等。程序中的暂停时间能保证彻底完成某一特定步骤，另外在一些 CNC 车床中改变主轴转速时也需要用到暂停指令，它通常位于齿轮传动速度范围调整后。

小贴士

(1) G04后面的X、U、P均为指定时间，X、U（U仅用于CNC车床）单位为s，允许小数点编程，指令范围为0.001~99 999.999；P的单位为ms，不允许小数点编程，指定范围为1~99 999 999。在加工过程，暂停时间很少会超过几秒钟，通常都远小于1 s。

(2) 通过设置参数，可以用主轴旋转的转数来表示暂停时间，它只需使用暂停指令G04，后面跟有所需的主轴转速，范围为0.001~99 999.999r。例如：G04 P1 000；G04 X1.0；G04 U1.0；表示暂停主轴旋转一周所需的时间。

二、加工工艺分析

(一) 选择工、量、刃具

1. 工具选择

45钢棒装夹在三爪定心卡盘上，用划线盘校正并夹紧。其他工具如表2－13所示。

表2－13 切槽、切断工、量、刃具清单

工、量、刃具清单				图号		
种类	序号	名称	规格	精度	单位	数量
工具	1	三爪自定心卡盘			个	1
	2	卡盘扳手			副	1
	3	刀架扳手			副	1
	4	垫刀片			块	若干
	5	划线盘			个	1
量具	1	游标卡尺	0~150 mm	0.02 mm	把	1
刃具	1	外圆车刀	90°		把	1
	2	切断刀	5 mm×30 mm		把	1

2. 量具选择

外圆、长度精度要求不高，选用0~150 mm游标卡尺测量。

3. 刀具选择

加工材料45钢，刀具选用90°硬质合金外圆车刀，置于T01号刀位；切槽和切断选用硬质合金切槽刀，刀头宽度5 mm，刀头长度应大于25 mm，装在T03刀位。（一般情况下切槽和切断刀分开使用）

(二) 加工工艺方案

1. 窄槽加工方法

当槽宽度尺寸不大，可用刀头宽度等于槽宽的切槽刀，一次进给切出，如图2－18所示。编程时还可用G04指令在刀具切至槽底时停留一段时间，以光整槽底，提高其表面粗糙度，本工作任务右端窄槽即采用这个方法加工。

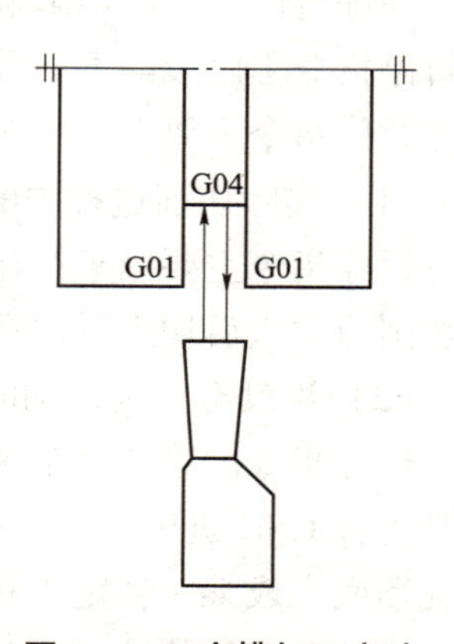

图2－18 窄槽加工方法

2. 宽槽加工方法

当槽宽度尺寸较大（一般大于切槽刀头宽度），应采用多次进给法加工，并在槽底及槽壁两侧留有一定精车余量，然后根据槽底、槽宽尺寸进行精加工。宽槽加工的刀具路线如图 2－19 所示。本工作任务左端槽宽度为 7 mm，可采用这种方法加工。

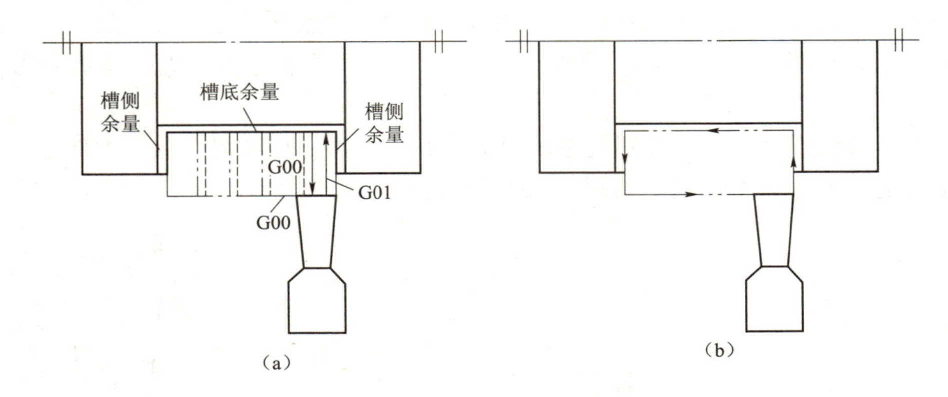

图 2－19　宽槽加工的走刀路线

(a) 宽槽粗加工；(b) 宽槽精加工

(三) 合理切削用量选择

加工材料为 45 钢，硬度较大，切削力适中，切削用量或选较大些，但切槽时，由于切槽刀强度较低，转速及进给速度应选择小一些。本工作任务切槽及切断工件加工工艺见表 2－14。

表 2－14　切槽及切断工件加工工艺

工步号	工步内容	刀具号	切削用量		
			背吃刀量 a_p/mm	进给速度 f/(mm · r^{-1})	主轴转速 n/(r · min^{-1})
1	车削右端面	T01	1～2	0.2	600
2	粗加工外轮廓，留 0.4 mm 余量	T01	1～2	0.2	600
3	精加工外轮廓（含倒角）	T01	0.2	0.1	800
4	车右端 5 mm × ϕ38 mm 槽	T03	3	0.08	400
5	粗车左端 7 mm × ϕ38 mm 槽	T03	4	0.08	400
6	精车左端 7 mm × ϕ36 mm 槽	T03	4	0.08	500
7	切断，控制零件总长 80 mm	T03	4	0.08	400

三、编制参考程序

(一) 建立工件坐标系

根据工件坐标系建立原则：数控车床工件原点一般设在右端面与工件回转轴线交点处，故工件坐标系设置在工件右端面中心处。

（二）计算基点坐标

车外圆采用直径编程，切槽、切断时均选择切槽刀左侧刀尖为刀位点。

刀位点是指刀具的定位基准点，即在程序编制时，刀具上所选择的代表刀具所在位置的点，程序所描述的加工轨迹即为该点的运动轨迹。

数控车刀的刀位点如图 2－20 所示，尖形车刀的刀位点通常是指刀具的刀尖；圆弧形车刀的刀位点是指圆弧刃的圆心；成型刀具的刀位点也通常是指刀尖；钻头的刀位点是钻头顶点

切槽刀的刀位点有三个：分别是左侧刀尖、右端刀尖、切削刃中点。大部分情况，会选择切槽刀的左刀尖为刀位点。如图 2－21 所示。

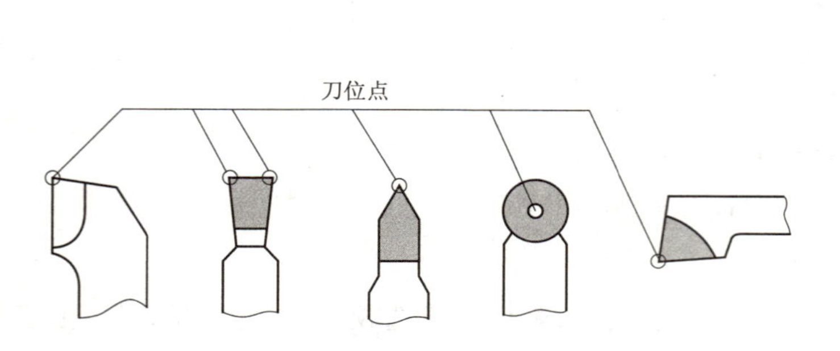

图 2－20　数控车刀的刀位点

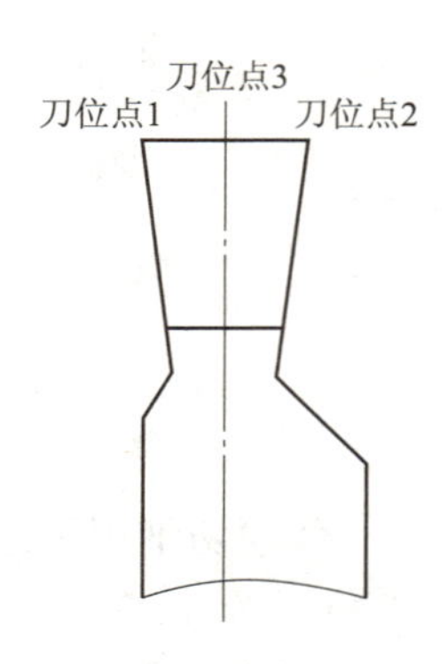

图 2－21　切槽刀刀位点

（三）参考程序

参考程序见表 2－15 所示，程序名为“O124”。

表 2－15　切槽及切断工件参考程序

程序段号	程序内容	动作说明
N10	T0101	选择 01 号刀，执行 01 号刀补，建立工件坐标系
N20	G00 X52. Z2. M03 S600	刀具快速移到加工起点（52，2），主轴正转，进给速度为 600 mm/r
N30	X48.5 M08	刀具快速运动至 X48.5 处，准备切削，切削液打开
N40	G01 Z－85. F0.2	以 $F=0.2$ mm/r 的速度直线至 $Z-85$ 处
N50	X52.	刀具沿 $+X$ 方向退刀至 X52 处
N60	G00 Z2.	刀具沿 $+Z$ 方向退刀至 Z2 处
N70	X44.5	刀具进刀至 X44.5 处
N80	G01 Z－60.	以 $F=0.2$ mm/r 的速度直线至 $Z-60$ 处
N90	X52.	刀具沿 $+X$ 方向退刀至 X52 处
N100	G00 Z2.	刀具沿 $+Z$ 方向退刀至 Z2 处
N110	X40.	刀具进刀至 X40 处

续表

程序段号	程序内容	动作说明
N120	G01 Z0. S1000 F0.1	以 $F=0.1$ mm/r 的速度直线至 Z0 处，主轴转速调为 1 000 r/min
N130	X44. Z-2.	倒角
N140	Z-60.	以 $F=0.1$ mm/r 的速度直线至 $Z-60$ 处
N150	X48.	刀具沿 $+X$ 方向加工至 X48 处
N160	Z-85.	以 $F=0.1$ mm/r 的速度直线至 $Z-85$ 处
N170	X52.	刀具沿 $+X$ 方向退刀至 X52 处
N180	G00 X100. Z100.	刀具快速退刀至（100，100）处
N190	M09	切削液关闭
N200	T0303 S400	换 T03 切槽刀，主轴转速调整为 400 r/min
N210	M08	切削液打开
N220	G00 X45. Z-25.	刀具快速移至右侧槽切削处
N230	G01 X38. F0.08	刀具以 $F=0.08$ mm/r 的速度沿 $+X$ 方向加工至 X38 槽底
N240	G04 U2.0	刀具进给暂停 2 s，光整槽底部
N250	G01 X49.	刀具沿 $+X$ 方向退刀至 X49 处
N260	Z-59.8 F0.2	刀具进刀至 $Z-59.8$ 处，给槽左侧壁留 0.2 mm 余量
N270	X36.2 F0.08	刀具以 $F=0.08$ mm/r 的速度沿 $+X$ 方向加工至 X36.2 处，给槽底留 0.2 mm 余量
N280	G04 U2.0	刀具进给暂停 2 s，光整槽底部
N290	G01 X49.	刀具沿 $+X$ 方向退刀至 X49 处
N300	Z-58.2（W1.6）	刀具沿 $+Z$ 方向退刀至 $Z-58.2$ 处，给槽右侧壁留 0.2 mm 余量
N310	X38.2 F0.08	刀具以 $F=0.08$ mm/r 的速度沿 $+X$ 方向加工至 X38.2 处，给槽底留 0.2 mm 余量
N320	G04 U2.0	刀具进给暂停 2 s，光整槽底部
N330	G01 X49.	刀具沿 $+X$ 方向退刀至 X49 处
N340	Z-58.（W0.2） S500	刀具沿 $+Z$ 方向退刀至 $Z-58$ 处.，准备精加工槽
N350	X36. F0.08	刀具以 $F=0.08$ mm/r 的速度沿 $+X$ 方向精加工至 X36 处
N360	Z-60.（W-2.）	刀具沿 $-Z$ 方向退刀至 $Z-60$ 处，精加工槽底
N370	G01 X52.	刀具沿 $+X$ 方向退刀至 X52 处，准备切断工件
N380	Z-85. F0.2	刀具沿 $-Z$ 方向退刀至 $Z-85$ 处

续表

程序段号	程序内容	动作说明
N390	G01 X0. F0.08	切断工件
N400	G00 X100.	刀具快速退刀至 $X100$ 处
N410	Z100.	刀具快速退刀至 $Z100$ 处
N420	M30	程序结束

- 【资料链接】

外圆、内孔车槽循环程令（G75）

尺寸较大的槽的加工方法：对于深度、宽度较大的槽加工，FANUC 系统有专门的槽加工格式。调用槽加工循环，给循环参数赋一定值即可加工出符合要求的槽。

指令格式：G75 R（e）；

G75 X（U）__Z（W）__P（Δi）Q（Δk）R（Δd）F（f）；

说明：

G75——外圆、内孔车槽循环指令。其执行动作如图 2－22 所示。

e——退刀量，模态值，在下次指定前一直有效，还可以由参数设定，根据程序指令，参数中值可以改变。

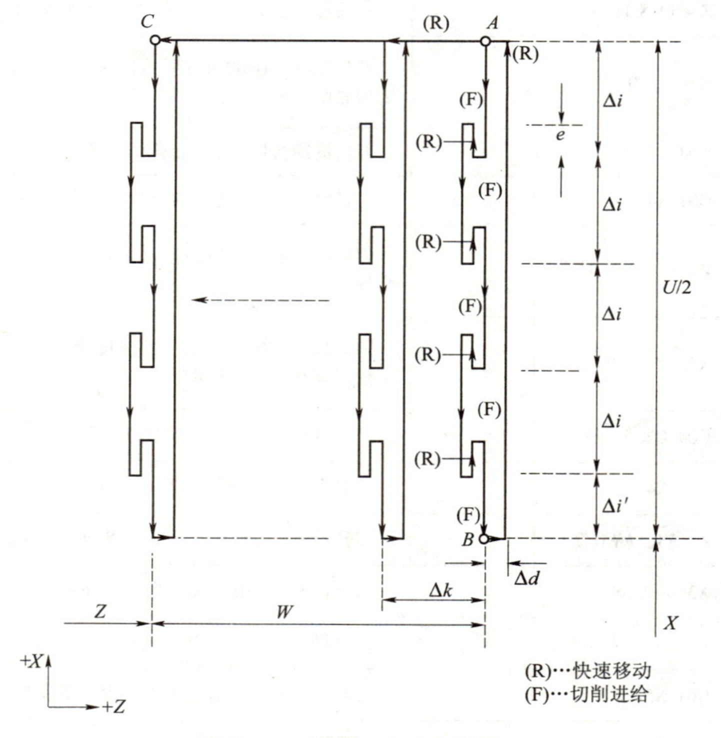

图 2－22　外圆、内孔车槽循环

X——B 点的 X 轴坐标值，表示槽底 X 坐标。

U——$A \rightarrow B$ 的增量值。此值为槽宽减去切刀宽度。A 点的坐标根据刀尖的位置和 U 的方向决定，A 点应在工件之外，以保证快速进给的安全。

Z——C 点的 Z 轴坐标值。

W——$A \rightarrow C$ 的增量值。

Δi——X 方向每次切深（无符号值），值为半径值。不支持小数点输入，以最小输入增量作为单位指定切深。

Δk——Z 方向的移动量（无符号值）。不支持小数点输入，以最小输入增量作为单位指定移动量。

Δd——刀具在槽底部的退刀量，用正值指定。如果省略 Z（W）和 Δk 时，要指定退刀方向的符号。

F——进给速度。

e 和 Δd 都用地址 R 指定，其意义由地址 Z（W）决定，如指定 Z（W），就为 Δd。

在 MDI 格式下可以指定指令 G75。

当指定 Z（W）时，则执行 G75 循环。动作步骤如表 2－16 所示。

表 2－16　外圆、内孔车槽循环指令动作步骤

步骤	说明
1	刀具从点 A 向 B 点切削，切削深度为 Δi
2	刀具快速退回，退刀量为 e
3	刀具切削进给 $\Delta i + e$
4	重复 2、3 步，直至到达槽的底部 B
5	刀具在底部 B 横移 Δd
6	刀具快速返回 A 点
7	刀具向点 C 快速移动 Δk
8	重复 1～5 步
9	重复 6～7 步，直至刀具在 C 点处加工完毕并返回 C 点
10	刀具从 C 点快速返回 A 点

应用：

G75 为外圆、内孔车槽循环指令，它采用间歇式加工，通常只用于非精加工。凹槽加工是 CNC 车床加工的一个重要组成部分，凹槽通常用在圆柱、圆锥面上。其主要目的是使两个零件面对面（肩对肩）地配合。而对于润滑油槽，其目的是让润滑油或其他润滑剂在两个或多个连接零件之间顺畅流动。槽的形状取决于刀具的形状，凹槽刀具的形状也适用于许多特殊的加工操作。

例： 如图 2－23 所示，在工件上加工出宽 20 mm，深 7 mm 的宽槽。使用 G75 内、外圆切槽复合循环为其编程。（假设刀宽为 5 mm）

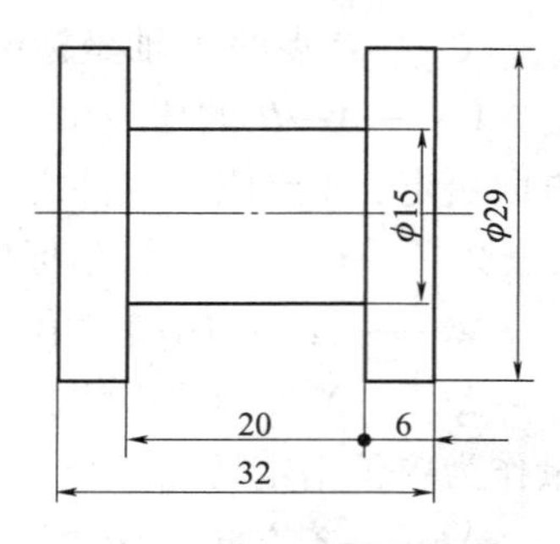

图 2-23　G75 指令应用

参考程序：

```
O0125;
N10 G97 G99 S500 M03;
N20 T0404;
N30 G00 X30.0 Z2.0;
N40 Z-11.0;
N50 G75 R0.3;
N60 G75 X15.0 Z-26.0 P2000 Q4000 R0 F0.05;
N70 G00 X200.0 Z100.0;
N80 M05;
N90 M30;
```

说明：

示例中，Δd 为切削至终点的退刀量。退刀方向与 Z 向进给方向相反。通常情况下，因为加工槽时，刀两侧无间隙，无退让距离，所以一般 Δd 值取零或省略。

- **【实施训练】**

一、加工准备

（1）检查毛坯尺寸。

（2）开机、回参考点。

（3）装夹刀具与工件。将 90°外圆车刀按要求装于刀具的 T01 号刀位，伸出一定高度，刀尖与工件中心等高，夹紧。切槽刀安装在 T03 号刀位，伸出不要太长，保证刀尖与工件中心等高，保证刀头与工件轴线垂直，防止因干涉而折断刀头，毛坯 45 钢棒装夹在三爪定心卡盘上，伸出 90 mm，找正并夹紧。

（4）程序输入。把编写好的程序通过数控面板输入到数控机床。

二、对刀操作

（一）外圆车刀对刀

X、Z 轴采用试切法对刀，通过对刀把操作得到的数据输入到刀具几何形状补偿存储器中，此时 G54 等零点偏置中数值需输入 0。

（二）切槽刀的对刀

切槽刀对刀时采用左侧刀尖为刀位点，与编程采用的刀位点一致。对刀操作步骤如下。

1. Z 轴对刀

（1）手动方式下，使主轴正转；或 MDI 方式中输入 M03 S500，按循环启动键，使主轴正转。

（2）手动方式下，移动刀具，使切槽刀左侧刀尖刚好接触工件右端面。注意刀具接近工件时，进给倍率为 1%～2%。如图 2-24（b）所示。

（3）刀具沿 $+X$ 方向退出，然后进行面板操作。面板操作同外圆车刀。注意此时刀具号为 T03 号。

2. *X* 轴对刀

（1）手动方式下，使主轴正转；或 MDI 方式中输入 M03 S500，按循环启动键，使主轴正转。

（2）手动方式下，移动刀具，使切槽刀主切削刃刚好接触工件外圆（或车一小段外圆，吃刀量要小）。注意刀具接近工件时，进给倍率为 1% ~2%。

（3）刀具沿 +*Z* 方向退出，如图 2－24（a）所示，停车测量外圆直径，然后进行面板操作。面板操作同外圆车刀。注意此时刀具号为 T03 号。

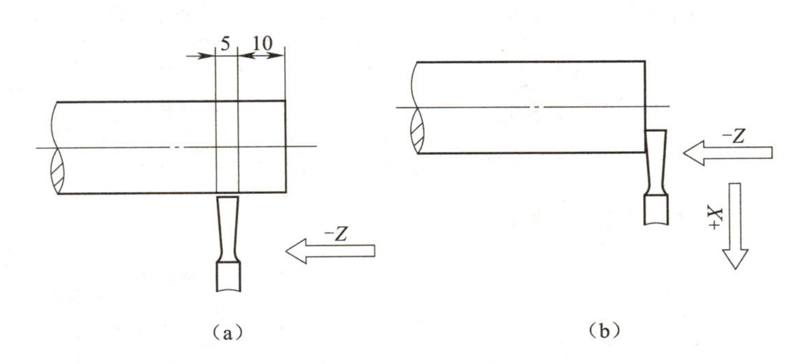

图 2－24　切槽刀对刀示意图

（a）*X* 方向对刀；（b）*Z* 方向对刀

三、空运行及仿真

打开程序，选择 MEM 自动加工方式，打开机床锁住开关，按下空运行键，按循环启动按钮，观察程序运行情况；按图形显示键再按数控启动键可进行轨迹仿真，切换到 *X*、*Z* 视图，观察加工轨迹是否与编程走刀轨迹一致。空运行仿真加工结束后，使空运行、机床锁住功能复位，机床重新回参考点。

四、零件自动加工方法

打开程序，选择 MEM 自动加工方式，调好进给倍率（刚开始时可将进给倍率调至 10% 左右，待加工无问题后可恢复到 100%，并视加工情况适时调节进给倍率），按数控循环启动按钮进行自动加工。

五、程序断点加工方法

当需要从某一段程序开始运行加工，需采用断点加工方法，具体操作步骤为：按程序编辑键，选择编辑工作模式。将光标移至要加工的程序段（断点处），切换成自动加工方式，按循环启动键，程序便从断点处开始往下加工。

六、加工结束，清理机床

- **【检查与评价】**

零件加工结束后进行检查与评价，检查与评价结果写在表 2－17 中。

表 2－17　切槽及切断工件加工评分表

<table>
<tr><td>班级</td><td colspan="2"></td><td>姓名</td><td colspan="2"></td><td>学号</td><td></td></tr>
<tr><td colspan="2">工作任务</td><td colspan="4"></td><td>零件编号</td><td></td></tr>
<tr><td>项目</td><td>序号</td><td>技术要求</td><td>配分</td><td>评分标准</td><td></td><td>学生自评</td><td>教师评分</td></tr>
<tr><td rowspan="3">程序与工艺</td><td>1</td><td>切削加工工艺制订正确</td><td>5</td><td colspan="2">不规范每处扣 1 分</td><td></td><td></td></tr>
<tr><td>2</td><td>切削用量选择合理</td><td>5</td><td colspan="2">不规范每处扣 1 分</td><td></td><td></td></tr>
<tr><td>3</td><td>程序正确、规范</td><td>10</td><td colspan="2">不规范每处扣 1 分</td><td></td><td></td></tr>
<tr><td rowspan="4">机床操作</td><td>4</td><td>设备操作、维护保养正确</td><td>10</td><td colspan="2">不规范每处扣 1 分</td><td></td><td></td></tr>
<tr><td>5</td><td>安全、文明生产</td><td>10</td><td colspan="2">出错全扣</td><td></td><td></td></tr>
<tr><td>6</td><td>刀具选择、安装规范</td><td>5</td><td colspan="2">不规范每处扣 1 分</td><td></td><td></td></tr>
<tr><td>7</td><td>工件找正、安装规范</td><td>5</td><td colspan="2">不规范每处扣 1 分</td><td></td><td></td></tr>
<tr><td>工作态度</td><td>8</td><td>行为规范、态度端正</td><td>10</td><td colspan="2">不规范每处扣 1 分</td><td></td><td></td></tr>
<tr><td rowspan="3">工件质量（外圆）</td><td>9</td><td>倒角</td><td>2</td><td colspan="2">不合格每处扣 1 分</td><td></td><td></td></tr>
<tr><td>10</td><td>ϕ44 mm</td><td>4</td><td colspan="2">不合格每处扣 1 分</td><td></td><td></td></tr>
<tr><td>11</td><td>ϕ48 mm</td><td>3</td><td colspan="2">不合格每处扣 1 分</td><td></td><td></td></tr>
<tr><td>工件质量（长度）</td><td>12</td><td>80 mm</td><td>6</td><td colspan="2">不合格每处扣 1 分</td><td></td><td></td></tr>
<tr><td rowspan="2">槽</td><td>13</td><td>5 mm × ϕ38 mm 槽</td><td>10</td><td colspan="2">不合格每处扣 1 分</td><td></td><td></td></tr>
<tr><td>14</td><td>7 mm × ϕ36 mm 槽</td><td>10</td><td colspan="2">不合格每处扣 1 分</td><td></td><td></td></tr>
<tr><td>表面粗糙度</td><td>15</td><td>Ra3. 2 μm</td><td>5</td><td colspan="2">超差全扣</td><td></td><td></td></tr>
<tr><td colspan="3">综合得分</td><td>100</td><td colspan="2"></td><td></td><td></td></tr>
</table>

槽零件加工操作注意事项

（1）切槽刀刀头强度低，易折断，安装时应按要求严格装夹。

（2）加工中使用两把车刀，对刀时不要弄错每把刀具的刀具号及其补偿号。

（3）对刀时，外圆车刀采用试切端面、外圆的方法，切槽刀不能再切端面，否则，加工后零件长度尺寸会发生变化。

（4）对刀时，刀具接近工件时，进给倍率一定要调小，以避免产生撞刀现象。

（5）切槽刀采用左侧刀尖作刀位点，编程时刀头宽度应考虑在内。

（6）切断要用切断刀，切断刀的形状与切槽刀相似，但因刀头窄而长，很容易折断。常用的切断方法有直进法和左右借刀法两种，直进法常用于切断铸铁等脆性材料，左右借刀法常用于切断钢等塑性材料。

（7）切断刀伸出刀架的长度不宜过长，进给要缓慢均匀。将切断时，必须放慢进给速度，以免冲击力损坏刀头部分。

（8）切断钢件时需要加切削液进行冷却润滑，切铸铁时一般不加切削液，但必要时可用煤油进行冷却润滑。

(9) 切断刀安装时要正，切断刀中心线须与工件中心成90°，保证两个副偏角对称，以获得理想的加工面，减少加工中出现的振动现象。

(10) 切断时，切断刀深入到工件被切的槽里，被工件材料和切屑包围。由于散热条件差，排屑比较困难，切断刀的刀头一般长而窄，强度低，刀头容易磨损而使副偏角减小，从而加剧与加工表面之间的摩擦，容易造成“扎刀”“折断”和增大表面粗糙度。切断（切槽）时应注意以下几点。

① 切断工件在卡盘上夹紧，工件的切断处应距卡盘比较近些，以增强刚性，防止振动，避免在顶尖安装的工件上切断。

② 切断刀刀尖必须与工件中心等高（±0.1mm），以降低切削阻力，减少毛刺。否则切断处将剩有凸台，不能将工件切下来，且刀头也容易损坏。如图2－25所示。

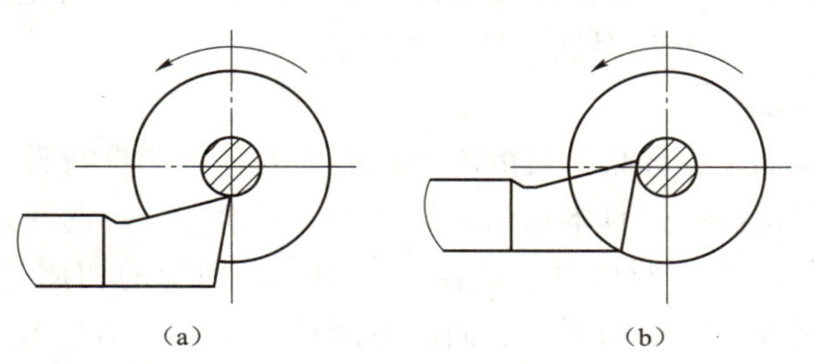

图2－25 切断刀安装与工件中心不等高时的情形

(a) 低于中心不易切削；(b) 高于中心刀头易压断

- **【知识拓展】**

(1) 工件装夹方式的确定应注意那几方面？

在确定定位基准与夹紧方案时应注意以下三点：

① 力求设计、工艺、与编程计算的基准统一。

② 尽量减少装夹次数，尽可能做到在一次定位后就能加工出全部待加工表面。

③ 避免采用占机人工调整方案。

(2) 如何延长数控切槽刀使用寿命？

理想的加工程序不仅应保证加工出符合图样的合格工件，同时应能使数控机床的功能得到合理的应用和充分的发挥。

① 数控加工工序的划分原则。

在数控机床上加工零件，工序比较集中，一次装夹应尽可能完成全部工序，常用的工序划分原则有以下两种。

保证精度原则：数控加工具有工序集中的特点，粗、精加工常在一次装夹中完成，以保证零件的加工精度，当热变形和切削力变形对零件的加工精度影响较大时，应将粗、精加工分开进行。

提高生产效率的原则：数控加工中，为减少换刀次数，节省换刀时间，应将需用同一把刀加工的加工部位全部完成后，再换另一把刀来加工其他部位。同时应尽量减少空行程，用同一把刀加工工件的多个部位时，应以最短的路线到达各加工部位。实际生产中，数控加工常按刀具或加工表面划分工序。

② 分层切削时刀具的终止位置。

当某外圆表面的加工余量较大需分层多次走刀切削时，从第二刀开始要注意防止走刀至终点时背吃刀量的突增。所以，设以90°主偏角的刀具分层车削外圆，合理的安排应是每一刀的切削终点需依次提前一小段距离 E（$E=0.05$ mm）。如果 $E=0$，即每一刀都终止在同一轴向位置上，车刀主切削刃就可能受到瞬时的重负荷冲击。如果分层切削时的终止位置做出层层递退的安排，则有利于延长粗加工刀具的使用寿命。

③“让刀”时刀补值的确定。

对于薄壁工件，尤其是难切削材料的薄壁工件，切削时“让刀”现象严重，导致所车削工件尺寸发生变化，一般是外圆变大，内孔变小。“让刀”主要是由工件加工时的弹性变形引起，“让刀”程度与切削时的背吃刀量密切相关。采用“等背吃刀深度法”，用刀补值作小范围调整，以减少“让刀”对加工精度的影响。

④ 车削时的断屑问题。

数控车削是自动化加工，如果刀具的断屑性能太差，将严重妨碍加工的正常进行。为解决这一问题，首先应尽量提高刀具本身的断屑性能，其次应合理选择刀具的切削用量，避免产生妨碍加工正常进行的条带形切屑。数控车削中，最理想的切屑是长度为50～150 mm，直径不大的螺卷状切屑或宝塔形切屑，它们能有规律地沿一定方向排除，便于收集和清除。如果断屑不理想，必要时可在程序中安排暂停，强迫断屑；还可以使用断屑台来加强断屑效果。使用上压式的机夹可转位刀片时，可用压板同时将断屑台和刀片一起压紧，车内孔时，则可采用刀具前刀面朝下的切削方式改善排屑。

⑤ 可转位刀具刀片形状的选择。

与普通机床加工方法相比，数控加工对刀具有更高的要求，不仅需要刚性好、精度高，而且要求尺寸稳定、耐用度高、断屑和排屑性能好，同时要求安装调整方便，这样来满足数控机床高效率的要求。数控机床上所选用的刀具常采用适应高速切削的刀具材料（如高速钢、超细粒度硬质合金）并使用可转位刀片。

⑥ 切槽的走刀路线。

较深的槽型，在数控车床上常用切槽刀加工，如果刀宽等于要求加工的槽宽，则切槽刀一次进给切出，若以较窄的切槽刀加工较宽的槽型，则应分多次切入。合理的切削路线是：先切中间，再切左右。因为刀刃两侧的圆角半径通常小于工件槽底和侧壁的转接圆角半径，左右两刀切下时，当刀具接近槽底，需要各走一段圆弧。如果中间的一刀不提前切削，就不能为这两段圆弧的走刀创造必要的条件。即使刀刃两侧圆角半径与工件槽底两侧的圆角半径一致，仍以中间先切一刀为好，因这一刀切下时，刀刃两侧的负荷是均等的，后面的两刀，一刀是左侧负荷重，一刀是右侧负荷重，刀具的磨损还是均匀的。机夹式的切槽刀不宜安排横走刀，只宜直切。

（3）钻头、车刀、铣刀、球头铣刀刀位点示意图如图2－26所示。

（4）车矩形槽和切断的区别。

车矩形槽和切断的主要区别是：车槽是在工件上车出所需形状和大小的沟槽，切断是把工件分离开来。如图2－27所示。

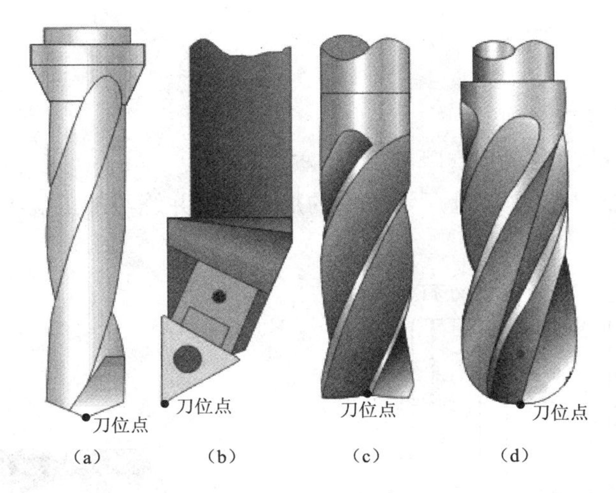

图 2－26　刀位点

(a) 钻头的刀位点；(b) 车刀的刀位点；(c) 铣刀的刀位点；(d) 球头铣刀的刀位点

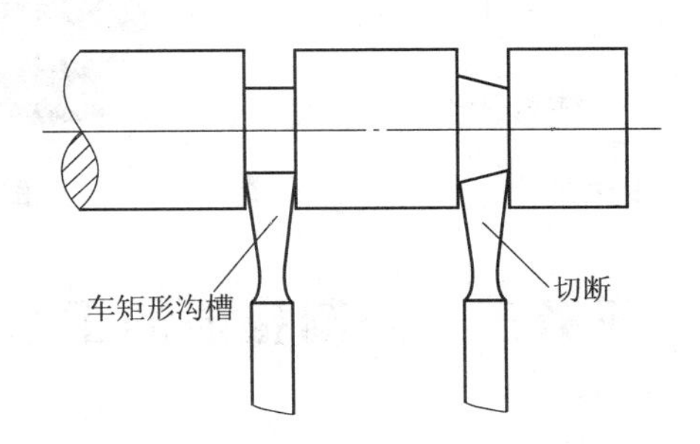

图 2－27　车槽和车断的主切削刃和工件素线关系

(5) 常见外槽的检测方法。

精度较低的外沟槽，一般采用钢直尺和卡钳测量。精度要求较高的外槽，可用千分尺、样板和游标卡尺等检测，如图 2－28 所示。

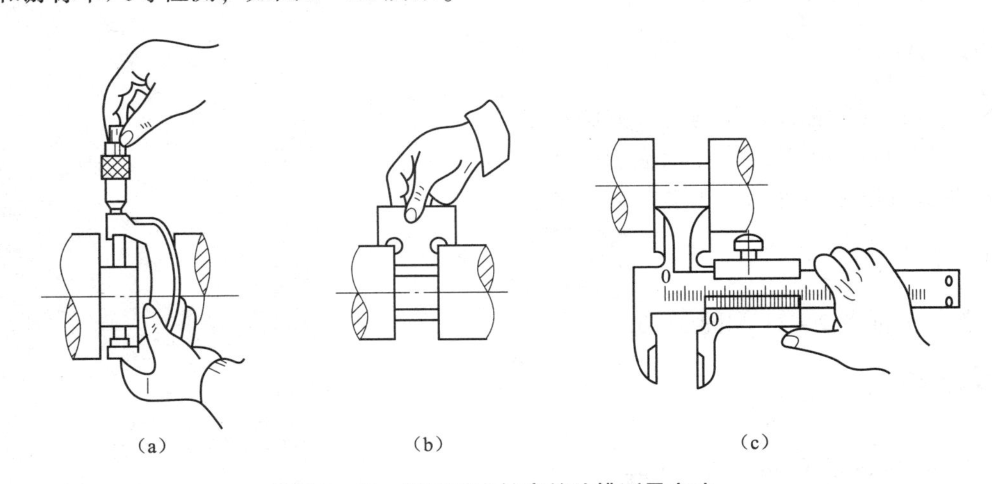

图 2－28　精度要求较高的外槽测量方法

(a) 千分尺测量外槽直径；(b) 样板测量外槽宽度；(c) 游标卡尺测量外槽宽度

- 【思考与练习】

（1）切槽与切断有何区别？

（2）选择切槽刀的注意事项有哪些？

（3）编写图 2－29 和图 2－30 所示零件的加工程序并练习加工。毛坯尺寸 ϕ50 mm。

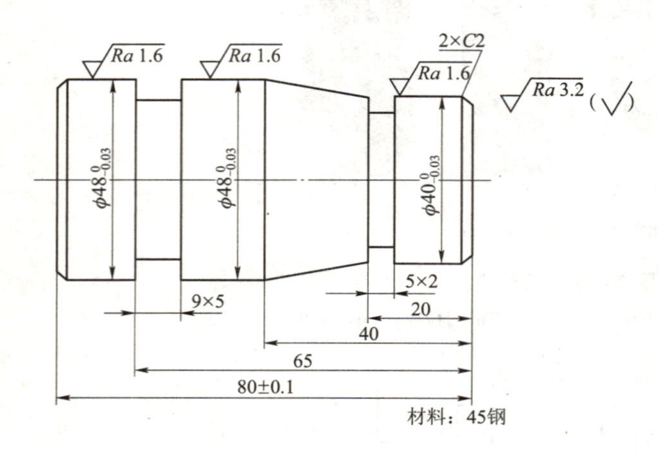

图 2－29　零件图

图 2－30　三维效果图

任务三　外圆锥面加工

- 【能力目标】

✈ 会用外圆车刀加工外圆锥面零件；
✈ 能熟练进行刀尖圆弧半径补偿功能精加工外圆锥面；
✈ 能熟练使用零件的自动加工方法；
✈ 学会零件尺寸控制方法。

- 【知识目标】

✈ 掌握锥面的标注及尺寸计算方法；
✈ 掌握刀尖半径补偿指令及应用；
✈ 掌握外圆锥零件加工工艺制订方法。

- 【工作任务】

工作任务如图 2－31 和图 2－32 所示。

- 【知识学习】

一、圆锥面基本参数的计算

圆锥面基本参数的计算，如表 2－18 所示。

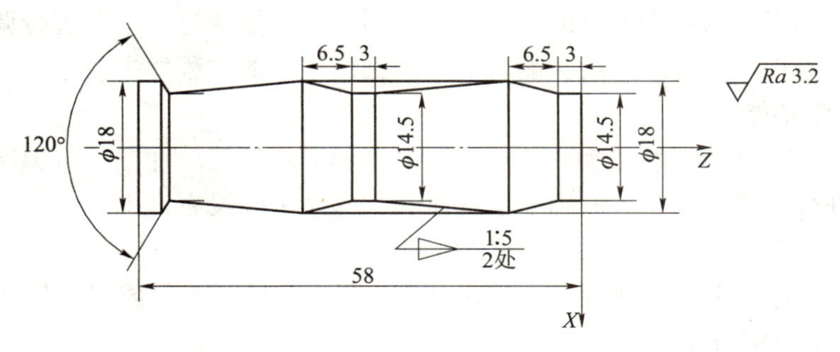

图 2－31　零件图（毛坯尺寸：ϕ20 mm）

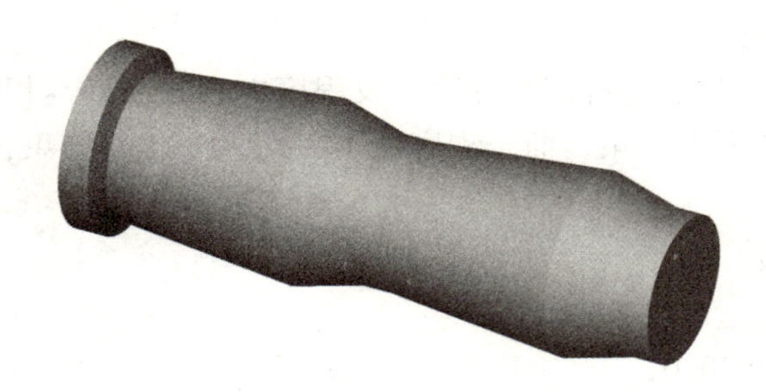

图 2－32　三维效果图

表 2－18　圆锥面基本参数的计算

基本参数	图例
最大圆锥直径：D	(D−d)/2 α/2 D d L
最小圆锥直径：d	
圆锥长度：L	
锥度：$C=(D-d)/L$ 圆锥半角：$\alpha/2$ $C/2=\tan(\alpha/2)$	
备注：圆锥具有 4 个基本参数（C、D、d、L），只要已知其中三个参数，便可求出另外一个参数	

二、子程序

（一）子程序定义

数控机床的加工程序可以分为主程序和子程序两种。主程序是一个完整的零件加工程序，或是零件加工的主体部分。它与被加工零件或加工要求一一对应，不同的零件或不同的加工要求，都有唯一的主程序与之对应。

在编制加工程序中，有时会遇到一组程序段在一个程序中多次出现，或者在几个程序中都要使用它。这个典型的加工程序可以做成固定程序，并单独加以命名，这组程序段就称为子程序。

子程序一般都不可以作为独立的加工程序使用，它只能通过主程序进行调用，实现加工中的局部动作。子程序执行结束后，能自动返回到调用它的主程序中。

（二）子程序功能

经常需要进行重复加工的轮廓形状或零件上相同形状轮廓的加工，可编制子程序，在程序适当的位置进行调用、运行。原则上子程序和主程序之间没有区别。

（三）子程序名

子程序与主程序命名方式相同，由字母“O”开头，后跟四位数字，如“O1234”。

（四）子程序结束与返回

子程序用 M99 指令结束并返回上一级程序。

（五）子程序的调用

子程序的结构：子程序和主程序在程序号及程序内容方面基本相同，仅结束标记不同。主程序用 M02 或 M30 表示其结束，而子程序用 M99 表示子程序结束，并实现自动返回主程序功能。

例如子程序 O0100：

```
O0100;
G01 U-20.0 W20.0;
…
G00 X100.0 Z100.0;
M99;
```

在这个例子中可以看到，子程序的命名和主程序的命名方式一样，只是子程序的结束以 M99 为标志。

子程序的调用格式：M98　P ×××　××××；

地址 P 后面的 7 位数字中，前 3 位表示子程序重复调用次数，后 4 位表示子程序号。当不指定重复次数时，子程序只调用一次。一个调用指令可以重复调用子程序最多达 9 999 次。例如 M98　P52233；表示连续调用 5 次 O2233 子程序，M98 P1234；表示调用 O1234 子程序 1 次。

主程序	子程序
N10 …;	O1000;
N20 …;	N10 …;
N30 …;	N20 …;
N40 M98 P1000; →	N30 …;
N50 …;	N40 …;
N60 …;	N50 …;
N70 …;	N60 …;

（六）子程序的嵌套

为了进一步简化加工程序，可以允许其子程序再调用另一个子程序，这一功能称为子程序嵌套。当主程序调用子程序时，该子程序被认为是一级子程序，FANUC-0i 系统中子程序允许四级嵌套。

例：加工零件如图 2-33 所示，已知毛坯直径 ϕ32 mm，长度为 50 mm，一号刀为外圆车刀，二号刀为切槽刀，其宽度为 2 mm。

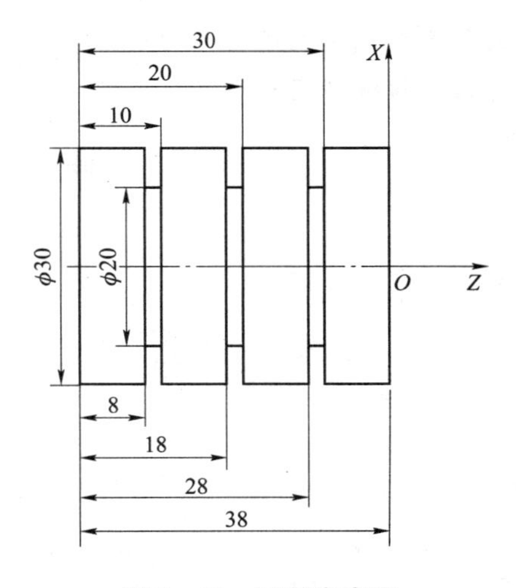

图 2－33 子程序应用

主程序

```
O0010;
N010  T0101;
N020  G00  X150.0  Z100.0;
N030  G50  S1800;
N040  M03  S500;
N050  M08;
N060  X35.0  Z0;
N070  G98  G01  X0  F100;
N080  G00  Z2.0;
N090  X30.0;
N100  G01  Z-40.0  F100;
N110  G00  X150.0  Z100.0  T0202;
N120  X32.0 Z0;
N130  M98  P31234;
N140  G00  W-10.0;
N150  G01  X2.0  F60;
N160  G04  X2.0;
N170  G00  X150.0  Z100.0  M09;
N180  T0200;
N190  M05;
N200  M30;
```

子程序

```
O1234;
N10  G00  W-10.0;
N20  G98  G01  U-12.0  F60;
N30  G04  X1.0;
N40  G00  U12.0;
N50  M99;
```

子程序调用时的注意事项

（1）M98 为调用子程序，但它不是一个完整的功能，需要另外两个参数附加才能使其有效。在单独程序段中只有 M98 指令将会出现错误报警。

（2）系统允许调用次数最多为 999 次，若只调用一次可省略不写。

（3）子程序调用只能在存储器方式下用自动方式执行。

（4）为了进一步简化程序，可以让子程序调用另外一个子程序，这称为子程序的嵌套，现代控制器允许最大四级嵌套，主程序调用子程序时，它被认为是一级子程序，一级子程序调用的子程序被认为是二级子程序，依次类推，编程使用较多的是二重嵌套。其程序执行情况如图 2－34 所示。

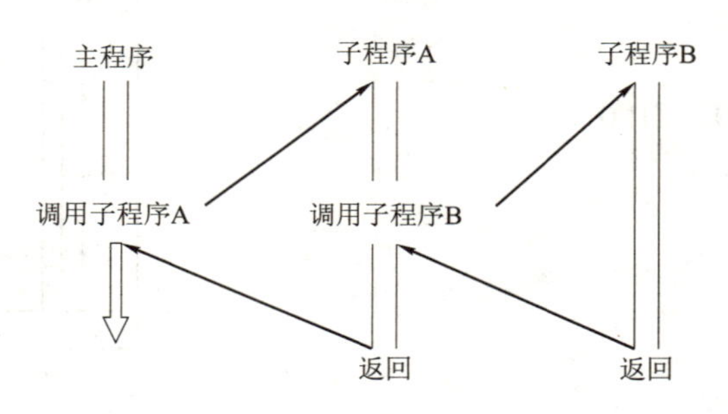

图 2－34　子程序的嵌套

（5）调用子程序的 M98 程序段也可能包含附加指令，如快速运动、主轴转速、进给率、刀具半径偏置等。大多数 CNC 控制器中，与子程序位于同一程序段中的附加数据将会传递到子程序中。

例如：N50 G00 X100. Y100. G41 M98 P1234；

程序段先执行快速运动，然后调用子程序，而且 G41 左刀补将会传递到子程序中，程序段中的地址字的顺序对程序运行没有影响。

N50 G41 M98 P1234 G00 X100. Y100. G41 M98 P1234；

它将得到相同的加工顺序，即刀具运动在调用子程序之前进行。

（6）主程序中模态 G 代码可被子程序中同一组的其他 G 代码所更改，所以从子程序返回时主程序一定要注意更改。

小贴士

加工中反复出现具有相同轨迹的走刀路线。被加工的零件从外形上看并无相同的轮廓，但需要刀具在某一区域内分层或分行反复走刀，走刀轨迹总是出现某一特定的形状，采用子程序就比较方便，此时通常以增量方式编程。

三、刀尖半径补偿指令 G41、G42、G40

（一）刀尖圆弧半径补偿的概念

任何一把刀具，不论制造或刃磨得如何锋利，在其刀尖部分都存在一个刀尖圆弧，它的半径值是个难以准确测量的值。为确保工件轮廓形状，加工时刀具刀尖圆弧的圆心运动轨迹不能与被加工工件轮廓重合，而应与工件轮廓偏置一个半径值，这种偏置称为刀尖圆弧半径补偿。圆弧形车刀的刀刃半径补偿也与其相同。

（二）假想刀尖与刀尖圆弧半径

在理想状态下，我们总是将尖形车刀的刀位点假想成一个点，该点即为假想刀尖，如图 2－35 所示的 O'点，在对刀时也是以假想刀尖进行对刀。但实际加工中的车刀，刀尖往往不是一个理想的点，而是一段圆弧，如图 2－35 所示。

所谓刀尖圆弧半径是指车刀刀尖圆弧所构成的假想圆半径，如图2－35所示的R。

（三）未使用刀尖圆弧半径补偿时的加工误差分析

用圆弧刀尖的外圆车刀切削加工时，圆弧刃车刀（图2－35）的对刀点分别为端面切削点或外径切削点，所形成的假想刀位点为O'点，但在实际加工过程中，刀具切削点在刀尖圆弧上变动，从而在加工过程中可能产生过切或欠切现象。因此，采用圆弧刃车刀在不使用刀尖圆弧补偿功能的情况下，加工工件会出现以下几种误差情况。

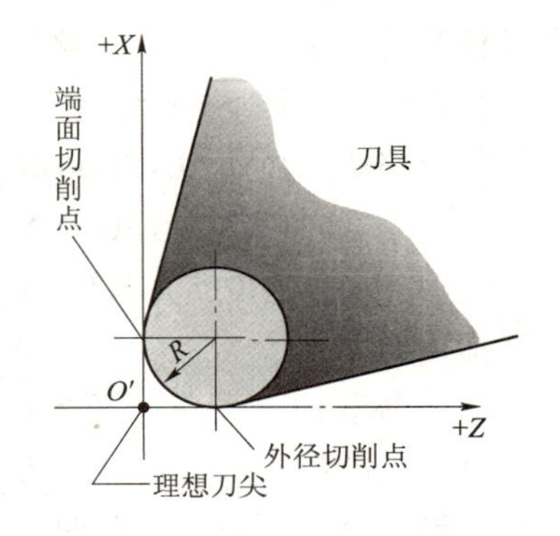

图2－35　假想刀尖示意图

加工台阶面或端面时，对加工表面的尺寸和形状影响不大，但在端面的中心位置和台阶的清角位置会产生残留误差，如图2－36（a）所示。

加工圆锥面时，对圆锥的锥度不会产生影响，但对锥面的大小端尺寸会产生较大的影响，通常情况下，会使外锥面的尺寸变大，如图2－36（b）所示，而使内锥面的尺寸变小。

加工圆弧时，会对圆弧的圆度和圆弧半径产生影响。加工外凸圆弧时，会使加工后的圆弧半径变小，如图2－36（c）所示。加工内凹圆弧时，会使加工后的圆弧半径变大，如图2－36（d）所示。

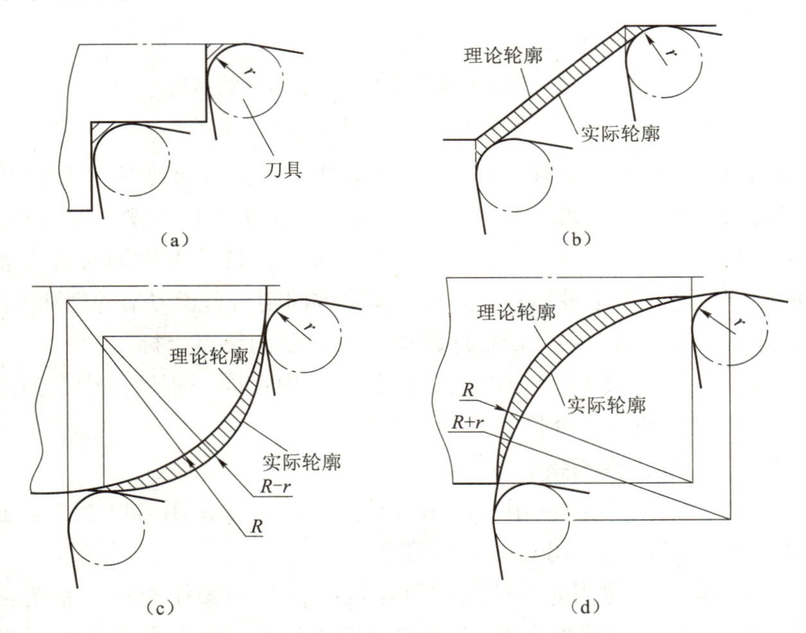

图2－36　未使用刀尖圆弧补偿功能时的误差分析

（a）用圆弧刃车刀加工台阶面端面；（b）用圆弧刃车刀加工圆锥面；
（c）用圆弧刃车刀加工外凸圆弧；（d）用圆弧刃车刀加工内凹圆弧

（四）刀尖半径补偿指令功能

编程时若以刀尖半径圆弧中心编程，可避免过切削和欠切削现象，但计算刀位点比较麻烦，并且如果刀尖圆弧半径发生变化，还需改动程序。目前的数控车床都具备刀具半径自动补偿功能，正是为解决这个问题所设定的。编程时，只需按工件的实际轮廓尺寸编程即可，不必考虑刀具的刀尖圆弧半径的大小。加工时由数控系统将刀尖圆弧半径加以补偿，由系统自动计算补偿值，产生刀具路径，完成对工件的合理加工。

（五）刀尖半径补偿指令代码

指令格式：G41 G01/G00 X __ Z __ F __；（刀尖圆弧半径左补偿）

G42 G01/G00 X __ Z __ F __；（刀尖圆弧半径右补偿）

G40 G01/G00 X __ Z __；（取消刀尖圆弧半径补偿）

指令说明：

（1）编程时，刀尖圆弧半径补偿偏置方向的判别如图 2－37 所示。沿 *Y* 坐标轴的负方向并沿刀具的移动方向看，当刀具处在轮廓左侧时，称为刀尖圆弧半径左补偿，此时用 G41 表示；当刀具处在轮廓右侧时，称为刀尖圆弧半径右补偿，此时用 G42 表示。

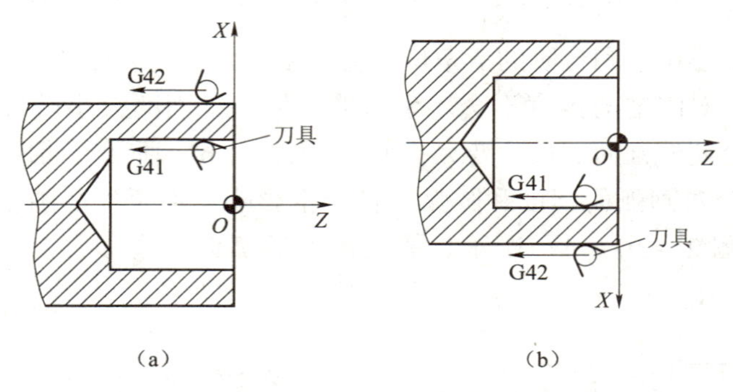

图 2－37　刀尖圆弧半径补偿偏置方向的判别

（a）后置刀架；（b）前置刀架

在判别刀尖圆弧半径偏置方向时，一定要沿 *Y* 轴由正向向负向观察刀具所处的位置，故应特别注意后置刀架和前置刀架，如图 2－37 所示，对刀尖圆弧半径补偿偏置方向的区别。对于前置刀架，为防止判别过程中出错，可在图样上将工件、刀具及 *X* 轴同时绕 *Z* 轴旋转 180°后进行偏置方向的判别，此时正 *Y* 轴向外，刀补的偏置方向则与后置刀架的判别方向相同。

（2）*X*、*Z* 为建立或取消刀尖补偿程序段中刀具移动的终点坐标。

（3）G41、G42、G40 指令应与 G01 或 G00 指令出现在同一程序段中，通过刀尖补偿在平面的直线运动建立或取消刀尖补偿。

（4）G41、G42、G40 为模态指令。

（5）G41、G42 指令不能同时使用，使用 G41 后不能直接使用 G42 指令，必须先用 G40 解除 G41 刀补状态后，才可以使用 G42 刀补指令。

（6）刀尖半径补偿指令使用前，须通过机床数控系统的操作面板向系统存储器中输入刀尖半径补偿的相关参数：刀尖圆弧半径 *R* 和刀尖方位号 T，作为刀尖圆弧半径补偿的依据。刀尖圆弧半径取值要以实际刀尖半径为准。

（六）圆弧车刀刀具刀尖方位号的确定

数控车床采用刀尖圆弧补偿进行加工时，如果刀具的刀尖形状和切削时所处的位置不同，那么刀具的补偿量和补偿方向也不同。根据各种刀尖形状及刀尖位置的不同，数控车刀的刀尖方位号共有 9 种，如图 2－38 所示。图 2－38（a）为后置刀架刀尖方位号（刀架在操作人员内侧），图 2－38（b）为前置刀架刀尖方位号（刀架在操作人员外侧）。图中 *P* 为假想刀尖点，*S* 为刀具刀尖方位号位置，*R* 为刀尖圆弧半径。当用假想刀尖编程时，假想刀尖方位号设为1~8号；当用假想刀尖圆弧中心编程时，假想刀尖方位号为0或9。加工时，需把代表车刀形状和位置的参数输入到存储器中。

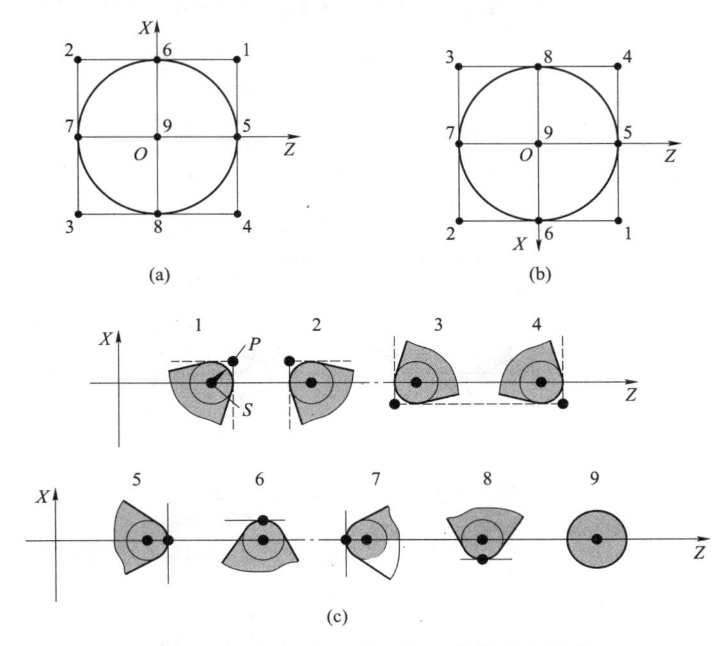

图2-38　数控车床的刀具刀尖方位号位置

（a）后置刀架刀尖方位号位置；（b）前置刀架刀尖方位号位置；（c）假想刀尖点

除9号刀尖方位号外，数控车刀的对刀均是以假想刀位点来进行的。也就说，在刀具偏置存储器中或G54坐标系设定的值是通过假想刀尖点（如图2-37（c）所示*P*点）进行对刀后所得的机床坐标系中的绝对坐标值。

数控车床刀尖圆弧补偿G41/G42的指令后不带任何补偿号。在FANUC系统中，该补偿号（代表所用刀具对应的刀尖半径补偿值）由T指令指定，其刀尖圆弧补偿号与刀具偏置补偿号对应，刀尖方位号与刀具的对应关系如图2-39所示。

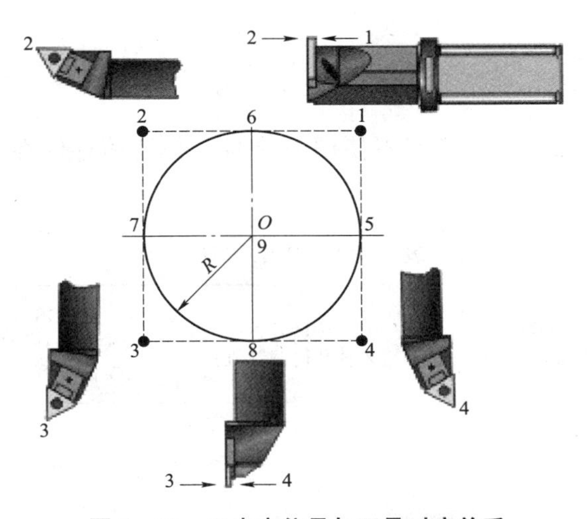

图2-39　刀尖方位号与刀具对应关系

（七）刀尖圆弧半径补偿过程

刀尖圆弧半径补偿的过程分为三步：即刀补的建立（*AB*），刀补的进行（*BCDE*）和刀补的取消（*EF*）。其补偿过程通过图 2－40 和加工程序 O0010 共同说明。

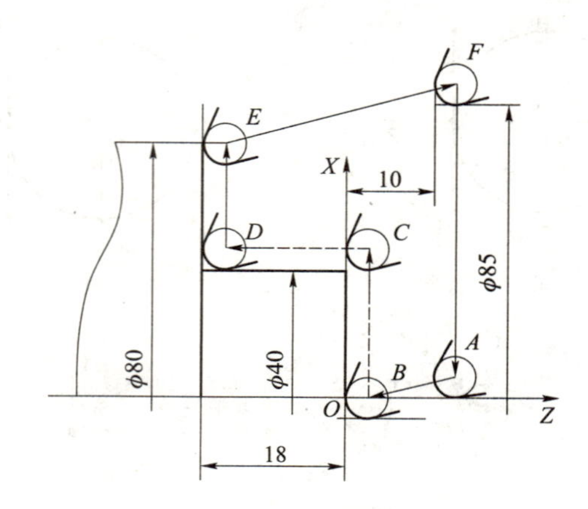

图 2－40　刀尖圆弧半径补偿

```
O0010;
N10 G97 G99 S1000 M03;
N20 T0101;                         选用 1 号刀，执行 1 号刀补
N30 G00 X0 Z10.0;
N40 G42 G01 X0 Z0 F0.05;           刀补建立
N50 X40.0;                         刀补进行
N60 Z-18.0;
N70 X80.0;
N80 G40 G00 X85.0 Z10.0;           刀补取消
N90 X200.0 Z100.0;
N100 M30;
```

● 【知识拓展】

（1）在车床上进行刀尖半径补偿不使用 D 地址，偏置值存储在几何尺寸/磨损偏置中，如表 2－19 和表 2－20 所示。

表 2－19　刀具几何偏置

几何偏移号	OFGX（*X* 轴几何偏置值）	OFGZ（*Z* 轴几何偏置值）	OFGR（刀尖半径补偿几何偏置值）	OFT（假想刀尖方位）
G01	…	…	…	2
G02	…	…	…	3
G03	…	…	…	6
…				…

表 2－20　刀具磨损偏置

磨损偏移号	OFWX （X 轴磨损偏置值）	OFWZ （Z 轴磨损偏置值）	OFWR （刀尖半径补偿磨损偏置值）	OFT （假想刀尖方位）
W01 W02 W03 …	… … …	… … …	… … …	2 3 6 …

刀尖半径补偿是刀具几何偏置值与刀具磨损偏置值的和：

$$OFR = OFGR + OFWR$$

（2）在取消偏置程序段的前一个程序段，刀尖不是在该程序段的终点，而是偏离一个距离，最大为刀尖半径。在使用中要注意这个变化，尤其在封闭轮廓时，这个影响不容忽略。如图 2－41 所示。

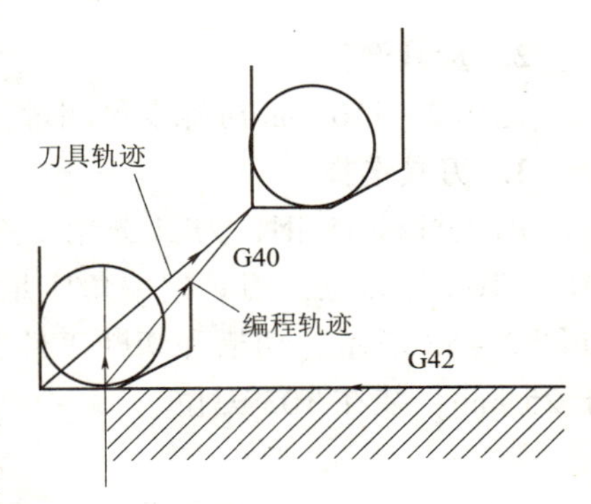

图 2－41　取消偏置

（3）在 G41/G42 偏置方式中，再次指令 G41/G42 时，刀尖 R 中心位于与前一个程序段终点垂直的位置上，如图 2－42 所示，则下一段将得不到正确的轮廓。

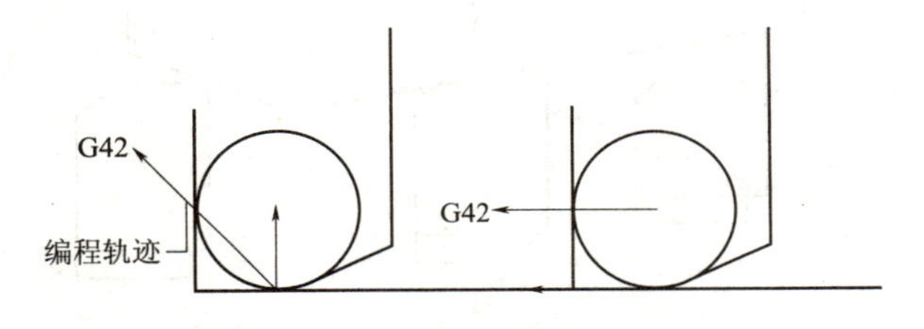

图 2－42　重复指令 G41/G42

四、加工工艺分析

（一）选择工、量、刃具

1. 工具选择

45 钢棒装夹在三爪定心卡盘上，用划线盘校正并夹紧。其他工具如表 2－21 所示。

表 2－21　外圆锥加工工、量、刃具清单

工、量、刃具清单				图号		
种类	序号	名称	规格	精度	单位	数量
工具	1	三爪自定心卡盘			个	1
	2	卡盘扳手			副	1
	3	刀架扳手			副	1
	4	垫刀片			块	若干
	5	划线盘			个	1

续表

种类	序号	名称	规格	精度	单位	数量
量具	1	游标卡尺	0～150 mm	0.02 mm	把	1
	2	游标万能角度尺	0°～320°	2′	把	1
刃具	1	外圆粗车刀	90°		把	1
	2	外圆精车刀	90°		把	1
	3	切断刀	4 mm×25 mm		把	1

2. 量具选择

选用0～150 mm游标卡尺测量，锥度用0°～320°游标万能角度尺测量。

3. 刀具选择

加工材料45钢，刀具选用90°硬质合金外圆车刀，粗加工刀与精加工刀分别置于T01、T02号刀位，刀具副偏角应足够大，防止车倒锥时，副切削刃与倒锥面发生干涉，如图2－43所示；切槽和切断工件选用硬质合金切槽刀，刀头宽度4 mm，刀头长度应大于25 mm，装在T03刀位。

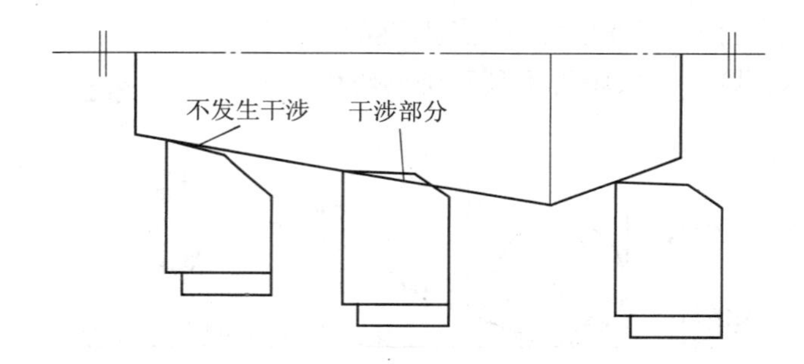

图2－43　车刀副切削刃与锥面干涉情况

（二）加工工艺路线

分粗、精加工进行。粗加工后留有0.5 mm（直径）余量，精加工设置刀尖半径补偿功能，减少锥面尺寸和形状误差。具体步骤见表2－22。

表2－22　车削外圆锥面加工工艺

工步号	工步内容	刀具号	切削用量		
			背吃刀量 a_p/mm	进给速度 $f/(mm \cdot r^{-1})$	主轴转速 $n/(r \cdot min^{-1})$
1	车削右端面	T01	1～2	0.2	600
2	粗加工外轮廓，留0.5 mm余量	T01	1～2	0.2	600
3	精加工外轮廓至要求尺寸	T02	0.2	0.1	800
4	切断，控制零件总长58 mm	T03	4	0.08	400

（三）选择合理切削用量

加工材料为45钢，硬度较大，切削用量选择应适中。具体切削用量见表2－22。

五、编制加工程序

（一）建立工件坐标系

根据建立工件坐标系原则：工件坐标系原点设在右端面与工件轴线交点上。

（二）计算基点坐标

本任务的零件，两段圆锥形状相同，可采用子程序编程，需计算出P_2（P_5）点相对于P_1（P_4）点的增量坐标、P_3（P_6）点相对于P_2（P_5）点的增量坐标、P_3（P_6）点相对于P_4（P_7）点的增量坐标及P_8、P_9点的绝对坐标。具体各基点坐标见表2－23。

表2－23　基点坐标

基点	坐标（X，Z）
P_2（P_5）点相对于P_1（P_4）点增量坐标	X方向为0；Z方向为－3
P_3（P_6）点相对于P_2（P_5）点增量坐标	X方向为3.5；Z方向为－6.5
P_4（P_7）点相于P_3（P_6）点增量坐标	X方向为－3.5；Z方向为－17.5
P_8（绝对坐标）	（18，55.1）
P_9（绝对坐标）	（18，58）

（三）参考程序

参考程序见表2－24，程序名为“O125”。

表2－24　车削外圆锥参考程序

程序段号	程序内容	动作说明
N10	T0101	选择01号刀，执行01号刀补，建立工件坐标系
N20	G00 X22. Z2. M03 S600	刀具快速移到加工起点（22，2）处，主轴正转，进给速度为600 mm/r
N30	X0 Z5. M08	刀具快速移动至进刀点，切消液打开
N40	G01 Z0. F0.2	以$F=0.2$ mm/r的速度切削至工件右端面
N50	X18.	粗车右端面
N60	Z－63.	粗车$\phi18$外圆，留切断余量
N70	X22.	刀具沿＋X方向退刀至$X22$处
N80	G00 Z2.	刀具沿＋Z方向退刀至$Z2$处
N90	X18.	刀具进刀至$X18$处
N100	X22.	刀具沿＋X方向退刀至$X22$处
N110	G00 Z100.	刀具沿＋Z方向退刀至$Z100$处

续表

程序段号	程序内容	动作说明
N120	M00 M05	程序暂停，主轴停，测量
N130	M03 S800 F0.1	设置精加工用量
N140	T0202	换精加工刀，同时建立工件坐标系
N150	G00 X14.5 Z2.	快速移至进刀点
N160	G01 G42 Z0.	建立刀尖半径补偿
N170	M98 P21000	调用子程序 O1000 两次，粗车外圆锥
N180	G01 X14.5 Z－55.1	精车至 P_8 点
N190	Z－58.	精车至 P_9 点
N200	X22.	刀具沿＋X 方向退刀至 X22 处
N210	G00 Z100.	刀具沿＋Z 方向退刀至 Z100 处
N220	M00 M05	程序暂停，主轴停，测量
N230	T0303	换切断刀，并建立工件坐标系
N240	M03 S400	主轴正转，转速为 400 r/min
N250	G00 X22. Z2.	刀具快速进刀至（22，2）处
N260	Z－62. M08	刀具移至 Z－62 处，准备切断
N270	G01 X0 F0.08	切断工件
N280	X22. F0.3	刀具沿 X 正向退出
N290	G00 X100. Z100.	刀具快速返回
N300	M30	程序结束

- **【资料链接】**

刀尖半径补偿的其他应用：

（1）当刀具磨损或刀具重磨后，刀尖圆弧半径变大，可不必修改程序，只需重新设置该刀具刀尖半径补偿即可。

（2）应用刀尖半径补偿，可使用同一加工程序，对零件轮廓分别进行粗、精加工。若精加工余量为 Δ，则粗加工时设置补偿量为 $r+\Delta$，精加工时刀尖补偿量调整为 r 即可。

- **【实施训练】**

一、加工准备

（1）检查毛坯尺寸。

（2）开机、回参考点。

(3) 装夹刀具与工件。将90°外圆车刀按要求装于刀具的T01、T02号刀位，伸出一定高度，刀尖与工件中心等高，夹紧。切断刀安装在T03号刀位，伸出不要太长，保证刀尖与工件中心等高，保证刀头与工件轴线垂直，防止因干涉而折断刀头，毛坯45钢棒装夹在三爪定心卡盘上，伸出70 mm，找正并夹紧。

(4) 程序输入。把编写好的程序通过数控面板输入到数控机床。

二、对刀操作

外圆精车刀对刀采用试切法（通过车端面、车外圆）进行对刀，并把操作得到的数据输入到T02号刀具补偿地址中；外圆粗车刀和切断刀对刀时，分别将刀位点移到工件右端面和外圆处进行对刀操作，并把操作得到的数据输入到T01、T03号刀具补偿地址中。

三、空运行及仿真

打开程序，选择MEM自动加工方式，打开机床锁住开关，按下空运行键，按循环启动按钮，观察程序运行情况；按图形显示键再按数控启动键可进行轨迹仿真，切换到X、Z视图，观察加工轨迹是否与编程走刀轨迹一致。空运行仿真加工结束后，使空运行、机床锁住功能复位，机床重新回参考点。

四、零件自动加工及锥度控制

打开程序，选择MEM自动加工方式，调好进给倍率（刚开始时可将进给倍率调至10%左右，待加工无问题后可恢复到100%，并视加工情况适时调节进给倍率），按数控循环启动按钮进行自动加工，加工过程中通过试切和试测方法进行锥度控制。

五、加工结束，清理机床

- **【检查与评价】**

零件加工结束后需进行检查与评价，检查与评价结果写在表2-25中。

表2-25 外圆锥零件加工评分表

班级		姓名			学号	
工作任务					零件编号	
项目	序号	技术要求	配分	评分标准	学生自评	教师评分
程序与工艺	1	切削加工工艺制订正确	5	不规范每处扣1分		
	2	切削用量选择合理	5	不规范每处扣1分		
	3	程序正确、规范	10	不规范每处扣1分		
机床操作	4	设备操作、维护保养正确	10	不规范每处扣1分		
	5	安全、文明生产	10	出错全扣		
	6	刀具选择、安装规范	2	不规范每处扣1分		
	7	工件找正、安装规范	3	不规范每处扣1分		
工作态度	8	行为规范、态度端正	5	不规范每处扣1分		

续表

项目	序号	技术要求	配分	评分标准	学生自评	教师评分
工件质量（外圆）	9	ϕ14.5 mm（2 处）	8	不合格每处扣 2 分		
	10	ϕ18 mm（3 处）	8	不合格每处扣 2 分		
工件质量（长度）	11	58 mm	5	不合格每处扣 2 分		
	12	3 mm（2 处）	5	不合格每处扣 2 分		
	13	6.5 mm（2 处）	5	不合格每处扣 2 分		
锥度	14	1:5（2 处）	8	不合格每处扣 2 分		
	15	120°	7	不合格每处扣 2 分		
表面粗糙度	16	*Ra*3.2 μm	4	超差全扣		
综合得分			100			

车削圆锥面操作注意事项

（1）外圆精车刀采用试切端面和外圆进行对刀。外圆粗车刀及切断刀对刀时不能再采用试切端面对刀，只能将刀位点移近试切端面进行对刀；否则轴向尺寸会产生误差。

（2）加工中使用三把刀具，对刀时不要弄错每把刀具的刀具号及其补偿号。

（3）安装车刀时车刀刀尖与工件轴线要严格等高，否则车出的圆锥会形如双曲线。

● **【知识拓展】**

一、单一固定循环指令

在数控车床上被加工工件的毛坯常为棒料或铸、锻件，所以车削加工时加工余量大，一般需要多次重复循环加工，才能车去全部加工余量。为了简化编程，在数控控制系统中，具备不同形式固定循环功能，它们可以实现固定顺序动作自动循环切削。下面介绍几种常用的单一固定循环功能。

（一）外、内径切削循环指令 G90

格式：G90 X（U）__ Z（W）__ F __；

说明：

X、Z——绝对值编程时，为切削终点 *C* 在工件坐标系下的坐标；增量值编程时，为切削终点 *C* 相对于循环起点 *A* 的有向距离，图形中用 *U*、*W* 表示。

该指令执行如图 2-44 所示 *A*→*B*→*C*→*D*→*A* 的轨迹动作，虚线表示按快进速度 *R* 运动，实线表示按工作进给速度 *F* 运动。

例：如图 2-45 所示，采用 G90 编程如下。

O101；

…

G00 X62.0 Z2.0；

```
G90 X50.0 Z-40.0 F0.15;
    X40.0;
    X30.0;
G00 X200.0 Z100.0;
    M05;
    M30;
```

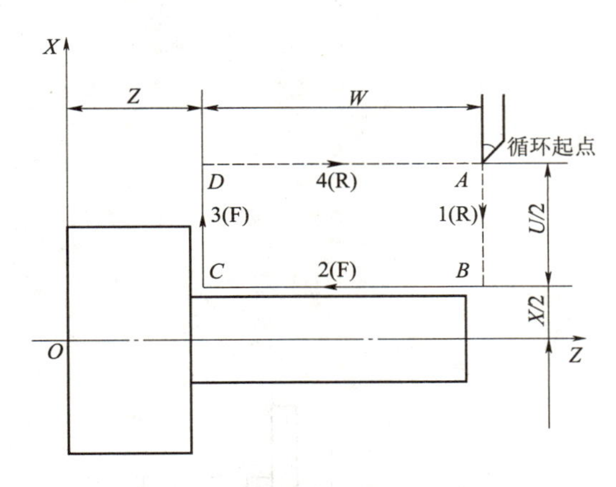

图 2-44　圆柱面内（外）径切削循环

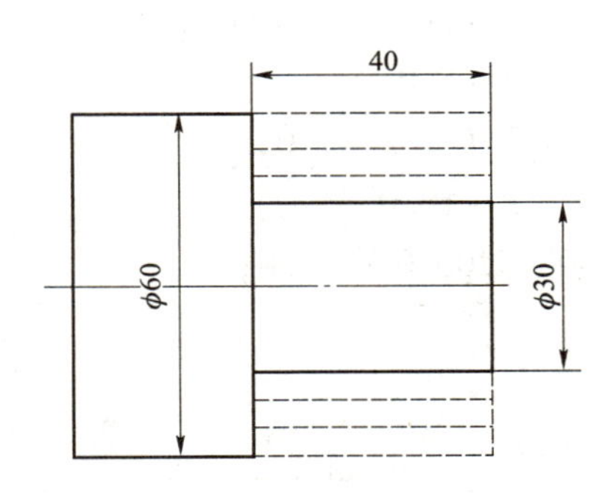

图 2-45　G90 指令应用

（二）圆锥面内（外）径切削循环指令 G90

格式：G90 X（U）__ Z（W）__ R __ F __；

如图 2-46 所示，*R* 为圆锥体大小端的半径差。编程时，应注意 *R* 的符号，锥面起点坐标大于终点坐标时 *R* 为正，反之为负。图示位置 *R* 为负。（*R* 亦可理解为切削始点至切削终点在 *X* 轴的矢量，若与 *X* 轴正向同向为正，与 *X* 轴正向反向为负。）

例：加工如图 2-47 所示的工件，其加工程序如下：

…

```
N10 G99 G90 X40. Z20. R-5. F0.2;      (A→B→C→D→A)
N20 X30.;                              (A→E→F→D→A)
N30 X20.;                              (A→G→H→D→A)
```

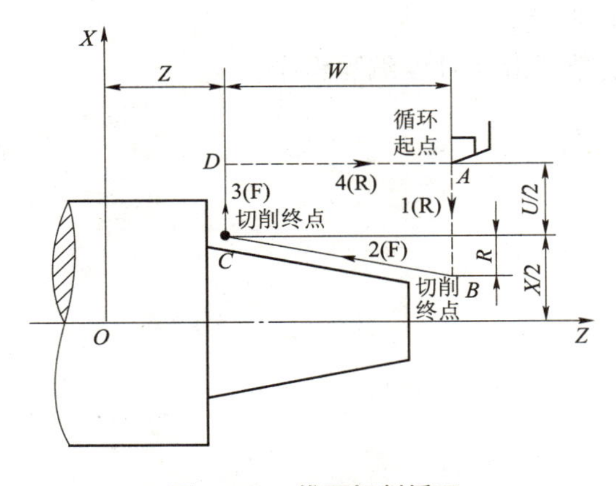

图 2-46　锥面切削循环

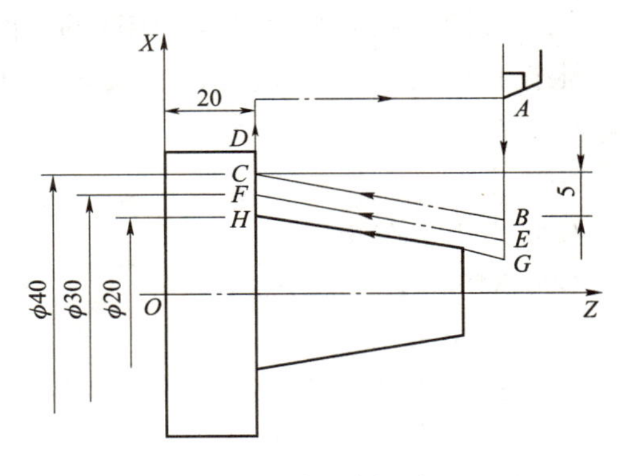

图 2-47　锥面循环加工

（三）端平面切削循环指令 G94

该指令主要用于盘套类零件的平面粗加工工序。

格式：G94 X（U）__ Z（W）__ F __；

该指令执行如图 2－48 所示 $A \to B \to C \to D \to A$ 的轨迹动作。

例：如图 2－49 所示，用 G94 指令编写程序。

```
O1234;
…
G00 X62.0 Z2.0;
G94 X10.0 Z-3.0 F0.2;
    Z-5.0;
    X30.0 Z-7.0;
    Z-10.0;
G00 X200.0 Z100.0;
…
```

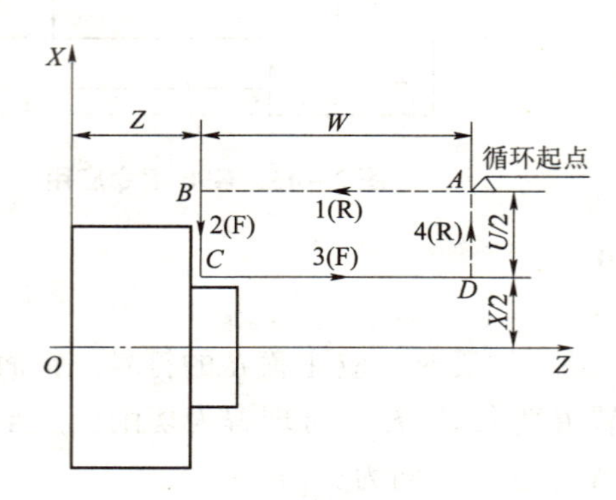

图 2－48　端平面切削循环

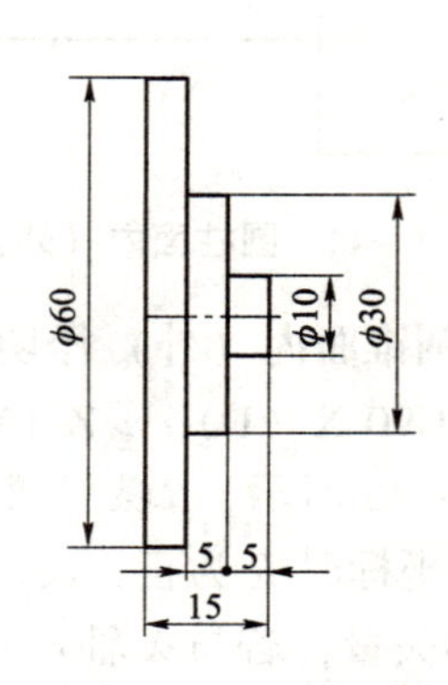

图 2－49　G94 指令应用

（四）带锥度的端面切削循环指令 G94

该指令主要用于盘套类带锥度的圆锥面零件的粗加工工序。

格式：G94 X（U）__ Z（W）__R __F __；

该指令执行如图 2－50 所示 $A \to B \to C \to D \to A$ 的轨迹动作。R 为切出点 C 相对于切入点 B 在 Z 轴的投影，与 Z 轴同向取正，与 Z 轴反向取负。

例：如图 2－51 所示，用带锥度的端面切削循环指令 G94 编写程序。

根据相似三角形公式，求得：$R = -10.4$ mm。

```
O1235;
…
G00 X62.0 Z2.0;
G94 X10.0 Z-3.0 F0.2;
    Z-6.0;
    Z-8.0;
    Z-10.0;
G94 X10.0 Z-13.0 R-10.4 F0.2;
```

```
    Z-16.0;
    Z-18.0;
    Z-20.0;
G00 X200.0 Z100.0;
…
```

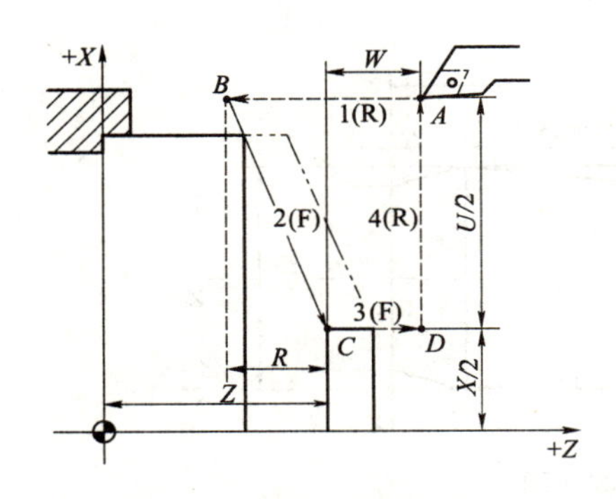

图 2-50　圆锥端面切削循环

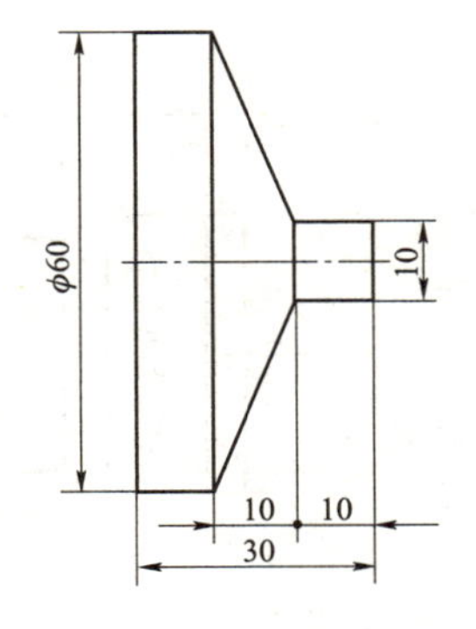

图 2-51　G94 指令应用

二、车锥工艺路线

（一）车正锥工艺路线

车正锥工艺路线，如图 2-52 所示。

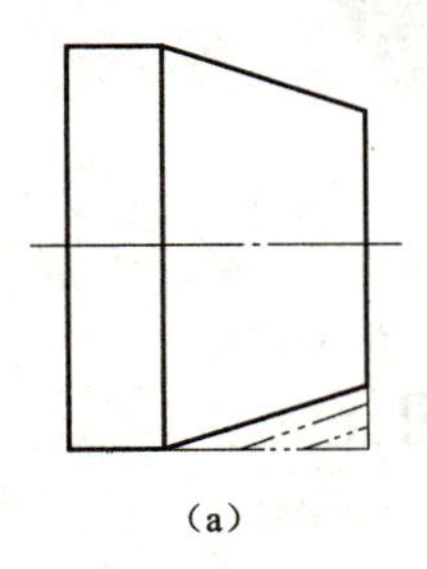
（a）

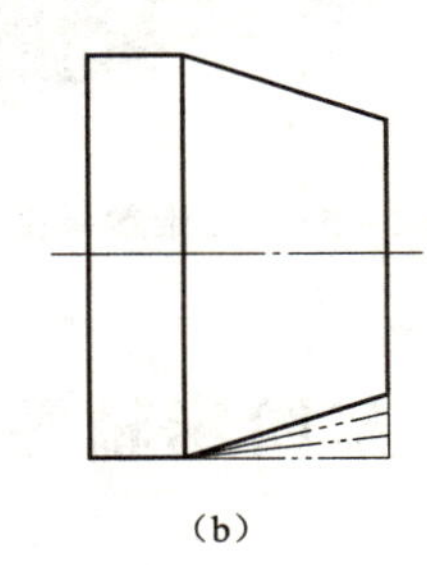
（b）

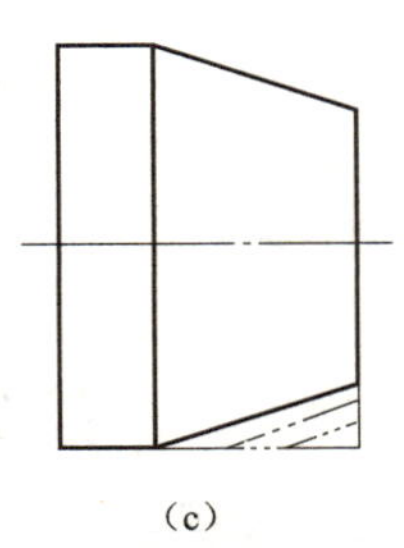
（c）

图 2-52　车正锥工艺路线

（a）相似三角形循环进给路线；（b）终点相同三角形循环进给路线；（c）相等三角形循环进给路线

（二）车倒锥工艺路线

车倒锥工艺路线，如图 2-53 所示。

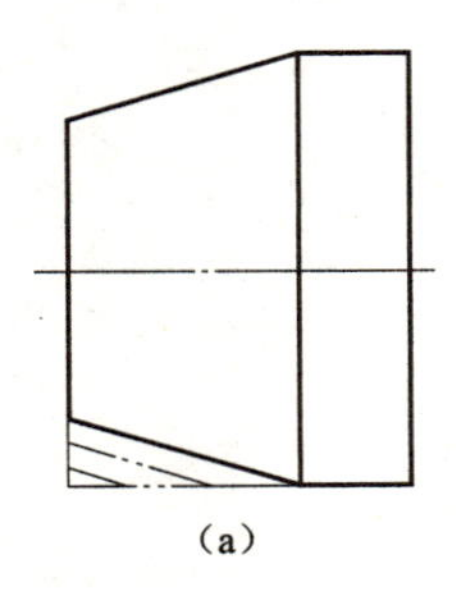
（a）

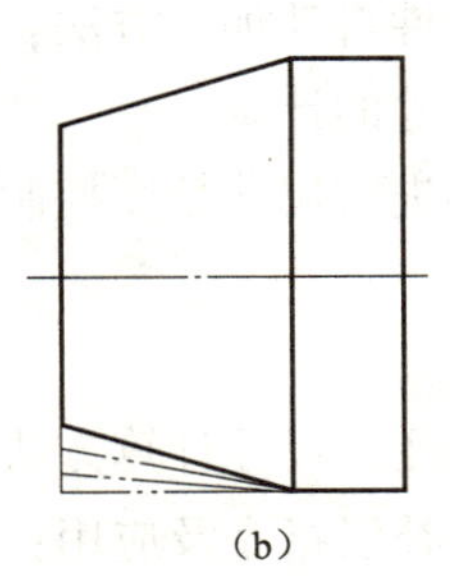
（b）

图 2-53　车倒锥工艺路线

（a）相似三角形循环进给路线；（b）终点相同三角形循环进给路线

- 【思考与练习】

（1）如何建立或取消刀尖半径补偿功能？

（2）如何设置刀尖半径补偿参数？

（3）编写图 2－54 和图 2－55 所示零件的加工程序并练习加工。毛坯尺寸 ϕ20 mm。

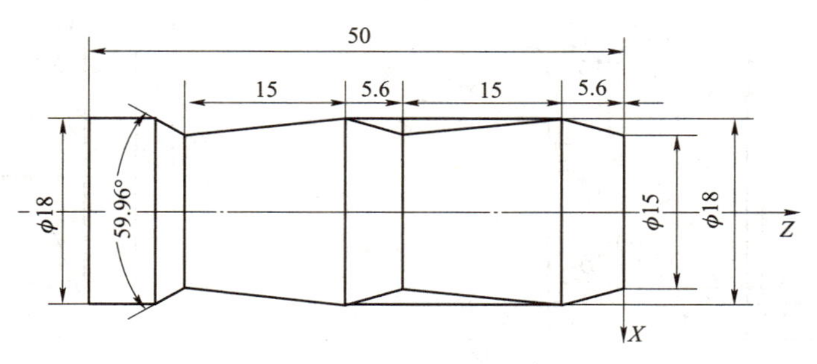

图 2－54　零件图

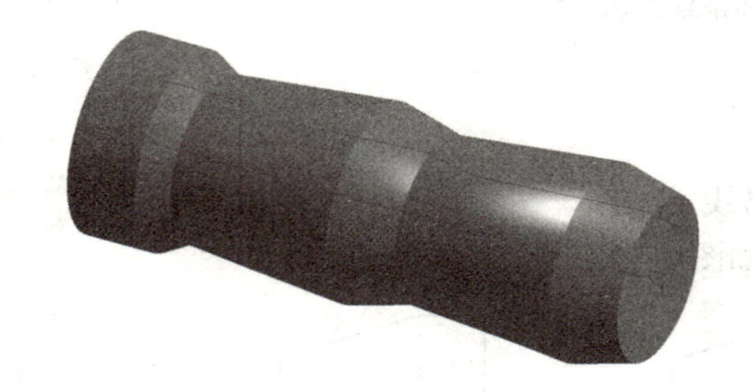

图 2－55　三维效果图

任务四　多阶梯轴零件加工

- 【能力目标】

✈ 会用外圆车刀加工多阶梯轴零件；
✈ 能熟练使用刀尖圆弧半径补偿功能精加工外圆锥面；
✈ 能熟练使用零件自动加工方法；
✈ 会进行编程尺寸的计算；
✈ 会用磨损补偿进行尺寸精度控制。

- 【知识目标】

✈ 掌握锥面的标注及尺寸计算方法；
✈ 掌握刀尖半径补偿指令及应用；
✈ 掌握外圆锥零件加工工艺制订方法；
✈ 掌握 FANUC 系统 G71、G70 循环指令及应用。

● 【工作任务】

工作任务如图 2－56 和图 2－57 所示。

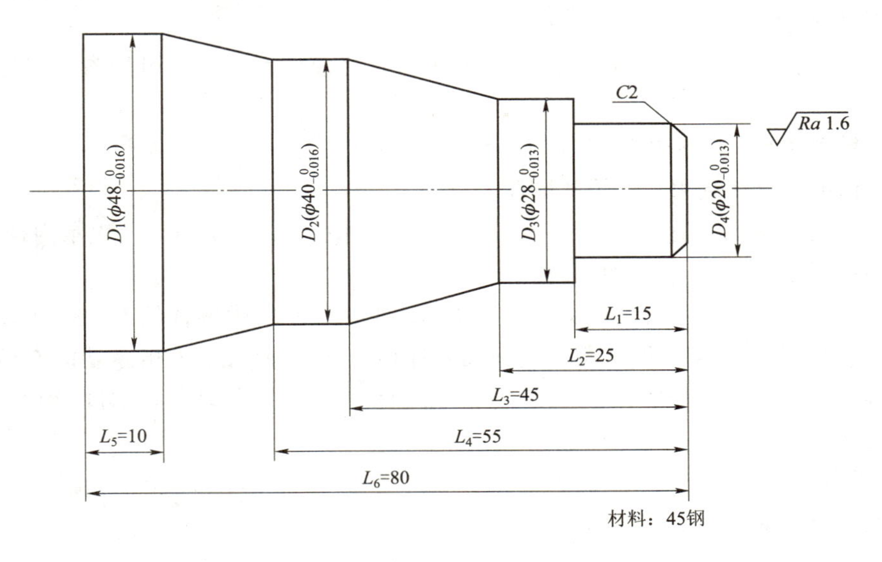

图 2－56　零件图（毛坯：φ50 mm）

图 2－57　三维效果图

● 【知识学习】

一、编程指令

（一）FANUC 系统外圆、内孔粗加工复合循环指令 G71

1. 指令功能

G71 指令用于非一次走刀完成加工的场合，利用 G71 指令，只需指定粗加工背吃刀量、精加工余量和精加工路线等参数，系统便可自动计算加工路线和加工次数，即可自动完成重复切削，直至粗加工完毕。

2. 指令格式

格式：G71 U（Δd）R（e）；

G71 P（ns）Q（nf）U（Δu）W（Δw）F（f）S（s）T（t）；

说明：

Δd——切削深度（每次切削量），半径值，指定时不加符号，方向由矢量 AA'方向决定，如图 2－57 所示，该值为模态值，直到下一次指定之前均有效。也可用参数指定，根据程序指令，参数中的值也变化。

e——每次退刀量，该值为模态值，在下次指定之前均有效，也可用参数指定，根据程序指令，参数中的值也变化。

ns——精加工形状开始程序段的顺序号。

nf——精加工形状结束程序段的顺序号。

Δu——X 方向精加工余量和方向，通常采用直径值。Δu 为负值时，表示内径粗车循环。

Δw——Z 方向精加工余量和方向。

f、s、t——只对粗加工循环有效。包含在 ns 到 nf 程序段中的任何 F、S、T 功能在循环中都被忽略，但是，在 G71 程序段中或前面程序段指定的 F、S、T 指令功能有效。当有恒速控制功能，在 ns 到 nf 程序段中的 G97 和 G96 也无效，粗车循环使用 G71 程序段之前指令中的 G96 或 G97 功能。

3. 走刀路线

G71 走刀路线如图 2－58 所示。

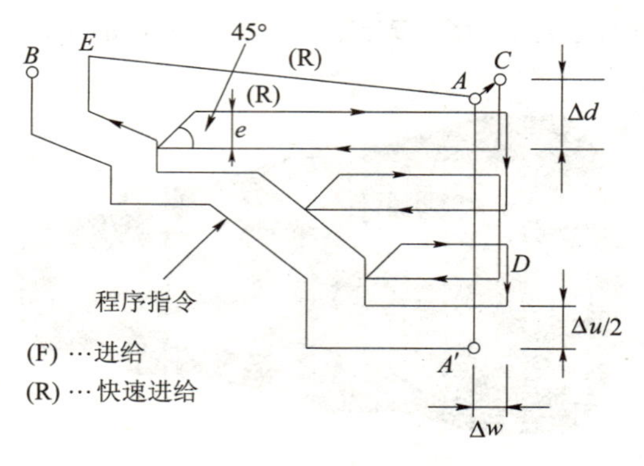

图 2－58　G71 外圆粗加工路线

外圆粗加工的刀具走刀运动步骤如表 2－26 所示。

表 2－26　外圆粗加工的刀具运动步骤

步骤	说明
1	由 A 点退到 C 点，移动 $\Delta u/2$ 和 Δw 距离；
2	平行于 AA'移动 Δd，移动方式由程序号中的 ns 中的代码确定；
3	切削运动，用 G01 到达轮廓 DE；
4	以 Z 轴 45°方向退刀，X 方向退刀距离为 e；
5	快速返回到 Z 轴的出发点；
6	重复第 2345 步骤，直到按工件小头尺寸已不能进行完整的循环为止；
7	沿精加工余量轮廓 DE 加工；
8	从 E 点快速返回到 A 点

使用 G71 编程时的注意事项

（1）由地址 P 指定的 *ns* 程序段必须用指令 G00 或 G01，否则系统会报警。

（2）在 *ns* 到 *nf* 程序段中不能调用子程序。

（3）在 *ns* 到 *nf* 程序段中不能指定下列指令：

① 除 G04 以外的非模态 G 代码；

② 除 G00、G01、G02 和 G03 以外的所有 01 组 G 代码；

③ 06 组 G 代码；

④ M98/M99。

（4）刀具返回点运动是自动的，因而在 *ns* 到 *nf* 程序段中不需要进行编程。

（5）在编制程序指令时，*A* 点在 G71 程序段之前指令，以保证进刀的安全。*A*→*A′*之间的刀具轨迹，在顺序号 *ns* 和程序段中指定，可以用 G00 或 G01 指令，当用 G00 指定时，*A*→*A′*为快速移动，当用 G01 指令时，*A*→*A′*为切削进给移动。

（6）外圆粗加工要求 *A*→*A′*的运动轨迹必须用垂直进刀，在程序中不能指定 *Z* 轴运动。*A′*→*B* 之间的零件形状，在 *X* 轴与 *Z* 轴都必须是单调增大或单调减小的图形。

（7）在 MDI 方式中不能指令 G71，否则报警。

（8）FANUC－0i Mate－TD 系统中在 *ns* 到 *nf* 程序段中不应包含刀尖半径补偿，而应在调用循环前编写刀尖半径补偿。循环结束后应取消半径补偿。

（二）FANUC 系统外圆、内孔精加工循环指令（G70）

1. 指令功能

用 G71（G72 或 G73）粗车循环完毕后，用精加工指令，使刀具进行 *A*→*A′*→*B* 的精加工，通常用在 G71（G72 或 G73）粗车后，只能用于精加工已粗加工过的轮廓。

2. 指令格式

格式：G70　P（*ns*）Q（*nf*）；

说明：

ns——精加工路径第一程序段号；

nf——精加工路径最后程序段号。

当用 G71、G72、G73 粗车工件后，用 G70 来指定精车循环，切除粗加工留下的余量；在 G71，G72，G73 中的 F、S、T 无效，在执行 G70 时处于 *ns* 到 *nf* 程序段之间的 F、S、T 有效；在顺序号为 *ns* 到顺序号为 *nf* 的程序段中，不能调用子程序。G70 循环结束后，执行 G70 程序段的下一个程序段。

使用 G70 编程时注意事项

（1）由地址 P 指定的 *ns* 程序段必须用指令 G00 或 G01，否则系统会报警。

（2）在 *ns* 到 *nf* 程序段中不能调用子程序。

（3）在 *ns* 到 *nf* 程序段中不能指定下列指令：

① 除 G04 以外的非模态 G 代码。

② 除G00、G01、G02和G03以外的所有01组G代码。

③ 06组G代码。

④ M98/M99。

(4) 在MDI方式中不能指令G71，否则报警。

(5) 在G71程序段中指令的F、S、T，在G70执行时无效，G70执行顺序号*ns*到*nf*程序段指定的F、S、T功能。如果顺序号*ns*到*nf*程序段没有指定F、S、T功能，也可以在G70循环处理过程中为轮廓的精加工编写。如“N10 G70 P100 Q200 F0.08;”。

(6) G71（G72或G73）粗车循环结束后，都返回到循环起始点，因此，精车开始时，仍从循环起点出发，加工完毕再返回起始点。一般情况下，粗精加工所用刀具不相同，所以粗车循环结束后，换精加工刀具进行精车循环时，循环起点一定要与粗车循环起点重合。

二、加工工艺分析

（一）编程尺寸处理

单件小批量生产，为便于控制零件轮廓尺寸精度要求，编程时常取极限尺寸的平均值为编程尺寸，即

$$编程尺寸 = 基本尺寸 + \frac{上偏差 + 下偏差}{2}$$

例 计算工作任务中$\phi 48^{\ 0}_{-0.016}$ mm外圆的编程尺寸。

解 $\phi 48^{\ 0}_{-0.016}$的编程尺寸 $= \left(48 + \frac{0 + (-0.016)}{2}\right)\text{mm} = 47.992\text{ mm}$

（二）选择工、量、刃具

1. 工具选择

45钢棒装夹在三爪定心卡盘上，用划线盘校正并夹紧。其他工具如表2-27所示。

表2-27 多阶梯轴加工工、量、刃具清单

工、量、刃具清单				图号		
种类	序号	名称	规格	精度	单位	数量
工具	1	三爪自定心卡盘			个	1
	2	卡盘扳手			副	1
	3	刀架扳手			副	1
	4	垫刀片			块	若干
	5	划线盘			个	1
量具	1	游标卡尺	0~150 mm	0.02 mm	把	1
	2	外径千分尺	0~25 mm 25~75 mm	0.01 mm	把	2
	3	表面粗糙度样板			套	1
	4	万能角度尺	0~320°	2′	把	1

续表

种类	序号	名称	规格	精度	单位	数量
刀具	1	外圆车刀	90°		把	1
	2	外圆车刀	93°		把	1
	3	切断刀	5 mm×30 mm		把	1

2. 量具选择

外圆、长度精度要求较高，选用0～150 mm游标卡尺及外径千分尺测量，圆锥面用万能角度尺测量，表面粗糙度用表面粗糙度样板比对。

3. 刀具选择

加工材料45钢，刀具选用90°硬质合金外圆车刀粗加工，置于T01号刀位，93°硬质合金外圆车刀精加工，置于T02号刀位；切断刀选用硬质合合金切槽刀，刀头宽度5 mm，刀头长度应大于25 mm，装在T03刀位。

（三）加工工艺路线

用毛坯切削循环进行粗、精加工，最后用切断刀切断工件。具体过程如表2-28所示。

（四）选择合理切削用量

加工材料为45钢，硬度较大，切削力适中，切削用量可选较大些，但切槽时，由于切槽刀强度较低，转速及进给速度应选择小一些。本工作任务切槽及切断工件加工工艺见表2-28所示。

表2-28　多阶梯轴零件加工工艺

工步号	工步内容	刀具号	切削用量		
			背吃刀量 a_p/mm	进给速度 $f/(\mathrm{mm \cdot r^{-1}})$	主轴转速 $n/(\mathrm{r \cdot min^{-1}})$
1	车削右端面	T01	1～2	0.2	600
2	粗加工外轮廓，留0.4 mm余量	T01	1～2	0.2	600
3	精加工外轮廓	T02	0.2	0.1	800
4	切断，控制零件总长80 mm	T03	4	0.08	400

三、编制参考程序

（一）建立工件坐标系

根据工件坐标系建立原则：数控车床工件原点一般设在右端面与工件回转轴线交点处，故工件坐标系设置在工件右端面中心处。

（二）计算基点坐标

根据编程尺寸的计算方法自行计算各基点坐标。

（三）参考程序

参考程序见表2-29，程序名为“O126”。

表 2－29　多阶梯轴加工参考程序

程序段号	程序内容	动作说明
N10	G00 T0101 G40 G97 G99 F0.2	选择 01 号刀，取消刀补，指定主轴恒转速，每转进给，进给速度为 0.2 mm/r
N20	X52. Z2. M03 S600	刀具快速移到加工起点（52，2）处
N30	G71 U1.5 R0.5	设置循环参数，调用粗加工循环
N40	G71 P50 Q150 U0.4 W0.1	
N50	G00 X0.	精加工轮廓程序段
N60	G01 Z0.	
N70	X15.994	
N80	X19.994 Z－2.	
N90	Z－15.	
N100	X27.994	
N110	Z－25.	
N120	X39.992 Z－45.	
N130	Z－55.	
N140	X47.992 Z－70.	
N150	Z－85.	
N160	G00 X100. Z100	退刀，准备换刀
N170	M00 M05	暂停，主轴停，测量
N180	T0202	换精加工车刀
N190	M03 S800 F0.1	设置转速与进给速度
N200	G00 G42 X52. Z2.	快速移到循环起点，建立刀补
N210	G70 P50 Q150	调用精加工循环，进行精加工
N220	G00 G40 X100. Z100.	退刀，准备换刀并取消刀补
N230	M00 M05	暂停，主轴停，测量
N240	T0303	换切断刀
N250	M03 S400	设置转速与进给速度
N260	G00 X50.	快速移至 $X50$ 处
N270	Z－85.	快速移至 $Z-85$ 处
N280	G01 X0 F0.08	切断
N290	X52. F0.3	刀具沿 $+X$ 方向退刀
N300	G00 X100. Z100.	刀具退回至换刀点
N310	M30	程序结束

● 【资料链接】

一、端面粗车循环程令 G72

（一）指令功能

相比于 G71，G72 端面粗车循环常用于圆柱棒料毛坯的端面粗车，端面粗车循环适用于 Z 向余量小，X 向余量大的棒料粗加工。

（二）指令格式

指令格式：G72 W（Δd）R（e）；

G72 P（ns）Q（nf）U（Δu）W（Δw）F（f）S（s）T（t）；

说明：

Δd——切削深度（每次切削量），该量无正负号，刀具的切削方向取决于 $A\rightarrow A'$方向，该值是模态值，直到下次指定之前均有效。

e——每次退刀量，该值为模态值，在下次指定之前均有效，也可用参数指定，根据程序指令，参数中的值也变化。

ns——精加工形状开始程序段的顺序号。

nf——精加工形状结束程序段的顺序号。

Δu——X 方向精加工余量和方向，通常采用直径值。Δu 为负值时，表示内径粗车循环。

Δw——Z 方向精加工余量和方向。

f、s、t——只对粗加工循环有效。包含在 ns 到 nf 程序段中的任何 F、S、T 功能在循环中都被忽略，但是，在 G72 程序段中或前面程序段指定的 F、S、T 指令功能有效。当有恒速控制功能，在 ns 到 nf 程序段中的 G97 和 G96 也无效，粗车循环使用 G72 程序段之前指令中的 G96 或 G97 功能。

（三）走刀路线

G72 走刀路线见图 2－59。

端面粗加工的刀具走刀运动步骤见表 2－30 所示。

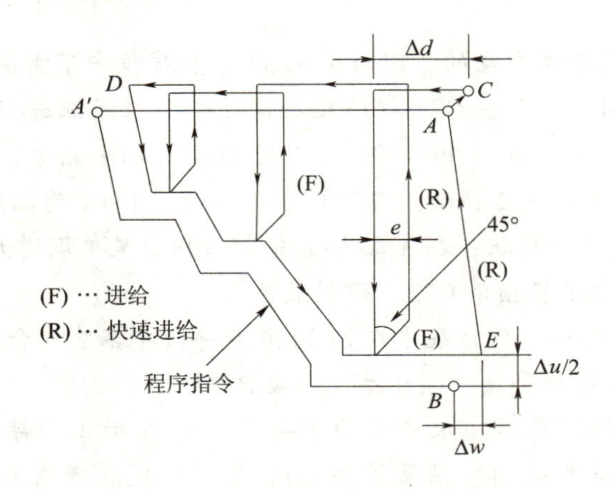

图 2－59　G72 走刀路线

表 2-30 端面粗加工的刀具运动步骤

步骤	说明
1	由 A 点退到 C 点，移动 $\Delta u/2$ 和 Δw 距离；
2	平行于 AA' 移动 Δd，移动方式由程序号中的 ns 中的代码确定；
3	切削运动，用 G01，到达轮廓 DE 上；
4	以 X 轴 45°方向退刀，Z 方向退刀距离为 e；
5	快速返回到 Z 轴的出发点；
6	重复第 2345 步骤，直到按工件小头尺寸已不能进行完整的循环为止；
7	沿精加工余量轮廓 DE 加工；
8	从 E 点快速返回到 A 点

(四) 应用

G72 循环的各个方面都与 G71 相似，只须指定精加工路线和粗加工的背吃刀量、精车余量、进给量等参数，系统便会自动计算粗加工路线和加工次数，大大简化编程。唯一区别就是它从较大直径向主轴中心线垂直切削，其切削方向平行于 X 轴，在 ns 程序段中不能有 X 方向的移动指令，以去除端面上的多余材料，它主要使用于端面切削粗加工圆柱，适用于圆盘类零件加工。

使用 G72 编程时的注意事项

(1) 由地址 P 指定的 ns 程序段必须用指令 G00 或 G01，否则系统会报警。

(2) 在 ns 到 nf 程序段中不能调用子程序。

(3) 在 ns 到 nf 程序段中不能指定下列指令：

① 除 G04 以外的非模态 G 代码；

② 除 G00、G01、G02 和 G03 以外的所有 01 组 G 代码；

③ 06 组 G 代码；

④ M98/M99。

(4) 刀具返回点运动是自动的，因而在 ns 到 nf 程序段中不需要进行编程。

(5) 在程序指令时，A 点在 G72 程序段之前指令，以保证进刀的安全。$A \rightarrow A'$ 之间的刀具轨迹，在顺序号 ns 程序段中指定，可以用 G00 或 G01 指令，但不能有 X 轴运动。当用 G00 指定时，$A \rightarrow A'$ 为快速移动，当用 G01 指令时，$A \rightarrow A'$ 为切削进给移动。

(6) $A' \rightarrow B$ 之间的零件形状，在 X 轴与 Z 轴都必须是呈单调增大或单调减小的图形。

(7) 在 MDI 方式中不能指令 G72，否则报警。

(8) FANUC-0i Mate-TD 系统中在 ns 到 nf 程序段中不应包含刀尖半径补偿，而应在调用循环前编写刀尖半径补偿。循环结束后应取消半径补偿。

(9) G72 粗加工循环最后一次走刀为 $D \rightarrow E \rightarrow A$，其加工顺序整体上为自左至右，故刀尖半径补偿判断与圆弧判断结果等与 G71 正好相反。通常加工外圆 G72 用 G41 左补偿。

● 【实施训练】

一、加工准备

（1）检查毛坯尺寸。

（2）开机、回参考点。

（3）装夹刀具与工件。将两把外圆车刀按要求装于刀具的 T01、T02 号刀位，伸出一定高度，刀尖与工件中心等高，夹紧。切槽刀安装在 T03 号刀位，伸出不要太长，保证刀尖与工件中心等高，保证刀头与工件轴线垂直，防止因干涉而折断刀头，毛坯 45 钢棒装夹在三爪定心卡盘上，伸出 65 mm，找正并夹紧。

（4）程序输入。把编写好的程序通过数控面板输入到数控机床。

二、对刀操作

外圆精加工车刀对刀采用试切法（通过车端面、车外圆）进行对刀，并把操作得到的数据输入到 T02 号刀具补偿中；外圆粗车刀和切断刀对刀时，分别将刀位点移至工件右端面和外圆处进行对刀操作，并把操作得到的数据输入到 T01、T03 号刀具补偿中。

三、空运行及仿真

打开程序，选择 MEM 自动加工方式，打开机床锁住开关，按下空运行键，按循环启动按钮，观察程序运行情况；按图形显示键再按数控启动键可进行轨迹仿真，切换到 X、Z 视图，观察加工轨迹是否与编程走刀轨迹一致。空运行仿真加工结束后，使空运行、机床锁住功能复位，机床重新回参考点。

四、零件自动加工及尺寸控制

数控机床上首件加工均采用试切和试测方法保证尺寸精度，具体做法：当程序运行到 N170 程序段时，停车测量精加工余量。根据精加工余量设置精加工刀具（T02 号）磨损量，避免因对刀不精确使精加工余量不足而出现不可修复的废品。然后再运行精加工程序，程序运行至 N230 时，停车测量，根据测量结果，修调精加工车刀刀补磨损值，再次运行精加工程序，直至零件尺寸达到要求为止。

例：T02 号刀具 X 方向磨损量设为 0.3 mm，Z 方向磨损量设为 0.2 mm。精加工程序运行后，实测外圆尺寸比编程尺寸大 0.22 mm，则把 X 方向磨损量修改为 0.3 mm − 0.22 mm = 0.08 mm；实测长度方向尺寸比编程尺寸大 0.15 mm，则把 Z 方向磨损量修改为 0.2 mm − 0.15 mm = 0.05 mm。重新修改磨损量后，重新运行精加工程序，直至达到尺寸要求。

首件加工尺寸调好后，可以将程序中的暂停指令删除即可进行批量零件的生产，加工中不需要再测量和控制尺寸，直至刀具磨损为止。

五、加工结束，清理机床

- **【检查与评价】**

零件加工结束后进行检查与评价，检查与评价结果写在表2－31中。

表2－31　多阶梯轴零件加工评分表

班级		姓名			学号	
工作任务					零件编号	
项目	序号	技术要求	配分	评分标准	学生自评	教师评分
程序与工艺	1	切削加工工艺制订正确	5	不规范每处扣1分		
	2	切削用量选择合理	5	不规范每处扣1分		
	3	程序正确、规范	10	不规范每处扣1分		
机床操作	4	设备操作、维护保养正确	10	不规范每处扣1分		
	5	安全、文明生产	10	出错全扣		
	6	刀具选择、安装规范	5	不规范每处扣1分		
	7	工件找正、安装规范	5	不规范每处扣1分		
工作态度	8	行为规范、态度端正	5	不规范每处扣1分		
工件质量（外圆）	9	ϕ20 mm	5	超差全扣		
	10	ϕ28 mm	5	超差全扣		
	11	ϕ40 mm	5	超差全扣		
	12	ϕ48 mm	5	超差全扣		
工件质量（长度）	13	80 mm	5	不合格每处扣2分		
	14	15 mm	4	不合格每处扣2分		
	15	25 mm	4	不合格每处扣2分		
	16	45 mm	4	不合格每处扣2分		
	17	55 mm	4	不合格每处扣2分		
表面粗糙度	18	Ra1.6 μm	4	超差全扣		
综合得分			100			

加工操作注意事项

（1）刀具刀尖严格与工件轴线等高，否则圆锥面会形如双曲线。

（2）加工中使用两把车刀一把切断刀，对刀时不要弄错每把刀具的刀具号及其补偿号。

（3）对刀时，外圆车刀采用试切端面、外圆方法进行，切槽刀不能再切端面，否则，加工后零件长度尺寸会发生变化。

（4）加工循环参数必须按照要求合理选择，否则会发生非正常切削情况。

● 【知识拓展】

一、粗车刀选择注意事项

粗车刀必须适应粗车时切削深、进给快的特点。主要要求车刀有足够的强度，一次进给可以车去较多余量。为了增加刀头强度，前角（γ_0）和后角（α_0）应取小一些，采用0°～3°。主偏角（k_r）应选用90°。为增加切削刃强度和刀尖强度，主切削刃上应磨有倒棱，其宽度＝（0.5～0.8）f，倒棱前角＝－（5°～10°）。刀尖处磨有过渡刃，可采用直线型或圆弧型。为保证切削顺利进行，切屑要自行折断，应在前刀面上磨有直线型或圆弧型的断屑槽。

二、精加工车刀选择注意事项

精车要求能达到图纸要求，并且切除金属少，因此要求车刀锋利，切削刃平直光洁，刀尖处必要时还可磨修光刃。为使车刀锋利，切削轻快，前角（γ_0）和后角（α_0）取值应大一些，为减少工件表面粗糙度，应改用较小副偏角（k_r'）或在刀尖处磨修光刃，其长度＝（1.2～1.5）f。可用正值刃倾角（0°～3°），并应要有狭窄的断屑槽。

● 【思考与练习】

（1）试述G71与G72循环指令的主要区别与适用场合有何不同？

（2）如何用磨损补偿进行尺寸精度控制？

（3）编写图2－60和图2－61所示零件的加工程序并练习加工。毛坯尺寸ϕ50 mm。

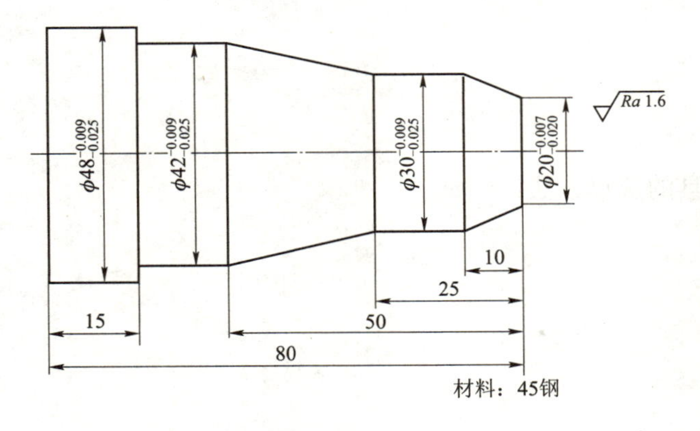

图2－60　零件图

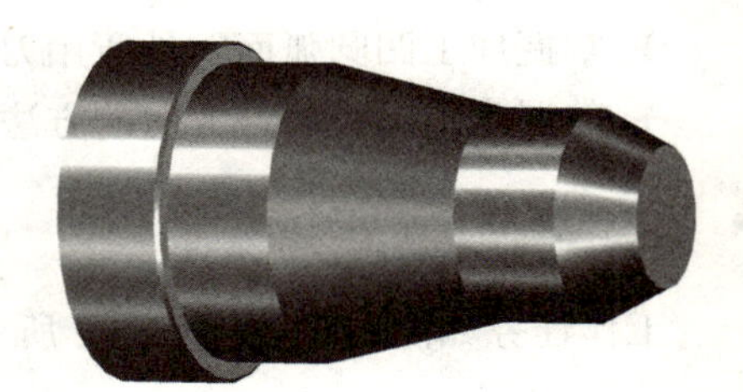

图2－61　三维效果图

项目三　成型面类零件加工

• 【项目描述】

本项目通过加工含有凹圆弧、凸圆弧等零件，掌握该类零件的刀具选择方法、加工工艺制订方法、尺寸控制方法等，熟练使用 FANUC 系统提供的圆弧加工指令，并能够独立完成综合成型面类零件加工。

任务一　凹圆弧面零件加工

• 【能力目标】

✈ 会用外圆车刀加工凹圆弧面零件；
✈ 能熟练进行刀尖圆弧半径补偿功能；
✈ 能熟练使用零件自动加工方法；
✈ 会制订凹圆弧面零件加工工艺。

• 【知识目标】

✈ 掌握凹圆弧面测量方法；
✈ 掌握圆弧加工指令及应用；
✈ 掌握加工凹圆弧面零件所用刀具的选择方法；
✈ 掌握判断圆弧插补方向的方法。

• 【工作任务】

工作任务如图 3－1 和图 3－2 所示。

• 【知识学习】

一、编程指令

（一）指令功能

使刀具在指定平面内按给定的进给速度作圆弧插补运动，切削出圆弧曲线。

（二）指令代码

顺时针圆弧插补指令代码为 G02（或 G2），逆时针圆弧指令代码为 G03（或 G3）。

顺时针、逆时针判别方法，应按右手定则执行，观察者让 *Y* 轴的正向指向自己，然后观察 *XZ* 平面内所加工圆弧曲线的方向，即可判断出圆弧的顺、逆方向，或从圆弧所在平面的

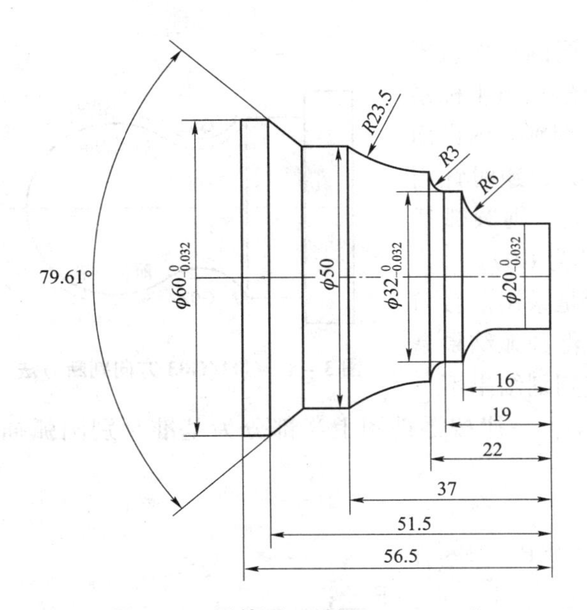

图 3－1　零件图（毛坯：ϕ65 mm）

图 3－2　三维效果图

第三坐标轴的正方向往负方向看，顺时针用 G02，逆时针用 G03。具体判断如图 3－3 和图 3－4 所示。

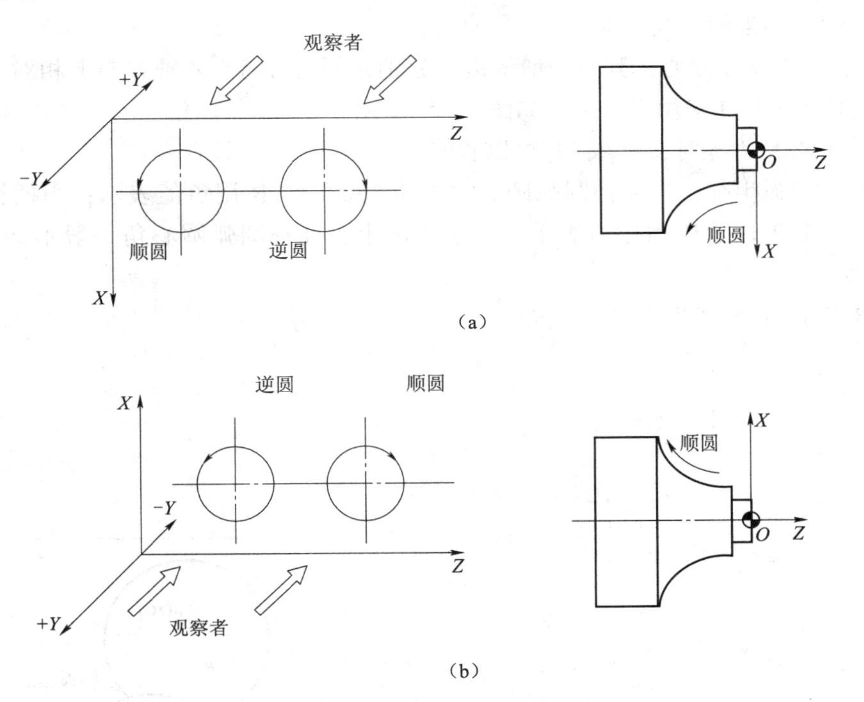

图 3－3　前后置刀架圆弧判断方法

（a）刀架前置圆弧判断方法；（b）刀架后置圆弧判断方法

后置刀架数控车床（刀架在操作人员对面）的机床坐标系如图 3－3（b）所示，按右手笛卡尔直角坐标系原则，假想的 Y 轴正方向指向操作人员，判别方向由操作人员向前正视判别，顺时针用 G02，逆时针用 G03。

前置刀架数控车床（刀架在操作人员同侧）的机床坐标系如图 3－3（a）所示，按右手笛卡尔直角坐标系原则，假想的 Y 轴正方向背向操作人员，判别方向由面向操作人员方向看进行判别，顺时针用 G02，逆时针用 G03；若人为按操作人员向前正视的方向，则圆弧插补方向应相反，即顺时针为 G03，逆时针为 G02。

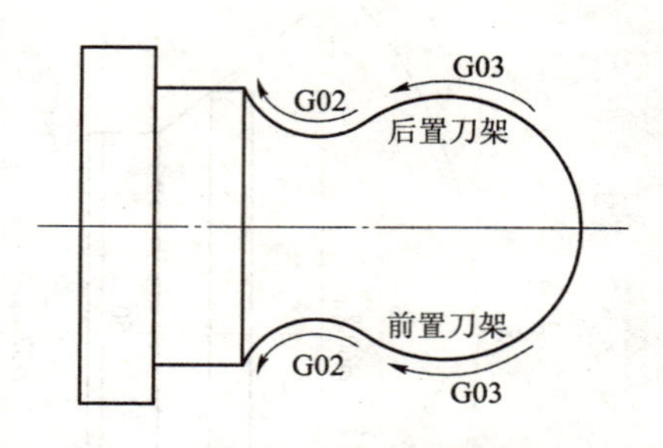

图 3－4　G02/G03 方向判断方法

从上面描述可以看出，同一零件不管是采用前置刀架还是后置刀架车削，判别方法不一样，但圆弧结果是一致的，不会因为所采用机床不同而造成判别结果不一致的情形，通常可不考虑前置或后置刀架，一律按零件图上半部分为基准判别圆弧插补方向。

（三）圆弧插补指令格式

G18　G02（G03）X（U）__Z（W）__R__F__；

或 G18　G02（G03）X（U）__Z（W）__I__K__F__；

说明：

（1）X（U）__Z（W）__指令圆弧终点坐标，可以用绝对坐标或相对坐标的形式，X、Z 为绝对坐标，是圆弧终点相对于工件坐标系原点的坐标；U、W 是相对坐标，是圆弧终点相对于圆弧起点的坐标。其中 X、U 采用直径值。

（2）用 I、K 指令圆心，其值为增量值，分别是圆心在 X、Z 轴方向上相对于圆弧起点的坐标增量值。其中 I 采用半径值。如图 3－5 所示。

（3）当 I 或 K 为零时，I0 或 K0 可以省略。

（4）R 为圆弧半径，当插补圆弧圆心角大于 180°时，R 用负值表示；当插补圆弧圆心角小于或等于 180°时，R 用正值表示。但在车床上，插补圆弧圆心角一般不会超过 180°。如图 3－6 所示。

（5）R 与 I、K 同时出现时 R 优先。

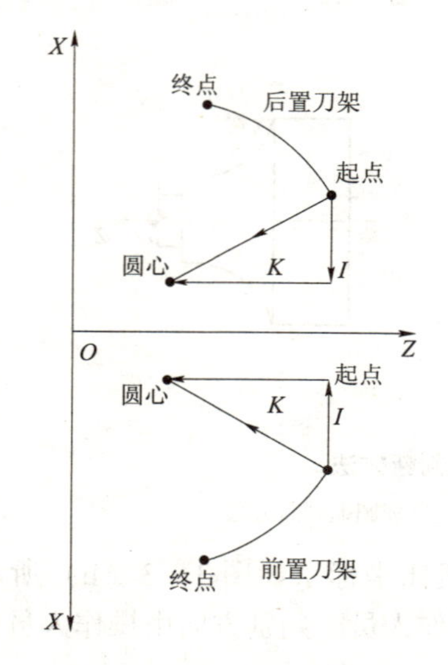

图 3－5　用 I、K 指令圆心

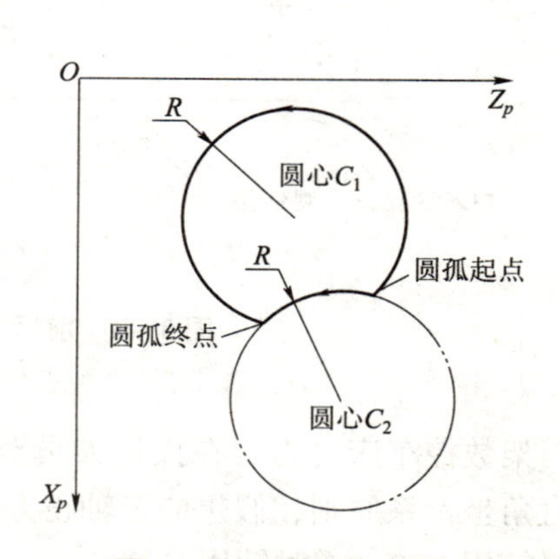

图 3－6　R 的正负判断

(6) F 表示进给速度。圆弧插补中的进给速度等于由 F 代码指定的进给速度，并且沿圆弧的进给速度（圆弧的切线进给速度）被控制为指定的进给速度。指定的进给速度和刀具的实际进给速度之间的误差小于 ±2%，但是该进给速度是在加上刀尖补偿以后沿圆弧测量的。

（四）应用

在大部分的 CNC 编程应用中，只有两类跟轮廓加工相关的刀具运动，圆弧插补是其中一项。该指令可使刀具在指定平面内按给定的进给速度 *F* 做圆弧运动，从起始点移动到终点切削出圆弧轮廓。

例：如图 3－7（a）所示，用顺时针圆弧插补指令完成程序编制。

方法一：用 I、K 表示圆心位置，采用绝对值编程：

```
…
N03 G00 X20.0 Z2.0;
N04 G01 Z-22.0 F0.2;
N05 G02 X36.0 Z-30.0 I8.0 K0 F0.1;
…
```

采用增量值编程：

```
…
N03 G00 U-18.0 W-98.0;
N04 G01 W-24.0 F0.2;
N05 G02 U16.0 W-8.0 R8. F0.1;
…
```

方法二：用 R 表示圆心位置。

```
…
N03 G00 X20.0 Z2.0;
N04 G01 Z-22.0 F0.2;
N05 G02 X36.0 Z-30.0 R8.0 F0.1;
…
```

例：如图 3－7（b）所示，用逆时针圆弧插补指令完成程序编制。

方法一：用 I、K 表示圆心位置，采用绝对值编程：

```
…
N03 G00 X20.0 Z2.O;
N04 G01 Z-30.0 F0.2;
N05 X24.0;
N06 G03 X40.0 Z-38.0 I0 K-8.0 F0.1;
…
```

采用增量值编程：

```
…
N03 G00 U-180.0 W-98.0;
N04 G01 W-30.0 F0.2;
```

N05 U4.0;

N06 G03 X16.0 W-8.0 I0 K-8.0 F0.1;

…

方法二　用 R 表示圆心位置。

…

N03 G00 X20.0 Z2.0;

N04 G01 Z-30.0 F0.2;

N05 X24.0;

N06 G03 X40.0 Z-38.0 R8.0 F0.1;

…

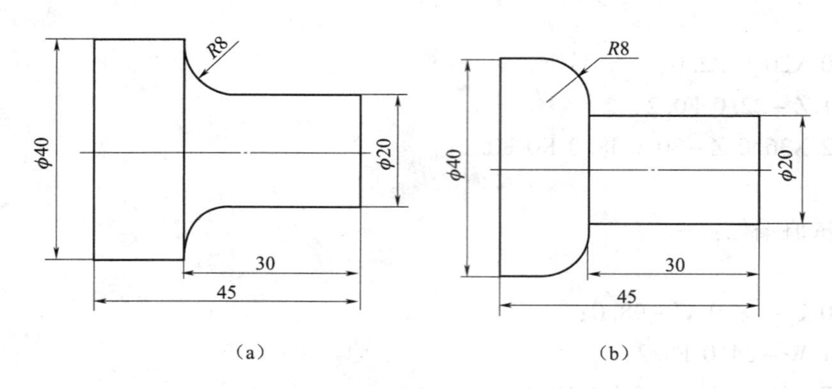

图 3-7　圆弧插补例题图

(a) 顺时针圆弧插补；(b) 逆时针圆弧插补

● **【知识拓展】**

应用 G02 或 G03 指令加工圆弧时，若用刀具一刀就把圆弧加工出来，这样吃刀量太大，容易打刀。所以，实际车削圆弧时，需要多刀加工，先将大量余量切除，最后才车得所需圆弧。常用的圆弧加工路线有以下几种形式。如图 3-8 所示。

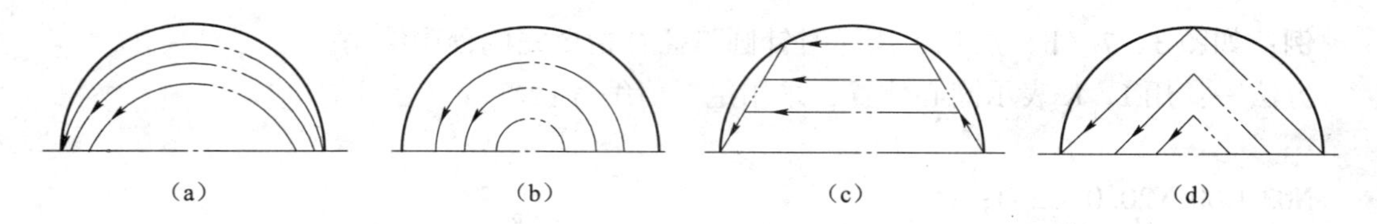

图 3-8　车削圆弧常用方法

(a) 等径圆弧法；(b) 同心圆弧法；(c) 梯形法；(d) 三角形法

二、加工工艺分析

(一) 选择工、量、刃具

1. 工具选择

45 钢棒装夹在三爪定心卡盘上，用划线盘校正并夹紧。其他工具如表 3-1 所示。

2. 量具选择

长度用游标卡尺测量，外径用千分尺测量，圆弧表面用半径样板检测，表面粗糙度用表面粗糙度样板比对。量具的规格、参数见表 3－1。

表 3－1　凹圆弧面加工工、量、刃具清单

工、量、刃具清单				图号		
种类	序号	名称	规格	精度	单位	数量
工具	1	三爪自定心卡盘			个	1
	2	卡盘扳手			副	1
	3	刀架扳手			副	1
	4	垫刀片			块	若干
	5	划线盘			个	1
量具	1	游标卡尺	0～150 mm	0.02 mm	把	1
	2	千分尺	0～25 mm 25～50 mm	0.01 mm	把	2
	3	半径样板			套	1
	4	表面粗糙度样板			套	1
刃具	1	外圆粗车刀	90°		把	1
	2	外圆精车刀	90°		把	1
	3	切断刀	4 mm×35 mm		把	1

3. 刀具选择

加工凹圆弧成型表面，使用的刀具有尖形车刀、棱形车刀等，如图 3－9 所示为加工半圆弧或半径较小的圆弧可选用成型车刀；精度要求不高时可选择尖形车刀；加工成型表面后还需加工台阶表面，一般选用 90°棱形车刀（副偏角要足够大，以防止车刀副切削刃与凹圆弧表面干涉，如图 3－9 所示）。加工材料 45 钢，刀具选用硬质合金外圆车刀，粗加工刀与精加工刀分别置于 T01、T02 号刀位，切断刀刀头宽度为 4 mm，刀头长度应大于 25 mm，装在 T03 刀位。

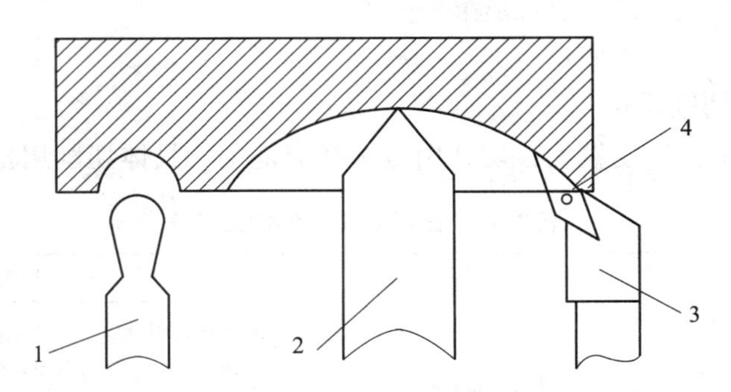

图 3－9　凹圆弧加工刀具及车刀副切削刃与凹圆弧表面干涉情况

1—成型车刀；2—尖形车刀；3—棱形车刀；4—副切削刃加工干涉部分

（二）加工工艺路线

外圆弧轮廓分粗、精加工两道工序完成，其中凹圆弧面粗加工时因处加工余量不同，应采用相应的方法进行解决，加工时应先除去凹圆弧表面的余量，其除去的方法有以下四种。

（1）如图3－10的虚线路径所示用同心圆法去除余量。此方法走刀路线短。而且精车余量最均匀。

（2）如图3－11的虚线路径所示用等径圆弧法去除余量。其特点是计算和编程最简单，但走刀路线较其他几种方式长。

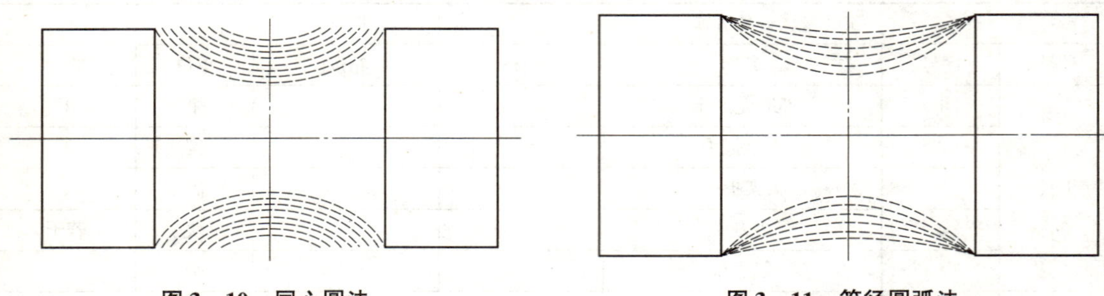

图3－10　同心圆法　　　图3－11　等径圆弧法

（3）如图3－12的虚线路径所示用梯形法去除余量。此方法切削力分布合理，切削率最高。

（4）如图3－13的虚线路径所示用三角形法去除余量。此方法走刀路线较同心圆法长，但比梯形法、等径圆弧法短。

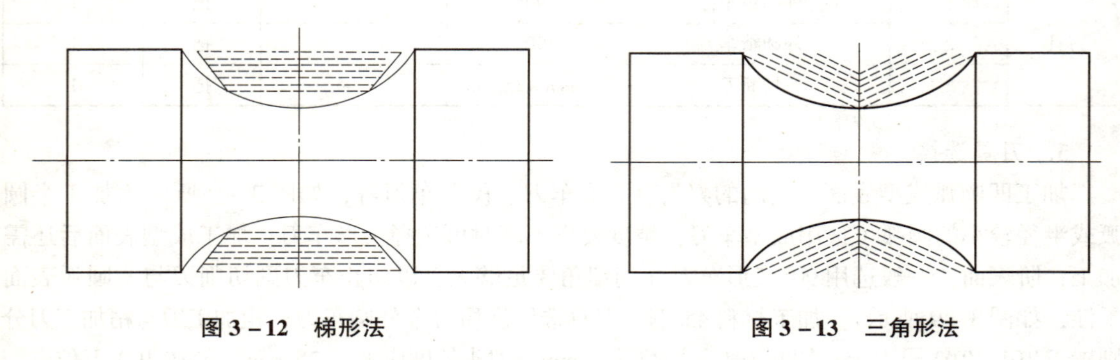

图3－12　梯形法　　　图3－13　三角形法

此外，外圆粗加工也可采用外圆循环车削。

具体加工工艺如表3－2所示。

（三）选择合理切削用量

加工材料为45钢，硬度较大，切削用量选择应适中。具体切削用量如表3－2所示。

表3－2　凹圆弧面零件加工工艺

工步号	工步内容	刀具号	切削用量		
			背吃刀量 a_p/mm	进给速度 $f/(\mathrm{mm\cdot r^{-1}})$	主轴转速 $n/(\mathrm{r\cdot min^{-1}})$
1	车削右端面	T01	1～2	0.2	600
2	粗加工外轮廓，X向留0.4 mm余量	T01	1～2	0.2	600
3	精加工外轮廓至要求尺寸	T02	0.2	0.1	800
4	切断，控制零件总长56.5 mm	T03	4	0.08	400

三、编制加工程序

（一）建立工件坐标系

根据建立工件坐标系原则：工件坐标系原点设在右端面与工件轴线交点上。

（二）计算基点坐标

根据零件图计算基点坐标，注意根据极限尺寸计算编程尺寸。

（三）参考程序

本零件加工采用外圆粗车循环指令 G71 与外圆精车循环指令 G70 进行编程加工。参考程序如表 3－3 所示，程序名为“O128”。

表 3－3　凹圆弧面零件加工参考程序

程序段号	程序内容	动作说明
N10	G00 T0101 G40 G97 G99 F0.2	选择 01 号刀，取消刀补，指定主轴恒转速，每转进给，进给速度为 0.2 mm/r
N20	X67. Z2. M03 S600	刀具快速移到加工起点（67，2）处
N30	G71 U1.5 R0.5	设置循环参数，调用粗加工循环
N40	G71 P50 Q160 U0.4 W0.1	
N50	G00 X0.	精加工轮廓程序段
N60	G01 Z0.	
N70	X19.984	
N80	Z－10.	
N90	G02 X31.984 W－6. R6.	
N100	G01 W－3.	
N110	G02 X37.984 W－3. R3.	
N120	G01 X40.	
N130	G02 X50. W－14.5 R23.5	
N140	G01 W－8.5	
N150	X59.984 W－5.	
N160	W－5.	
N170	G00 G40 X100. Z100.	退刀，准备换刀并取消刀补
N180	M00 M05	暂停，主轴停，测量
N190	T0202	换精加工车刀
N200	M03 S800 F0.1	设置转速与进给速度
N210	G00 G42 X67. Z2.	快速移动到循环起点，建立刀补
N220	G70 P50 Q160	调用精加工循环，进行精加工
N230	G00 G40　X100. Z100.	退刀，准备换刀，取消刀补
N240	M00 M05	暂停，主轴停，测量
N250	T0303	换切断刀

续表

程序段号	程序内容	动作说明
N260	M03 S400	设置转速与进给速度
N270	G00 X67.	快速移至 *X*67 处
N280	Z－60.5	快速移至 *Z*－60.5 处
N290	G01 X0. F0.08	切断
N300	X67. F0.3	刀具沿 +*X* 方向退刀
N310	G00 X100. Z100.	刀具退回至换刀点
N320	M30	程序结束

- **【资料链接】**

含圆弧零件的检测：

为了保证含圆弧零件的外形和尺寸的正确，可根据不同的精度要求选用样板，游标卡尺或千分尺来测量。

精度要求不高的外圆弧面可以用半径样板（俗称 R 规）检测。检测时，样板中心对准工件中心，根据透光间隙，判别圆弧表面与半径样板的吻合程度，并根据样板与工件间的间隙大小来修整圆弧面，最终使样板与工件曲面轮廓全部重合即可。如图 3－14（a）所示。

精度要求较高的外圆弧面除用样板检测其外形外，须用游标卡尺或千分尺通过被测表面的中心并多方位地进行测量，如图 3－14（b）所示。

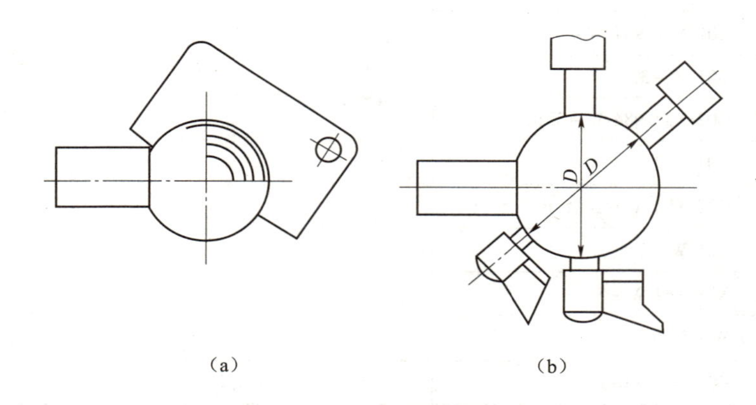

图 3－14　用样板检测圆弧面

（a）样板检测；（b）千分尺检测

- **【实施训练】**

一、加工准备

（1）检查毛坯尺寸。

（2）开机、回参考点。

（3）装夹刀具与工件。将90°外圆车刀按要求装于刀具的T01、T02号刀位，伸出一定高度，刀尖与工件中心等高，夹紧。切断刀安装在T03号刀位，伸出不要太长，保证刀尖与工件中心等高，保证刀头与工件轴线垂直，防止因干涉而折断刀头，毛坯45钢棒装夹在三爪定心卡盘上，伸出约75 mm，找正并夹紧。

（4）程序输入。把编写好的程序通过数控面板输入到数控机床。

二、对刀操作

外圆精车刀对刀采用试切法（通过车端面、车外圆）进行对刀，并把操作得到的数据输入到T02号刀具补偿地址中；外圆粗车刀和切断刀对刀时，分别将刀位点移到工件右端面和外圆处进行对刀操作，并把操作得到的数据输入到T01、T03号刀具补偿地址中。

三、空运行及仿真

打开程序，选择MEM自动加工方式，打开机床锁住开关，按下空运行键，按循环启动按钮，观察程序运行情况；按图形显示键再按数控启动键可进行轨迹仿真，切换到 X、Z 视图，观察加工轨迹是否与编程走刀轨迹一致。空运行仿真加工结束后，使空运行、机床锁住功能复位，机床重新回参考点。

四、零件自动加工及精度控制

打开程序，选择MEM自动加工方式，调好进给倍率（刚开始时可将进给倍率调至10%左右，待加工无问题后可恢复到100%，并视加工情况适时调节进给倍率），按数控循环启动按钮进行自动加工，对于凹圆弧，通过编程时采用刀尖半径补偿指令等方法保证其精度。

五、加工结束，清理机床

- **【检查与评价】**

零件加工结束后进行检查与评价，检查与评价结果写在表3－4中。

表3－4　凹圆弧面零件加工评分表

班级		姓名				学号	
工作任务						零件编号	
项目	序号	技术要求	配分	评分标准		学生自评	教师评分
程序与工艺	1	切削加工工艺制订正确	5	不规范每处扣1分			
	2	切削用量选择合理	5	不规范每处扣1分			
	3	程序正确、规范	10	不规范每处扣1分			
机床操作	4	设备操作、维护保养正确	10	不规范每处扣1分			
	5	安全、文明生产	10	出错全扣			
	6	刀具选择、安装规范	2	不规范每处扣1分			
	7	工件找正、安装规范	3	不规范每处扣1分			

续表

项目	序号	技术要求	配分	评分标准	学生自评	教师评分
工作态度	8	行为规范、态度端正	5	不规范每处扣1分		
工件质量（外圆）	9	$\phi 20_{-0.032}^{0}$ mm	5	超差全扣		
	10	$\phi 32_{-0.032}^{0}$ mm	5	超差全扣		
	11	$\phi 50$ mm	5	超差全扣		
	12	$\phi 60_{-0.032}^{0}$ mm	5	超差全扣		
工件质量（长度）	13	16 mm	2	不合格每处扣2分		
	14	19 mm	2	不合格每处扣2分		
	15	22 mm	2	不合格每处扣2分		
	16	37 mm	2	不合格每处扣2分		
	17	51.5 mm	2	不合格每处扣2分		
	18	56.5 mm	5	不合格每处扣2分		
圆弧	19	$R23.5$	4	不合格每处扣2分		
	20	$R3$	4	不合格每处扣2分		
	21	$R6$	4	不合格每处扣2分		
圆锥	22	79.61°	3	不合格每处扣2分		
综合得分			100			

凹圆弧加工操作注意事项

（1）粗加工刀具可不用刀尖半径补偿。

（2）凹圆弧车刀的副偏角必须足够大，以避免车削副切削刃与凹圆弧内表面干涉。

（3）切断刀对刀时，应注意选择好的刀位点并与程序中的刀位点一致。

（4）首件加工时可采用试切、试测法控制尺寸，加工无误后可不用停车测量，程序中使用 M05 M00 指令，采用自动加工方式，直至刀具磨损后修改刀具磨损量。

（5）工件伸出卡盘长度不能太长也不能太短，太长则工件刚性差，太短则无法保证切断。

（6）外圆精车刀通过车端面对刀，其余刀具只能将刀位点移到工件右端面进行 Z 轴对刀。

【知识拓展】

刀尖圆弧半径对凹圆弧表面形状及尺寸的影响：编程时刀位点是指理想刀尖，而实际刀具总存在一个较小的刀尖圆弧，其圆弧半径一般为 0.2 ~ 2.0 mm，在加工凹圆弧表面时，会现过切削或欠切削现象，从而影响凹圆弧形状及尺寸。如图 3 - 15 所示。

加工凹圆弧面，为避免出现过切或欠切现象，编程零件加工程序时应使用刀尖半径补偿，由数控系统自动计算补偿值，生成刀具路径，完成零件的合理加工。

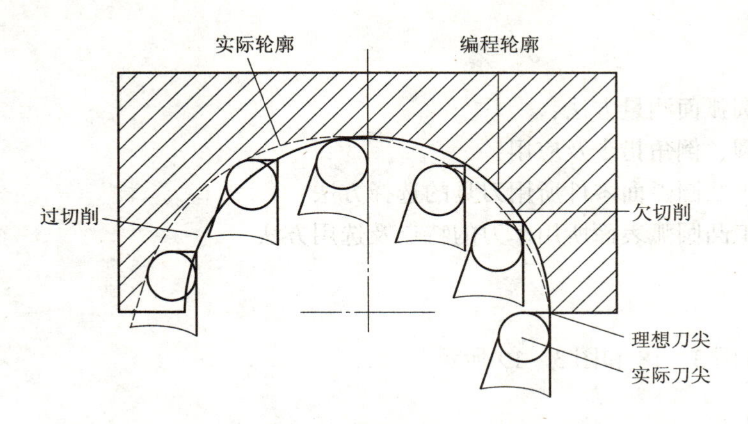

图 3-15　刀尖圆弧半径对凹圆弧表面形状及尺寸的影响

- **【思考与练习】**

（1）圆弧加工指令中圆弧的加工方向如何判别？

（2）如何选择加工凹圆弧时所用的车刀？主要有哪些注意事项？

（3）编写图 3-16 和图 3-17 所示零件的加工程序并练习加工。毛坯尺寸 ϕ55 mm。

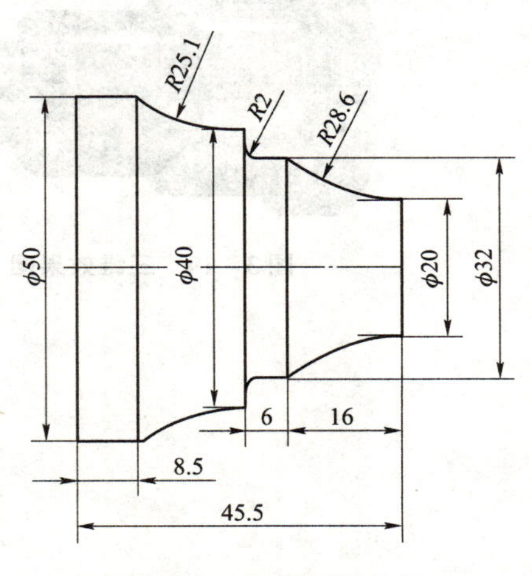

图 3-16　凹圆弧零件图

图 3-17　凹圆弧三维效果图

任务二　凸圆弧面零件加工

- **【能力目标】**

✈ 会用外圆车刀加工凸圆弧面零件；

✈ 能熟练进行刀尖圆弧半径补偿功能；

✈ 能熟练使用零件自动加工方法；

✈ 会制订凸圆弧面零件加工工艺。

- 【知识目标】

  ✈ 掌握凸圆弧面测量方法；
  ✈ 掌握倒圆、倒角指令及应用；
  ✈ 掌握加工凸圆弧面零件所用刀具的选择方法；
  ✈ 掌握加工凸圆弧表面所用车刀的特点及选用方法。

- 【工作任务】

工作任务如图 3－18 和图 3－19 所示。

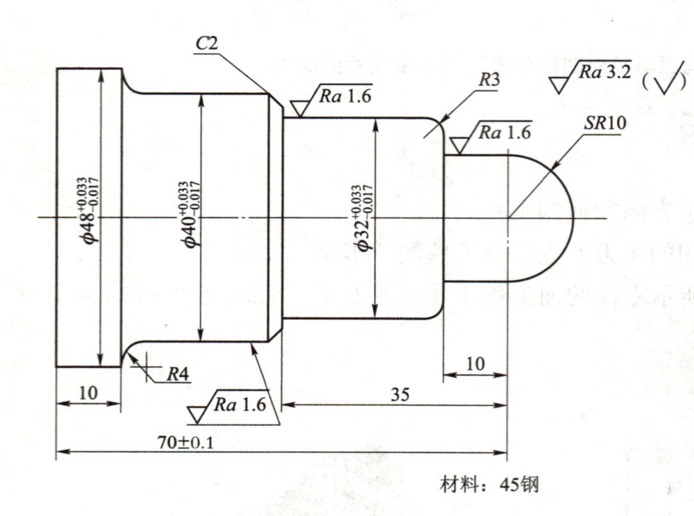

图 3－18 零件图（毛坯：ϕ50 mm）

图 3－19 三维效果图

- 【知识学习】

一、编程指令

（一）指令功能

在轮廓拐角处插入倒角或倒圆角。

（二）指令格式

1. 直线与直线、直线与圆弧间倒角

G01 X（U）__ Z（W）__ F __，C __；

2. 直线与直线、直线与圆弧间倒圆角

G01 X（U）__ Z（W）__ F __，R __；

说明：

（1）C 为倒角，R 为倒圆角。

（2）倒角和倒圆角指令加在直线插补（G01）或圆弧插补（G02 或 G03）程序段的末尾并用“,”分开时，加工中自动在拐角处加工倒角或倒圆角。

（3）倒角和倒圆角的程序段可连续地指定。

（4）C 后的值表示倒角起点和终点到假想拐角交点的距离，假想拐角交点即未倒角前的拐角交点，如图 3－20 所示。

（5）在 R 之后，指定拐角圆弧的半径，如图 3－21 所示。

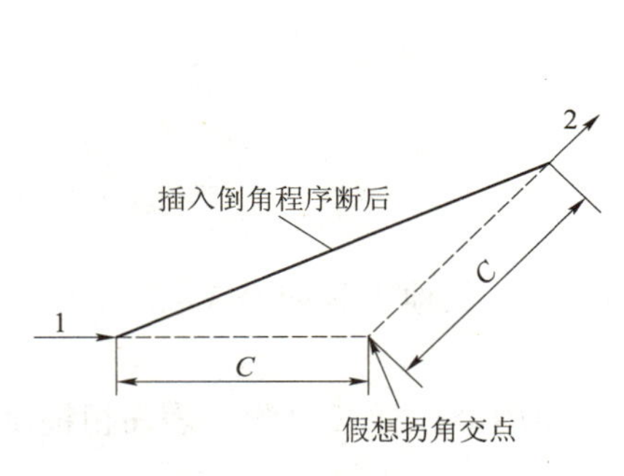

图 3－20　任意角度倒角

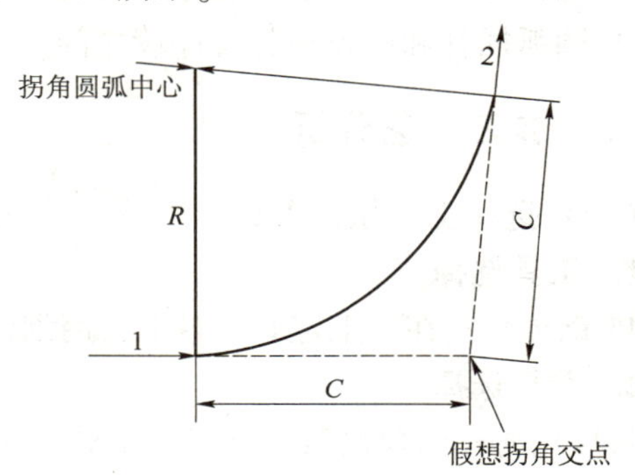

图 3－21　拐角倒圆角

倒角和倒圆角指令使用注意事项

（1）倒角和倒圆角只能在指定的平面内执行，数控车床编程中 G18 可以省略。

（2）指定倒角或倒圆角的程序段必须跟随一个用直线插补（G01）或圆弧插补（G02 或 G03）指令的程序段。否则会出现报警。

（3）如果插入的倒角或倒圆角的程序段引起刀具超过原插补移动的范围，则出现报警。

（4）执行返回参考点（G28 或 G30）之后的程序段中，不能指定倒角或倒圆角。

（5）执行倒角和倒圆角圆弧过渡指令，在下列情况下，倒角或倒圆角过渡程序段被当作一个移动距离为 0 的移动，即倒角和倒圆角无效。

① 直线与直线之间，两个直线之间的角度在 ±1°以内；

② 直线与圆弧之间，直线和在交点处的圆弧的切线之间的夹角是在 ±1°以内；

③ 圆弧与圆弧之间，在交点处的圆弧切线之间的角度是在 ±1°以内。

（6）拐角倒圆角不能在螺纹加工程序段中指定。

（7）DNC 运行不能使用任意角度倒角和倒圆角。

（8）00 组 G 代码（除 G04 以外）不能用在指定的倒角和倒圆角程序段中，也不能用在决定一个连续图形的倒角和倒圆角的程序段之间。

- **【知识拓展】**

在 CNC 车削和镗削操作中，从轴肩到外圆（或从外圆到轴肩）的切削通常需要拐角过渡。拐角过渡可能是 45°的倒角或倒圆角。它们的尺寸通常很小，有时工程图并不给出尺寸，这时便由程序员决定。如果图中给出了拐角过渡尺寸，程序员可直接使用。起点和终点的计算并不困难，但是很费时，采用倒角或倒圆角编程，不但可以简化编程而且使得程序在加工过程中更快且更容易修改。如果图纸中需要改变某个倒角和倒圆角的尺寸，只要改变程序中的一个值就可以，而不需要重新计算。

倒角和倒圆角程序段可以自动地插入在下面的程序段之间。

① 直线插补和直线插补程序段之间；
② 直线插补和圆弧插补程序段之间；
③ 圆弧插补和直线插补程序段之间；
④ 圆弧插补和圆弧插补程序段之间。

二、加工工艺分析

（一）选择工、量、刃具

1. 工具选择

45 钢棒装夹在三爪定心卡盘上，用划线盘校正并夹紧。其他工具如表 3－5 所示。

2. 量具选择

长度用游标卡尺测量，外径用千分尺测量，圆弧表面用半径样板检测，表面粗糙度用表面粗糙度样板比对。量具的规格、参数见表 3－5。

3. 刃具选择

加工凸圆弧成型表面，使用的刀具有尖形车刀、棱形车刀等，如图 3－22 所示，加工半圆形圆弧可选用成型车刀；精度要求不高时可选择尖形车刀；加工成型表面后还需车削台阶表面，一般选用 90°棱形车刀（副偏角要足够大，以防止车刀副切削刃与凸圆弧表面干涉，如图 3－22 所示）。加工材料 45 钢，刀具选用硬质合金外圆车刀，粗加工刀与精加工刀分别置于 T01、T02 号刀位，切断刀刀头宽度 4 mm，刀头长度应大于 25 mm，装在 T03 刀位。

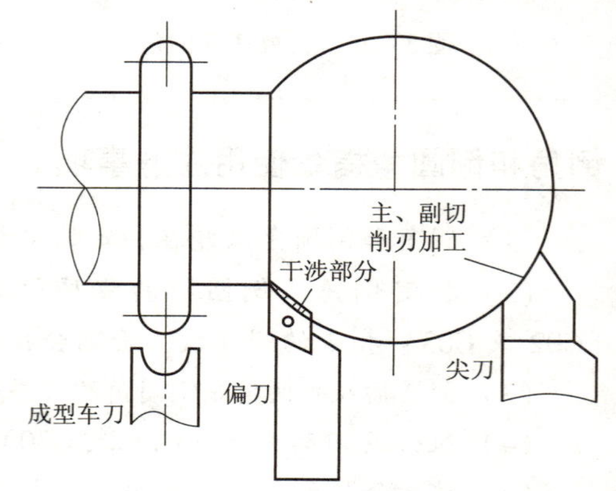

图 3－22　凸弧加工刀具及车刀主、副切削刃与凸弧表面干涉情况

表 3－5　凸圆弧面零件加工工、量、刃具清单

工、量、刃具清单				图号		
种类	序号	名称	规格	精度	单位	数量
工具	1	三爪自定心卡盘			个	1
	2	卡盘扳手			副	1
	3	刀架扳手			副	1
	4	垫刀片			块	若干
	5	划线盘			个	1
量具	1	游标卡尺	0～150 mm	0.02 mm	把	1
	2	千分尺	0～25 mm 25～50 mm	0.01 mm	把	1
	3	半径样板	$R3$～$R10$ mm		套	1
	4	表面粗糙度样板			套	1
刃具	1	外圆粗车刀	90°		把	1
	2	外圆精车刀	90°		把	1
	3	切断刀	4 mm×25 mm		把	1

（二）加工工艺路线

(1) 本加工任务尺寸呈单调变化，无须掉头装夹加工，宜采用一次装夹车削，然后切断。

(2) 凸圆弧粗加工时，余量不均匀，可采用相同半径方法解决，一般可采用阶梯法、同心圆法、等径圆弧法等，本加工任务宜采用 G71 外圆循环指令去除余量。具体加工工艺如表 3－6 所示。

（三）选择合理切削用量

加工材料为 45 钢，硬度较大，切削用量选择应适中。具体切削用量如表 3－6 所示。

表 3－6　车削凸圆弧加工工艺

工步号	工步内容	刀具号	切削用量		
			背吃刀量 a_p/mm	进给速度 f/(mm·r^{-1})	主轴转速 n/(r·min^{-1})
1	粗加工外轮廓，X 向留 0.4 mm 余量	T01	1～2	0.2	600
2	精加工外轮廓至要求尺寸	T02	0.2	0.1	800
3	切断，控制零件总长 56.5 mm	T03	4	0.08	400

三、编制加工程序

（一）建立工件坐标系

根据建立工件坐标系原则：工件坐标系原点设在右端面与工件轴线交点上。

（二）计算基点坐标

根据零件图计算基点坐标，注意根据极限尺寸计算编程尺寸。

（三）参考程序

本零件加工采用外圆粗车循环指令 G71 与外圆精车循环指令 G70 进行编程加工。参考程序如表 3－7 所示，程序名为“O129”。

表 3－7　车削凸圆弧参考程序

程序段号	程序内容	动作说明
N10	G00 T0101 G40 G97 G99 F0.2	选择 01 号刀，取消刀补，指定主轴恒转速，每转进给，进给速度为 0.2 mm/r
N20	X52. Z2. M03 S600	刀具快速移到加工起点（67，2）处，主轴旋转
N30	G71 U1.5 R0.5	设置循环参数，调用粗加工循环
N40	G71 P50 Q150 U0.4 W0.1	
N50	G00 X0.	精加工轮廓程序段
N60	G01 Z0.	
N70	G03 X20. Z－10. R10.	
N80	G01 Z－20.	

续表

程序段号	程序内容	动作说明
N90	G01 X32.，R3.	精加工轮廓程序段
N100	Z－35.	
N110	X46.	
N120	X48.，C2.	
N130	Z－56.	
N140	G01 X40.，R4.	
N150	W－15.	
N160	G00　X100.　Z100.	退刀，准备换刀并取消刀补
N160	M00 M05	暂停，主轴停，测量
N180	T0202	换精加工车刀
N190	M03 S800 F0.1	设置转速与进给速度
N200	G00 G42 X52.　Z2.	快速移动到循环起点，建立刀补
N210	G70 P50 Q150	调用精加工循环，进行精加工
N220	G00 G40 X100.　Z100.	退刀，准备换刀并取消刀补
N240	M00 M05	暂停，主轴停，测量
N250	T0303	换切断刀
N260	M03 S400	设置转速与进给速度
N270	G00 X52.	快速移动至 X52 处
N280	Z－74.	快速移动至 Z－74 处
N290	G01 X0 F0.08	切断
N300	X52. F0.3	刀具沿＋X 方向退刀
N310	G00 X100.　Z100.	刀具退回至换刀点
N320	M30	程序结束

- **【资料链接】**

常见圆弧车削方法。如图 3－23 所示。

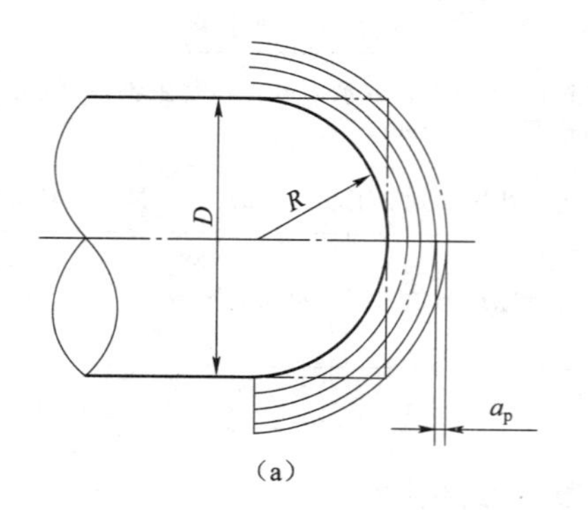

（a）

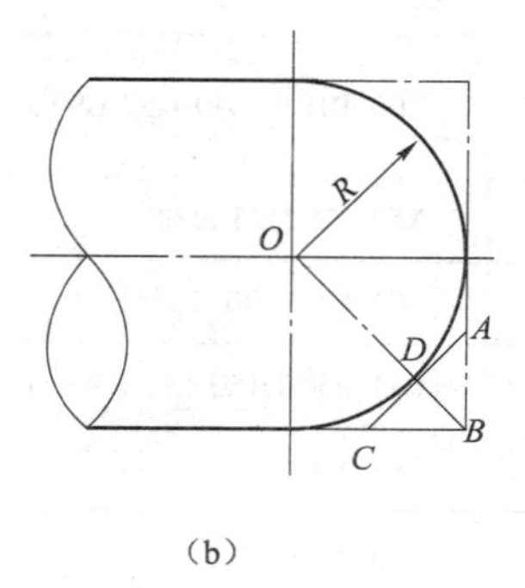

（b）

图 3－23　常见车削凸圆弧方法

（a）同心车圆法；（b）车锥法

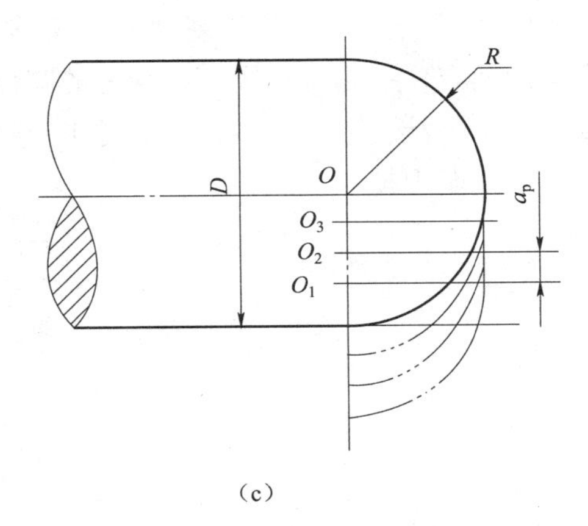

（c）

图 3－23 常见车削凸圆弧方法（续）

（c）等径移圆法

• **【相关知识】**

复杂零件的刀具选择

复杂零件数控车削用的车刀类型选择，除按一般的刀具选择原则外，零件外形轮廓和编程路线方法是决定选择车刀切削部分的主要因素。

（1）90°硬质合金右偏刀。

90°硬质合金右偏刀可加工外圆、端面及台阶，加工异形凹面时，为防止副后角与工件轮廓干涉，可用作图法分析检验曲面最小角度，副偏角不宜太小，同时尽量增强刀尖强度，副偏角大于不发生干涉的极限角度值 6°～8°为宜。除因考虑形面，硬质合金车刀在刃磨时副偏角需要取较大的角度外，其他几何参数与普通机床基本相同；但由于形成刀尖时必定存在刀尖倒棱或不规则圆弧，且刀尖刚性较差，容易磨损，对精度要求较高的复杂形面加工时难以达到精度要求。故在数控车床上加工复杂高精度零件时一般选用可转位车刀，刀具几何参数标准，加工过程中的刀具角度变化较小，表面粗糙度稳定，刀尖圆弧可选择确定，便于编程时进行半径补偿，能获得较高的尺寸精度。

（2）尖形车刀。

尖形车刀是以直线形切削刃为特征的车刀。此类车刀的刀尖由直线形的主副切削刃构成，都可参与切削，在粗加工凹形面时可来回进行加工，使走刀路线最短。尖形车刀几何参数的选择方法与普通车削基本相同，但应结合数控加工的特点（如加工干涉等）进行全面的考虑，并应兼顾刀尖本身的强度，一般可与 60°硬质合金螺纹刀兼用，缺点是不能加工有台阶的零件。

（3）圆弧形车刀。

圆弧形车刀是以圆度或线轮廓误差很小的圆弧形切削刃为特征的车刀。该车刀圆弧刃上每一点都是圆弧形车刀的刀尖点。因此，刀位点不在圆弧上，而在该圆弧的圆心上，车刀圆弧半径理论上与被加工零件的形状无关，只需按零件轮廓编程后进行半径补偿即可。圆弧形车刀可以用于车削内外表面，特别适合于车削各种光滑连接的成型面。它具有宽刃切削

（修光）性质，以使精车余量保持均匀从而改善切削性能，还能一刀车出多个象限的圆弧面。选择车刀圆弧半径时应考虑两点：一是车刀圆弧切削刃的圆弧半径应小于零件凹形轮廓上的最小曲率半径，以免发生加工干涉；二是该半径不宜过小，否则制造困难，还会因刀尖强度太弱或刀体散热能力差而导致车刀损坏。

- 【实施训练】

一、加工准备

（1）检查毛坯尺寸。

（2）开机、回参考点。

（3）装夹刀具与工件。将90°外圆车刀按要求装于刀具的T01、T02号刀位，伸出一定高度，刀尖与工件中心等高，夹紧。切断刀安装在T03号刀位，伸出不要太长，保证刀尖与工件中心等高，保证刀头与工件轴线垂直，防止因干涉而折断刀头，毛坯45钢棒装夹在三爪定心卡盘上，伸出约80 mm，找正并夹紧。

（4）程序输入。把编写好的程序通过数控面板输入到数控机床。

二、对刀操作

外圆精车刀对刀采用试切法（通过车端面、车外圆）进行对刀，并把操作得到的数据输入到T02号刀具补偿地址中；外圆粗车刀和切断刀对刀时，分别将刀位点移到工件右端面和外圆处进行对刀操作，并把操作得到的数据输入到T01、T03号刀具补偿地址中。

三、空运行及仿真

打开程序，选择MEM自动加工方式，打开机床锁住开关，按下空运行键，按循环启动按钮，观察程序运行情况；按图形显示键再按数控启动键可进行轨迹仿真，切换到X、Z视图，观察加工轨迹是否与编程走刀轨迹一致。空运行仿真加工结束后，使空运行、机床锁住功能复位，机床重新回参考点。

四、零件自动加工及尺寸控制

打开程序，选择MEM自动加工方式，调好进给倍率（刚开始时可将进给倍率调至10%左右，待加工无问题后可恢复到100%，并视加工情况适时调节进给倍率），按数控循环启动按钮进行自动加工，对于加工圆弧面，则通过编程时采用刀尖半径补偿指令等方法保证其精度。

本工作任务径向尺寸偏差一致，可统一使用刀具磨损量补偿达到尺寸要求。

五、加工结束，清理机床

- 【检查与评价】

零件加工结束后需进行检查与评价，检查与评价结果写在表3－8中。

表 3－8　凸圆弧零件加工评分表

班级		姓名			学号	
工作任务					零件编号	
项目	序号	技术要求	配分	评分标准	学生自评	教师评分
程序与工艺	1	切削加工工艺制订正确	5	不规范每处扣 1 分		
	2	切削用量选择合理	5	不规范每处扣 1 分		
	3	程序正确、规范	10	不规范每处扣 1 分		
机床操作	4	设备操作、维护保养正确	10	不规范每处扣 1 分		
	5	安全、文明生产	10	出错全扣		
	6	刀具选择、安装规范	2	不规范每处扣 1 分		
	7	工件找正、安装规范	3	不规范每处扣 1 分		
工作态度	8	行为规范、态度端正	5	不规范每处扣 1 分		
工件质量（外圆）	9	$\phi32^{+0.033}_{-0.017}$ mm	7	超差全扣		
	10	$\phi40^{+0.033}_{-0.017}$ mm	7	超差全扣		
	11	$\phi48^{+0.033}_{-0.017}$ mm	7	超差全扣		
工件质量（长度）	12	10 mm（两处）	6	不合格每处扣 2 分		
	13	35 mm	4	不合格每处扣 2 分		
	14	70 mm	4	不合格每处扣 2 分		
圆弧	15	$SR10$ mm	4	不合格每处扣 2 分		
	16	$R3$ mm	4	不合格每处扣 2 分		
	17	$R4$ mm	4	不合格每处扣 2 分		
表面粗糙度	18	$Ra3.2$ μm	3	超差全扣		
综合得分			100			

凸圆弧加工操作注意事项

（1）精车时应使用刀尖半径补偿指令，并输入刀尖半径值及刀尖方位号，粗加工可不用刀尖半径补偿。

（2）凸圆弧车刀的主、副偏角必须足够大，以避免主、副切削刃与凸圆弧表面发生干涉。

（3）切断刀对刀时，应注意选择好的刀位点并与程序中的刀位点一致。

（4）首件加工时可采用试切、试测法控制尺寸，加工无误后可不用停车测量，程序中使用 M05 M00 指令，采用自动加工方式，直至刀具磨损后修改刀具磨损量。

（5）工件伸出卡盘长度不能太长也不能太短，太长则工件刚性差，太短则无法保证切断。

● **【知识拓展】**

刀尖圆弧半径对凸圆弧表面形状及尺寸的影响：加工凸圆弧面时，若不采用刀尖半径补偿，同样会出现欠切削或过切削现象，从而影响凸圆弧表面形状及尺寸，如图 3－24 所示。

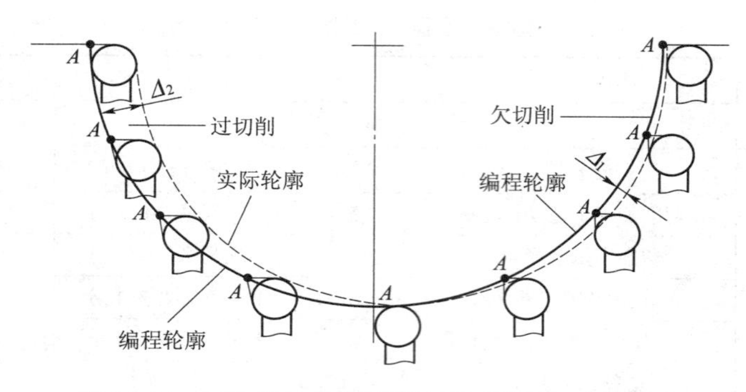

图 3-24　刀尖半径对凸圆弧表面形状及尺寸的影响

加工凸圆弧面，为避免出现过切削或欠切削现象，编程零件加工程序时应使用刀尖半径补偿，由数控系统自动计算补偿值，生成刀具路径，完成零件的合理加工。

- **【思考与练习】**

（1）圆弧加工指令有几种格式，它们有何区别？

（2）如何选择加工凸圆弧时所用车刀？主要有哪些注意事项？

（3）编写图 3-25 和图 3-26 所示零件的加工程序并练习加工。毛坯尺寸 ϕ20 mm。

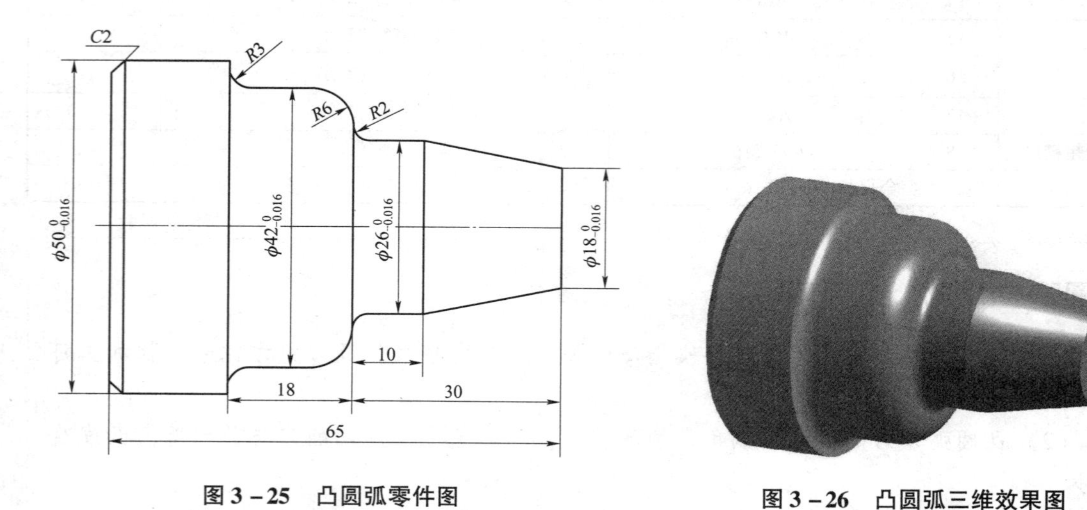

图 3-25　凸圆弧零件图　　　　**图 3-26　凸圆弧三维效果图**

任务三　综合成型面零件加工

- **【能力目标】**

✈ 会用外圆车刀加工综合成型面零件；

✈ 能熟练进行刀尖圆弧半径补偿功能加工综合成型面零件；

✈ 能熟练使用 G73 指令进行综合成型面零件编程；

✈ 会制订综合成型面加工工艺。

- 【知识目标】

  ✈ 掌握 G73 指令格式及使用注意事项；
  ✈ 掌握综合成型面零件加工及控制尺寸方法；
  ✈ 掌握加工综合成型面零件所用刀具的选择方法；
  ✈ 掌握加工综合成型面零件所用车刀的特点及选用方法；
  ✈ 掌握综合成型面类零件的加工工艺制订方法。

- 【工作任务】

工作任务如图 3－27 和图 3－28 所示。

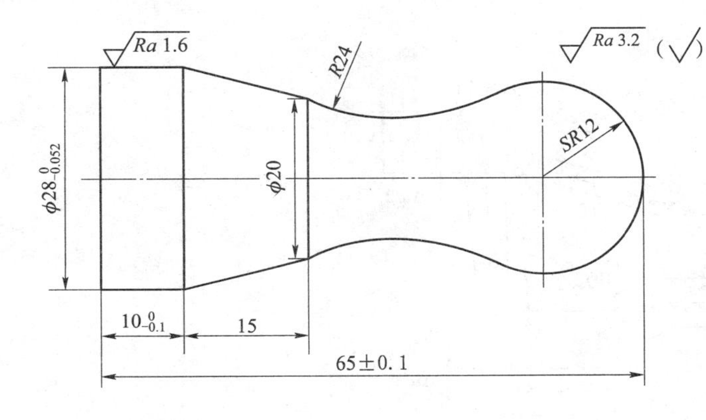

图 3－27 零件图（毛坯：φ30 mm）

图 3－28 三维效果图

- 【知识学习】

一、编程指令

（一）指令功能

固定形状粗车循环可以按零件轮廓的形状重复车削，每次平移一个距离，直到把零件粗车至要求的尺寸。

（二）指令格式

G73 U（Δi） W（Δk） R（d）；

G73 P（ns） Q（nf） U（Δu） W（Δw） F（f） S（s） T（t）；

N（ns） …

…（沿 $A \to A' \to B$ 的程序段号）

N（nf） …

说明：

Δi——X 轴方向总退刀量或 X 方向毛坯切除余量（半径指定，取正值），模态值。也可由 FANUC 系统参数指定，由程序指令改变。

Δk——Z 轴方向总退刀量或 Z 方向毛坯切除余量（取正值），也可由 FANUC 系统参数指定，由程序指令改变。

d——分割次数，等于粗车次数（总余量除以切削深度），模态值。也可由 FANUC 系统参数指定，由程序指令改变。可以不用小数点表示。

ns——精加工形状程序的第一个段号。

nf——精加工形状程序的最后一个段号。

Δu——X 方向精加工余量的距离及方向（通常用直径指定）。

Δw——Z 方向精加工余量的距离及方向。

f、*s*、*t*——顺序号 *ns* 至 *nf* 之间的程序段中所包含的任何 F、S、T 功能都被忽略，而在 G73 程序段中的 F、S、T 有效。

（三）走刀路线

G73 走刀路线如图 3－29 所示。

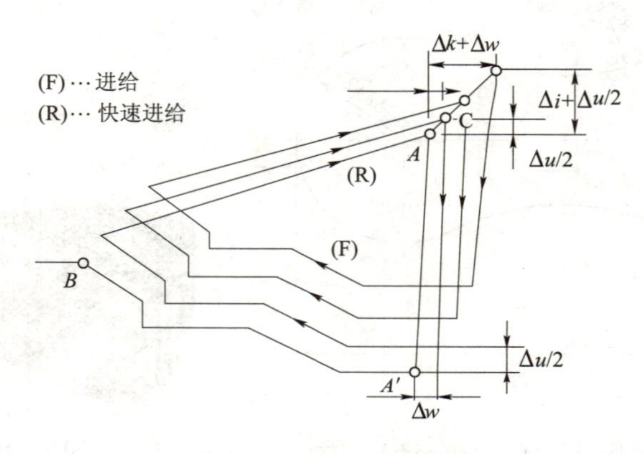

图 3－29　G73 走刀路线

（四）应用

固定形状粗车循环可以按零件轮廓的形状重复车削，每次平移一个距离，直到要求的位置。其目的是将毛坯材料中不规则形状切削时间限制在最低限度。这种车削循环，对均匀余量的零件毛坯是适宜的，如锻造毛坯、铸造毛坯等，毛坯尺寸接近工件的成品形状尺寸，只是外径、长度较成品留有一定的余量，利用该指令可有效提高切削效率。

使用 G73 指令时的注意事项

（1）由地址 P 指定的 ns 程序段必须用指令 G00 或 G01，否则系统会报警。

（2）在 *ns* 到 *nf* 程序段中不能调用子程序。

（3）在 *ns* 到 *nf* 程序段中不能指定下列指令：

① 除 G04 以外的非模态 G 代码；

② 除 G00、G01、G02 和 G03 以外的所有 01 组 G 代码；

③ 06 组 G 代码；

④ M98/M99。

（4）刀具返回点运动是自动的，因而在 *ns* 到 *nf* 程序段中不需要进行编程。

（5）在 MDI 格式中不能指令 G73，否则会报警。

（6）区分 G73 与 G71 指令编程格式的相同与不同之处；格式中关键参数 U（Δi）中的毛坯余量要计算正确。

（7）G73 指令用于加工棒料切削时，会有较多的空刀行程，因此尽可能使用 G71 或 G72 切除余量。

（8）G73 指令精加工路线应封闭。

（9）G73 指令用于内孔加工时，必须注意是否有足够的退刀空间，否则会发生碰撞。

- **【知识拓展】**

FANUC 系统 G71 指令只能加工径向尺寸单向递增或单向递减的轮廓。当轮廓径向尺寸不满足该要求时，可以调用固定形状粗车循环 G73 进行粗加工，再调用 G70 进行精加工。

二、加工工艺分析

（一）选择工、量、刃具

1. 工具选择

45 钢棒装夹在三爪定心卡盘上，用划线盘校正并夹紧。其他工具如表 3－9 所示。

2. 量具选择

长度用游标卡尺测量，外径用千分尺测量，圆弧表面用半径样板检测，表面粗糙度用表面粗糙度样板比对。量具的规格、参数如表 3－9 所示。

3. 刃具选择

加工综合成型面，尤其是凹凸圆弧相连接的成型面零件，使用的刀具有尖形车刀、棱形车刀等，精度要求不高时可选择尖形车刀；加工成型表面后还需车削台阶表面，一般选用 90°棱形车刀（副偏角要足够大，以防止车刀副切削刃与凹凸圆弧表面发生干涉）。加工材料 45 钢，刀具选用硬质合金外圆车刀，粗加工刀与精加工刀分别置于 T01、T02 号刀位，切断刀刀头宽度 4 mm，刀头长度应大于 15 mm，装在 T03 刀位。

表 3－9　综合成型面零件加工工、量、刃具清单

工、量、刃具清单				图号		
种类	序号	名称	规格	精度	单位	数量
工具	1	三爪自定心卡盘			个	1
	2	卡盘扳手			副	1
	3	刀架扳手			副	1
	4	垫刀片			块	若干
	5	划线盘			个	1
量具	1	游标卡尺	0～150 mm	0.02 mm	把	1
	2	千分尺	0～25 mm 25～50 mm	0.01 mm	把	1

续表

种类	序号	名称	规格	精度	单位	数量
量具	3	半径样板	$R10 \sim R15$ mm $R15 \sim R25$ mm		套	2
	4	表面粗糙度样板			套	1
刃具	1	外圆粗车刀	90°		把	1
	2	外圆精车刀	90°		把	1
	3	切断刀	4 mm×20 mm		把	1

（二）加工工艺路线

（1）本加工任务径向尺寸未呈单调变化，无法使用 G71 指令，无须掉头装夹加工，宜采用一次装夹车削，然后切断。

（2）凹凸圆弧粗加工时，余量不均匀，可采用相同半径方法解决，一般可采用阶梯法、同心圆法、等径圆弧法等，本加工任务径向尺寸未呈单调变化，无法使用 G71 指令去除余量，可以采用 G73 固定形状粗车循环加工。具体加工工艺如表 3－10 所示。

（三）选择合理切削用量

加工材料为 45 钢，硬度较大，切削用量选择应适中。具体切削用量如表 3－10 所示。

表 3－10　综合成形面零件加工工艺

工步号	工步内容	刀具号	切削用量		
			背吃刀量 a_p/mm	进给速度 f/(mm·r^{-1})	主轴转速 n/(r·min^{-1})
1	粗加工外轮廓，X 向留 0.4 mm 余量	T01	1～2	0.2	600
2	精加工外轮廓至要求尺寸	T02	0.2	0.1	800
3	切断，控制零件总长 65 mm	T03	4	0.08	400

三、编制加工程序

（一）建立工件坐标系

根据建立工件坐标系原则：工件坐标系原点设在右端面与工件轴线交点上。

（二）计算基点坐标

根据零件图纸计算基点坐标，注意根据极限尺寸计算编程尺寸。

（三）参考程序

本零件加工采用固定形状粗车循环指令 G73 与外圆精车循环指令 G70 进行编程加工。参考程序见表 3－11，程序名为“O130”。

表 3－11　综合成型面零件加工参考程序

程序段号	程序内容	动作说明
N10	G00 T0101 G40 G97 G99 F0.2	选择01号刀，取消刀补，指定主轴恒转速，每转进给，进给速度为0.2 mm/r
N20	X32. Z2. M03 S600	刀具快速移到加工起点（32，2）处，主轴旋转
N30	G73 U15. W0.2 R8	设置循环参数，调用粗加工循环
N40	G73 P50 Q100 U0.4 W0.1	
N50	G00 X0	精加工轮廓程序段
N60	G01 Z0	
N70	G03 X20.1164 Z－17.7947 R12.	
N80	G02 X20. Z－40. R24.	
N90	G01 X27.974. W－15.	
N100	W－15.	
N110	G00 X100. Z100.	退刀，准备换刀并取消刀补
N120	M00	暂停，测量
N130	T0202	换精加工车刀
N140	M03 S800 F0.1	设置转速与进给速度
N150	G00 G42 X32. Z2.	快速移到循环起点，建立刀补
N160	G70 P50 Q100	调用精加工循环，进行精加工
N170	G00 G40 X100. Z100.	退刀，准备换刀并取消刀补
N180	M00 M05	暂停，主轴停，测量
N190	T0303	换切断刀
N200	M03 S400	设置转速与进给速度
N210	G00 X32.	快速移至 X32 处
N220	Z－69.	快速移至 Z－69 处
N230	G01 X0 F0.08	切断
N240	X32. F0.3	刀具沿＋X 方向退刀
N250	G00 X100. Z100.	刀具退回至换刀点
N260	M30	程序结束

● 【实施训练】

一、加工准备

（1）检查毛坯尺寸。

（2）开机、回参考点。

（3）装夹刀具与工件。将90°外圆车刀按要求装于刀具的T01、T02号刀位，伸出一定高度，刀尖与工件中心等高，夹紧。切断刀安装在T03号刀位，伸出不要太长，保证刀尖与工件中心等高，保证刀头与工件轴线垂直，防止因干涉而折断刀头，毛坯45钢棒装夹在三爪定心卡盘上，伸出约80 mm，找正并夹紧。

（4）程序输入。把编写好的程序通过数控面板输入到数控机床。

二、对刀操作

外圆精车刀对刀采用试切法（通过车端面、车外圆）进行对刀，并把操作得到的数据输入到 T02 号刀具补偿地址中；外圆粗车刀和切断刀对刀时，分别将刀位点移到工件右端面和外圆处进行对刀操作，并把操作得到的数据输入到 T01、T03 号刀具补偿地址中。

三、空运行及仿真

打开程序，选择 MEM 自动加工方式，打开机床锁住开关，按下空运行键，按循环启动按钮，观察程序运行情况；按图形显示键再按数控启动键可进行轨迹仿真，切换到 X、Z 视图，观察加工轨迹是否与编程走刀轨迹一致。空运行仿真加工结束后，使空运行、机床锁住功能复位，机床重新回参考点。

四、零件自动加工及精度控制

打开程序，选择 MEM 自动加工方式，调好进给倍率（刚开始时可将进给倍率调至 10% 左右，待加工无问题后可恢复到 100%，并视加工情况适时调节进给倍率），按数控循环启动按钮进行自动加工，对于圆弧，通过编程时采用刀尖半径补偿指令等方法保证其精度。本工作任务进行精加工程序运行结束后，可根据测量结果，调整刀具磨损值，再次运行轮廓精加工程序直至符合尺寸要求为止。

五、加工结束，清理机床

- 【检查与评价】

零件加工结束后进行检查与评价，检查与评价结果写在表 3－12 中。

表 3－12 综合成型面零件加工评分表

班级		姓名			学号	
工作任务					零件编号	
项目	序号	技术要求	配分	评分标准	学生自评	教师评分
程序与工艺	1	切削加工工艺制订正确	5	不规范每处扣 1 分		
	2	切削用量选择合理	5	不规范每处扣 1 分		
	3	程序正确、规范	10	不规范每处扣 1 分		
机床操作	4	设备操作、维护保养正确	10	不规范每处扣 1 分		
	5	安全、文明生产	10	出错全扣		
	6	刀具选择、安装规范	2	不规范每处扣 1 分		
	7	工件找正、安装规范	3	不规范每处扣 1 分		
工作态度	8	行为规范、态度端正	5	不规范每处扣 1 分		
工件质量（外圆）	9	$\phi 20$ mm	4	不合格每处扣 2 分		
	10	$\phi 28_{-0.052}^{0}$ mm	8	超差全扣		

续表

项目	序号	技术要求	配分	评分标准	学生自评	教师评分
工件质量（长度）	11	$10_{-0.1}^{0}$ mm	8	超差全扣		
	12	15 mm	3	不合格每处扣 2 分		
	13	65 ±0.1 mm	8	超差全扣		
圆弧	14	*SR*12 mm	8	不合格每处扣 2 分		
	15	*R*24 mm	8	不合格每处扣 2 分		
表面粗糙度	16	*Ra*3.2 μm，*Ra*1.6 μm	3	超差全扣		
综合得分			100			

综合成型面类零件加工操作注意事项

（1）精车时应使用刀尖半径补偿指令，并输入刀尖半径值及刀尖方位号，粗加工可不用刀尖半径补偿。

（2）对粗精加工车刀的主、副偏角必须足够大，以避免车削主、副切削刃与凸圆弧表面干涉。

（3）车刀刀尖应严格与工件轴线等高，否则车出来的圆弧将发生形状误差。

（4）正确安装切断刀，避免副刀面干涉。

（5）工件伸出卡盘长度不能太长也不能太短，太长则工件刚性差，太短则无法保证切断。

- **【知识拓展】**

综合成型面类零件产生废品的原因及预防措施，如表 3－13 所示。

表 3－13　产生废品的原因及预防措施

废品种类	产生原因	预防措施
尺寸精度达不到要求	（1）操作人员粗心，看错图样或刻度盘使用不当； （2）没有进行试切削； （3）量具有误差或测量不正确； （4）由于切削热的影响，使工件尺寸发生变化	（1）车削时必须看清图样尺寸要求，正确使用刻度盘； （2）进行试切削； （3）量具使用前，必须仔细检查和调整零位，正确掌握测量方法； （4）不能在工件温度较高时测量，如果测量，应先掌握工件的收缩情况，或浇注切削液以降低工件温度
产生锥度	（1）用一夹一顶或两顶尖装夹工件时，由于后顶尖轴线不在主轴轴线上； （2）卡盘装夹工件纵向进给车削时产生锥度是由于床身导轨与主轴轴线不平行； （3）工件装夹时悬臂较长，车削时因背向力影响使前端让开，产生锥度； （4）刀具中途逐渐磨损	（1）车削前必须找正锥度； （2）调整车床主轴与床身导轨的平行度； （3）尽量减少工件的伸出长度，或另一端用顶尖支顶增加装夹刚性； （4）选用合适的刀具材料，或适当降低切削速度

续表

废品种类	产生原因	预防措施
圆度超差	（1）车床主轴间隙太大； （2）毛坯余量不均匀，在切削过程中背吃刀量发生变化； （3）工件用两顶尖装夹时，中心孔接触不良，或后顶尖顶得不紧，或前后顶尖产生径向圆跳动	（1）车削前检查主轴间隙，并调整。如果主轴因磨损太多而间隙过大，需修理主轴和轴承； （2）分粗车、精车； （3）工件在两顶尖装夹必须松紧适当。若活顶尖产生径向圆跳动，须及时修理或更换
表面粗糙度达不到要求	（1）车床刚性不足； （2）车刀刚性不足或伸出太长引起振动； （3）工件刚性不足引起振动； （4）车刀几何形状选择不合适，如选项用过小的前角、主偏角和后角； （5）低速切削时，没有加切削液； （6）切削用量选择不合适	（1）消除或防止由于车床刚性不足而引起的振动，增加车刀的刚性和正确装夹车刀； （2）增加工件的装夹刚性； （3）选择合理的车刀角度，如适当的增大前角等； （4）低速切削加工切削液； （5）进给量不宜太大，精车余量和切削速度应选择恰当
阶台不垂直	（1）较低阶台的不垂直是由于车刀装得不正，从而使得主切削刃和工件的轴线不垂直造成的； （2）较高阶台不垂直是车刀不锋利，刀架未压紧，使车刀受切削力作用产生“让刀”从而产生凸面	（1）装刀时必须保证车刀的主切削刃垂直于工件的轴心线，车阶台时最后一刀应从里向外车出； （2）保持车刀锋利，装夹车刀注意刀架要压紧

- **【思考与练习】**

（1）圆弧加工指令有几种格式，它们有何区别？

（2）如何选择加工凸圆弧时所用车刀？主要注意哪些事项？

（3）编写如图 3－30 和图 3－31 所示零件的加工程序并练习加工。毛坯尺寸 ϕ50 mm。

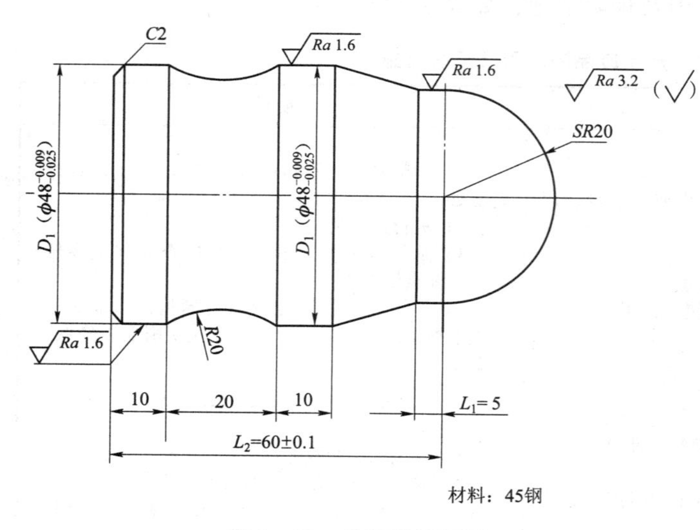

图 3－30　凸圆弧练习题

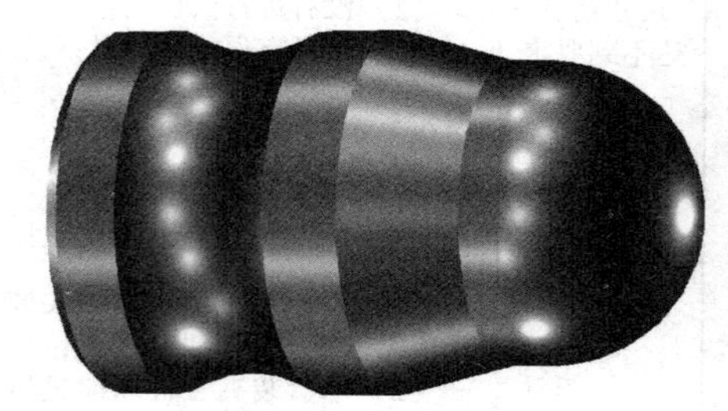

图 3－31　凸圆弧练习题三维效果图

项目四　套类零件加工

- 【项目描述】

该项目主要通过通孔类零件加工、盲孔类零件加工从而掌握套类加工工艺制订方法，能正确选用加工套类零件的刀具，掌握套类零件加工方法及尺寸控制方法。学习本项目后能够独立完成套类零件加工。

任务一　通孔类零件加工

- 【能力目标】

➢ 会用中心钻、钻头钻孔；
➢ 能熟练掌握内孔车刀的对刀及验证方法；
➢ 能熟练掌握内孔加工方法；
➢ 熟练掌握内轮廓尺寸控制方法；
➢ 会用磨损补偿进行尺寸精度控制。

- 【知识目标】

➢ 了解钻中心孔、钻孔循环指令及应用；
➢ 了解钻深孔循环指令及应用；
➢ 掌握复合循环指令 G71 加工内孔及应用；
➢ 掌握通孔加工刀具选择；
➢ 掌握通孔加工工艺方法。

- 【工作任务】

工作任务如图 4－1 和图 4－2 所示。

- 【知识学习】

一、编程指令

（一）G74——端面切槽（钻孔）复合循环指令

1. 指令功能

刀具以编程指定的主轴转速和进给速度进行端面切槽或钻孔。

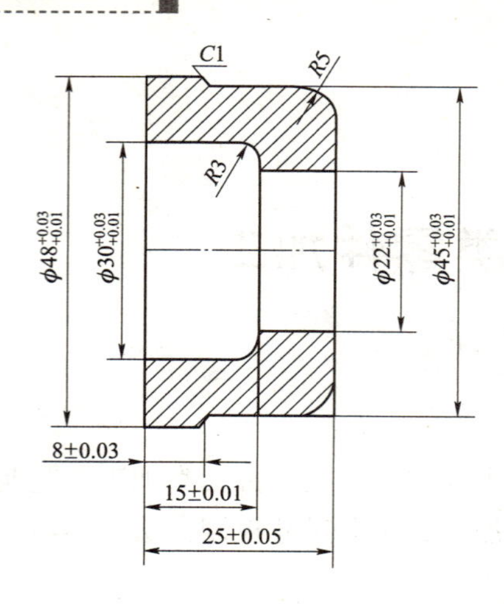

图 4－1　零件图（毛坯：ϕ50 mm × 30 mm）

图 4－2　三维效果图

2. 指令格式

G74 R（e）;

G74 X（U）__Z（W）__P（Δi）Q（Δk）R（Δd）F（f）;

说明：

e——返回量。该值属模态值，在指定其他值之前一直有效。此外，也可通过参数 No. 5139 进行设定，参数值随程序指令而改变。

X、Z——指定加工终点的绝对坐标值。

U、W——指定加工终点相对于循环起点的坐标增量值。

Δi——指定 X 轴方向的移动量。

Δk——指定 Z 轴方向的移动量。

Δd——切削谷底 C 位置的退刀量。

f——进给速度。

3. 走刀路线

G83 走刀路线如图 4－3 所示。

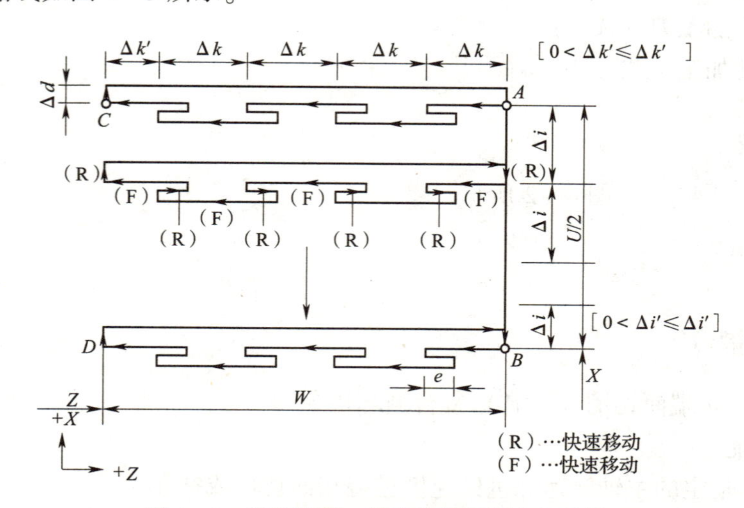

图 4－3　端面切槽、深孔钻削循环走刀路线

4. 只做轴向移动（如钻深孔）时

G74 R（e）；

G74 Z（W）__ Q（Δk）F（f）；

注意：

（1）调用钻孔循环前应先指定主轴转速和方向，钻孔时，只能使用 M03。

（2）执行钻孔循环时，应当指定适当的循环起点：

G00 X0 Z（W）__；

二、加工工艺分析

（一）选择工、量、刃具

1. 工具选择

45 钢棒装夹在三爪定心卡盘上，用划线盘校正并夹紧，调头装夹时用百分表校正。其他工具如表 4－1 所示。

表 4－1　通孔类零件加工工、量、刃具清单

工、量、刃具清单				图号		
种类	序号	名称	规格	精度	单位	数量
工具	1	三爪自定心卡盘			个	1
	2	卡盘扳手			副	1
	3	刀架扳手			副	1
	4	垫刀片			块	若干
	5	划线盘			个	1
	6	磁性表座			个	1
	7	钻夹头			个	1
量具	1	游标卡尺	0～150 mm	0.02 mm	把	1
	2	外径千分尺	25～75 mm	0.01 mm	把	2
	3	表面粗糙度样板			套	1
	4	百分表	0～10 mm	0.01 mm	把	1
	5	内径百分表	0～35 mm	0.01 mm	把	1
刃具	1	外圆车刀	90°		把	1
	2	中心钻	A3		把	1
	3	麻花钻	ϕ20 mm		个	1
	4	内孔车刀（通孔镗刀）	＜90°		把	1
	5	切断刀	5 mm×30 mm		把	1

2. 量具选择

外圆、长度精度要求较高，选用 0～150 mm 游标卡尺及外径千分尺测量、内孔用百分表测量，表面粗糙度用表面粗糙度样板比对。刀具规格、参数见表 4－1。

3. 刀具选择

选择外圆车刀车外圆、端面；内孔车刀车内孔。本工作任务加工通孔，可选择主偏角小于 90°的通孔车刀，其结构形状如图 4－4 所示。

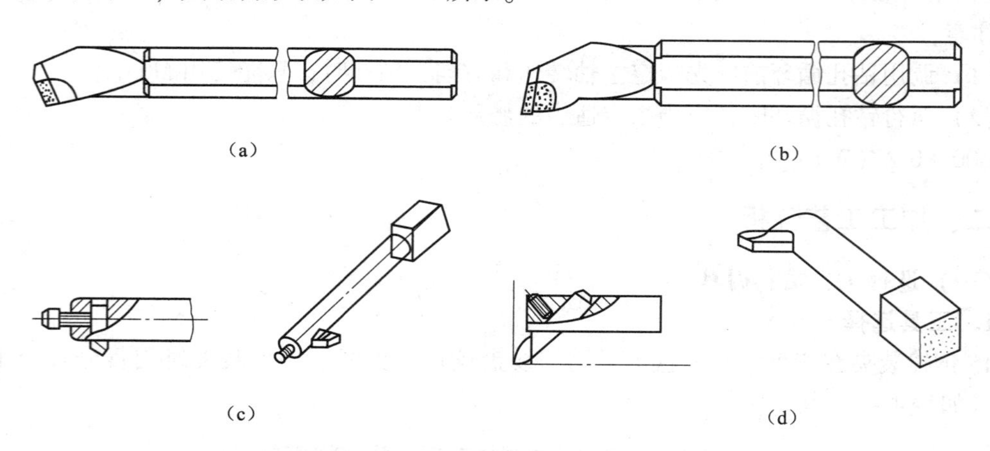

图 4－4　内孔车刀形状、结构

（a）整体式通孔车刀；（b）整体式不通孔车刀；（c）装夹式通孔车刀；（d）装夹式不通孔车刀

此外，车内孔前还需用中心钻钻中心孔及用麻花钻钻孔。中心钻与麻花钻形状如图 4－5 和图 4－6 所示。

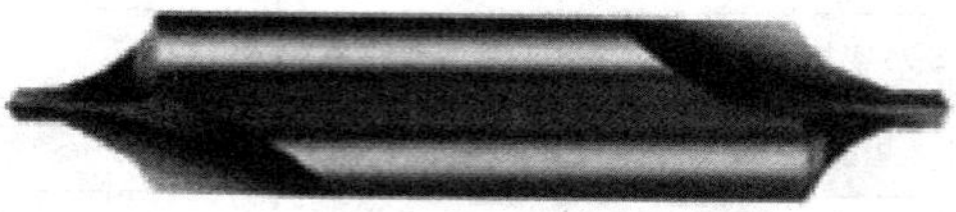

图 4－5　中心钻形状

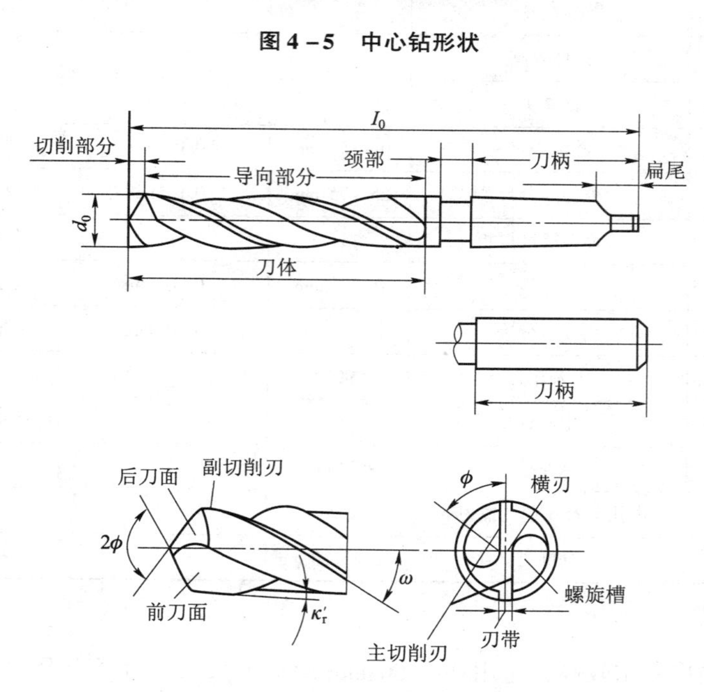

图 4－6　麻花钻形状与结构

（二）加工工艺路线

粗车工件端面、钻中心孔，用 ϕ20 mm 钻孔；粗、精加工外圆轮廓，调头装夹工件用百分表找正；车削工件端面，控制工件总长符合要求；粗、精加工内轮廓。（若采用有 C 轴功能的数控车床，可采用钻孔循环钻中心孔及钻孔，若采用普通数控车床，可手动钻中心孔、钻孔。）具体加工工艺见表 4－2。

（三）选择合理切削用量

内孔加工时，由于工作条件不利，加上刀柄刚性差，容易引起振动，因此，切削用量选择一般较外圆小一些，本工作任务通孔切削用量如表 4－2 所示。

表 4－2　通孔零件加工工艺

工步号	工步内容	刀具号	切削用量		
			背吃刀量 a_p/mm	进给速度 f/(mm·r^{-1})	主轴转速 n/(r·min^{-1})
1	车削右端面	T01	1～2	0.2	600
2	钻中心孔（手动或自动）	T02	1.5	0.1	800
3	钻 ϕ20 mm 内孔（手动或自动）	T03	8	0.2	600
4	粗加工外轮廓	T01	1～2	0.2	600
5	精加工外轮廓	T01	0.2	0.1	800
6	切断	T05	4	0.08	400
7	调头装夹工件找正				
8	车削工件端面，保证工件总长	T01	4	0.3	500
9	粗加工内轮廓	T04	1～2	0.15	600
10	精加工内轮廓	T04	1～2	0.08	800

三、编制参考程序

（一）建立工件坐标系

根据工件坐标系建立原则：数控车床工件原点一般设在右端面与工件回转轴线交点处，故工件坐标系设置在工件右端面中心处。

（二）计算基点坐标

根据编程尺寸的计算方法自行计算各基点坐标。

（三）参考程序

（1）粗车工件端面、钻中心孔，用 ϕ20 mm 钻孔，粗、精加工外圆轮廓，调头装夹工件用百分表找正，若手动钻心孔、钻孔则只需编写车外圆程序即可。参考程序见表 4－3，程序名为“O156”。

（2）调头装夹后，用百分表找正，手动车削端面，控制工件总长至要求尺寸。车内孔参考程序见表 4－4。

表 4－3　通孔类零件加工参考程序

程序段号	程序内容	动作说明
N10	G00 G40 G97 G99 M04 S600 T0101 F0.2 X100. Z100.	选择 01 号刀，取消刀补，指定主轴恒转速，每转进给，进给速度为 0.2 mm/r
N20	X52. Z2.	刀具快速移到加工起点
N30	G94 X－2 Z0 F01	车端面
N40	G00 X100. Z100	
N50	T0202	换中心钻
N60	M03 S1000	设置主轴转速
N70	G00 X0. Z5.	快速移到加工起点
N80	G01 Z－5. F0.05	钻中心孔
N90	G04 X0.12	暂停 2 转
N100	G00 25.	退刀
N110	G00 X100. Z100.	退刀至换刀点，准备换刀
N120	T0303	换麻花钻 ϕ20
N130	G00 Z5.	单轴快速定位到循环起点，避免碰撞，确保安全
N140	X0	
N150	G74 R5.0	设置循环参数，调用钻孔循环钻中心孔
N160	G74 Z－32.0 Q15.0 F0.2	钻深大于 30＋20×0.3＝31.0，Q15000 也可
N170	GOO X100. Z100.	快速退刀
N180	T0101 M04 S600	
N190	G00 G42 X52 Z2.	
N200	G71 U1.5 R0.5	设置循环参数，调用粗加工循环
N210	G71 P220 Q290 U0.4 W0.2 F0.2	
N220	G00 X35.02	精加工轮廓程序段
N230	G01 Z0.	
N240	G03 X45.02 Z5. R5.	
N250	G01 Z－17.	
N260	X46.02	
N270	X50.02 Z－19.	
N280	X52.0	
N290	G00 X100. Z100.	退刀，准备换刀并取消刀补
N300	M00	暂停，主轴停，测量
N310	M04 S800	设置转速与进给速度
N320	G00 G42 X52. Z2.	刀具快速移到加工起点，建立刀补
N330	G70 P220 Q290	精加工外轮廓
N340	G00 G40 X100. Z100	退刀准备换刀并取消刀补
N350	M30	程序结束

表 4－4　通孔类零件加工参考程序

程序段号	程序内容	动作说明
N10	G00G40 G97 G99 M03 S600 T0105 F0.15 X100. Z100.	选择 04 号内孔车刀，04 号刀补建立工件坐标系，指定主轴恒转速，每转进给，进给速度为 0.15 mm/r
N20	G00 X52. Z5.	Z5 根据毛坯长度确定
N30	G94 X19. Z1.5 F0.2	粗车端面
N40	Z0.5	
N50	G90 X48.5 Z－13.	粗车外圆
N60	M00	检验工件，修正刀补 Z 偏置
N70	T0105	调用修正后的刀补
N80	Z0 M04 S800	精车端面
N90	G00 X100. Z100.	快速退回换刀点
N100	G00 T0404 G40 G97 G99 F0.15 M03 S600	选择 04 号内孔车刀，04 号刀补建立工件坐标系，指定主轴恒转速，每转进给，进给速度为 0.15 mm/r
N110	X19. Z2.	刀具快速移到加工起点
N120	G71 U1. R0.5	设置循环参数，调用粗加工循环，加工完毕退刀至换刀点
N130	G71 P50 Q95 U－0.3 W0.1	
N140	G00 X30.02	精加工轮廓程序段
N150	G01 Z－12.	
N160	G03 X24.02 Z－15. R3.	
N170	G01 X22.02.	
N180	Z－26.	
N190	X19.0	
N200	G00 G40 X100. Z100.	退刀，准备换刀并取消刀尖半径补偿
N210	M00	暂停，主轴停，测量
N220	M03 S800	设置转速与进给速度
N230	G00 G41 X19. Z2.	快速移至循环起点，建立刀尖半径补偿
N240	G70 P50 Q95	执行精加工循环
N250	G00 G40 X100. Z100.	退刀，准备换刀并取消刀尖半径补偿
N260	T0105 M03 S1000	换刀并建立工件坐标系，启动主轴旋转
N270	G00 X50. Z2.	
N280	G90 X48.02 Z－13. F0.15	精车端面
N290	G00 X100. Z100.	退刀
N300	M30	

● **【资料链接】**

一、数控车床上孔的常用加工方法

在数控车床上加工孔根据孔径大小和精度高低，分别可采用钻、扩、铰、车（镗）等方法加工。如表 4－5 所示。

表4-5 数控车床上孔的常用加工方法

加工方法	特点及应用场合
钻	精度低（IT11~IT12），表面粗糙度值为 $Ra12.5\sim25$ μm，适用于在实心材料上粗加工孔
钻、扩	精度较低（IT9~IT10），表面粗糙度值为 $Ra5\sim10$ μm，适用于孔径较大或孔的半精加工
钻、扩、铰	精度较高（IT7~IT9），表面粗糙度值小，达到 $Ra0.4$ μm，适用于直径较小孔的精加工
钻、扩、车（镗）	精度较高（IT7~IT8），表面粗糙度值小，达到 $Ra0.8$ μm，适用于直径较大孔的半精加工、精加工

二、内轮廓加工工艺特点

（1）零件的内轮廓一般都要求具有较高的尺寸精度、较小的表面粗糙度值和较高的形位精度。在车削套类零件时关键的是要保证位置精度要求。

（2）内轮廓加工工艺常采用钻→粗车（镗）→精车（镗）的加工方式，孔径较小时可采用手动方式或 MDI 方式进行钻→铰加工。

（3）工件精度较高时，按粗、精加工交替进行内、外轮廓切削，以保证形位精度。

（4）较窄内槽采用等宽内槽切刀一刀或两刀切出（槽深时，中间退一刀，以有利于断屑和排屑），宽内槽多采用内槽刀多次切削成形后精车一刀。

（5）内轮廓加工刀具由于受孔径和孔深的限制，刀杆细而长、刚性差、切削条件差。切削用量较切削外轮廓时应选取小些（是切削外轮廓时的30%~50%）。但因孔直径较外轮廓直径小，实际主轴转速可能会比切削外轮廓时大。

（6）内轮廓切削时切削液不易进入切削区域，切屑不易排出，切削温度可能会较高，镗深孔时可以采用工艺性退刀，以促进切屑排出。

（7）内轮廓切削时切削区域不易观察，加工精度不易控制，大批量生产时测量次数需安排多一些。

内孔加工编程注意事项

（1）数控车削内孔的指令与外圆车削指令基本相同，关键应该注意外圆柱在加工过程中是越加工越小，而内孔在加工过程中是越加工越大，这在保证尺寸方面尤为重要。对于内外径粗车循环指令 G71，在加工外径时余量 X 为正，但在加工孔时余量 X 应为负，这一点应该尤为注意，否则内孔尺寸肯定会增多。

（2）循环起点选择一定要在底孔以内，如本工作任务底孔直径为 $\phi20$ mm，循环起点 X 向选择在 $\phi18$ mm。

（3）若为防止出现废品而设磨损值时，此时应设负值。否则，零件会因孔径变大而报废。

（4）内轮廓加工时刀具回旋空间小，刀具进、退方向与车外轮廓时有较大区别，编程时进、退刀量必要时需仔细计算。

（5）加工内沟槽时，进刀采用从孔中心行先沿 $-Z$ 方向进刀，后沿 $-X$ 方向进刀，退刀时先沿 $+X$ 方向少量退刀，后沿 $+Z$ 方向退刀。为防止干涉，$+X$ 方向退刀时的退刀量必要时需计算。

（6）大锥度锥孔和较深的弧形槽、球窝等加工余量较大的表面加工可采用固定循环编程或子程序编程，一般走刀和小锥度锥孔采用钻孔后两刀镗出即可。

● 【实施训练】

一、加工准备

（1）检查毛坯尺寸。

（2）开机、回参考点。

（3）装夹刀具与工件，内孔车刀刀尖应与工件轴线等高，工件调头装夹时要用百分表校正。

（4）程序输入。把编写好的程序通过数控面板输入到数控机床。

二、对刀操作

内孔车刀对刀方法：

（1）X 向对刀。

用内孔车刀试车一内孔，长度为 3 ~ 5 mm，然后沿 $+Z$ 方向退出刀具，停车测量内孔直径，将其值输入到相应刀具长度补偿中。如图 4－7（a）所示。

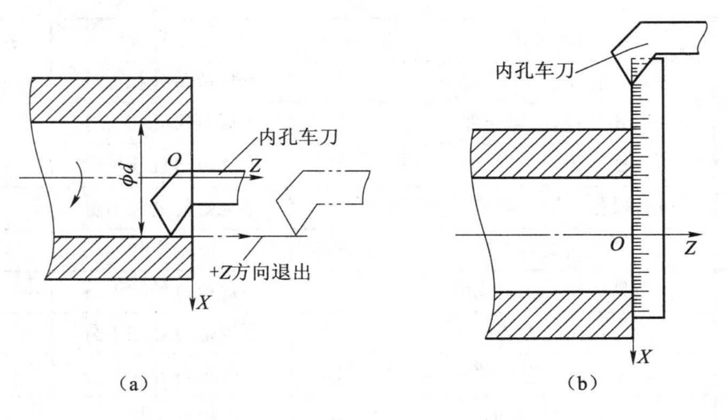

图 4－7　内孔车刀对刀示意图

（a）X 方向对刀；（b）Z 方向对刀

（2）Z 向对刀。

移动内孔车刀使刀尖与工件右端面平齐，可借助金属直尺确定，然后将位置数据输入到相应刀具长度补偿中。如图 4－7（b）所示。

外圆车刀对刀方法如前所述。中心钻、麻花钻，只需 Z 方向对刀即可，分别将中心钻、麻花钻钻尖与工件右端面对齐，再将其值输入到相应长度补偿中。如果采用手动钻中心孔、钻孔，则中心钻与麻花钻不需要对刀。

三、空运行及仿真

打开程序，选择 MEM 自动加工方式，打开机床锁住开关，按下空运行键，按循环启动按钮，观察程序运行情况；按图形显示键再按数控启动键可进行轨迹仿真，切换到 X、Z 视图，观察加工轨迹是否与编程走刀轨迹一致。空运行仿真加工结束后，使空运行、机床锁住功能复位，机床重新回参考点。

四、零件自动加工及尺寸控制

选择 MEM 自动加工方式，调好进给倍率，按数控操作面板循环启动键进行自动加工。

孔径尺寸控制：内孔尺寸通过设置刀具磨损量（设为负值）及加工过程中试切、试测来保证。执行内轮廓精加工程序后停车测量，根据测量结果，设置刀具磨损量，再运行精加工程序。如果尺寸还不符合要求，则重复以上步骤，直至尺寸达到要求为止。

内轮廓长度尺寸控制同外轮廓长度控制方法，通过修调刀具长度方向磨损值进行控制。

五、加工结束，清理机床

- **【检查与评价】**

零件加工结束后进行检查与评价，检查与评价结果写在表 4－6 中。

表 4－6　通孔零件加工评分表

班级		姓名			学号	
工作任务					零件编号	
项目	序号	技术要求	配分	评分标准	学生自评	教师评分
程序与工艺	1	切削加工工艺制订正确	5	不规范每处扣 1 分		
	2	切削用量选择合理	5	不规范每处扣 1 分		
	3	程序正确、规范	5	不规范每处扣 1 分		
机床操作	4	设备操作、维护保养正确	5	不规范每处扣 1 分		
	5	安全、文明生产	5	出错全扣		
	6	刀具选择、安装规范	2	不规范每处扣 1 分		
	7	工件找正、安装规范	3	不规范每处扣 1 分		
工作态度	8	行为规范、态度端正	5	不规范每处扣 1 分		
工件质量（外圆）	9	$\phi45^{+0.03}_{+0.01}$ mm	10	超差全扣		
	10	$\phi48^{+0.03}_{+0.01}$ mm	10	超差全扣		
	11	$R5$ mm	5	不合格每处扣 2 分		
工件质量（内孔）	12	$\phi22^{+0.03}_{+0.01}$ mm	10	超差全扣		
	13	$\phi30^{+0.03}_{+0.01}$ mm	10	超差全扣		
	14	$R3$ mm	1	不合格每处扣 1 分		
工件质量（长度）	13	8 ±0.03 mm	5	超差全扣		
	14	15 ±0.01 mm	5	超差全扣		
	15	25 ±0.05 mm	5	超差全扣		
倒角	16	$C1$	1	不合格每处扣 1 分		
表面粗糙度	17	$Ra3.2\mu m$	3	超差全扣		
综合得分			100			

内轮廓加工操作注意事项

(1) 钻孔前，必须先将工件端面车平，中心处不允许有凸台，否则钻头不能自动定心，会使钻头折断。

(2) 当钻头将要穿透工件时，由于钻头横刃首先穿出，因此轴向阻力大减。所以这时进给速度必须减慢，否则钻头容易被工件卡死，造成锥柄在尾座套筒内打滑，损坏锥柄和锥孔。

(3) 钻小孔或钻较深孔时，由于切屑不易排出，必须经常退出钻头排屑，否则容易因切屑堵塞而使钻头“咬死”或折断。

(4) 钻小孔时，转速应选择大一些，否则钻削时阻力大，容易产生孔位偏斜和钻头折断。

(5) 精车内孔时，应保持刀刃锋利，否则容易产生让刀（因刀杆刚性差），把孔车成锥形。

(6) 车平底孔时，刀尖必须严格对准工件旋转中心，否则底平面无法车平。

(7) 用塞规测量孔径时，应保持孔壁清洁，否则会影响塞规测量。

(8) 用塞规检查孔径时，塞规不能倾斜，以防造成孔小的错觉而把孔径车大。相反，孔径小的时候，不能用塞规硬塞，更不能用力敲击。

(9) 安装中心钻、麻花钻时，应严格使中心钻、麻花钻与工件同轴，以防因偏心而折断钻头。

(10) 车内孔前，应先检查内孔车刀是否与工件发生干涉。

(11) 车内孔时，X 轴退刀方向与车外圆相反，且退刀距离不能太大，以防止刀背面碰撞到工件。

(12) 内孔车刀 Z 向对刀时，工件应停转，避免对刀时发生安全事故。

(13) 控制孔径尺寸时，刀具磨损量的设置、修改与外圆加工相反。

(14) 调头加工，所用刀具都应重新对刀。

(15) 车内孔的关键技术是解决内孔车刀的刚性和排屑问题。

(16) 套类零件装夹时，夹紧力不能过大，以防止工件变形。

● 【知识拓展】

一、车孔时产生废品的原因及预防方法

车孔时产生废品的原因及预防方法见表 4－7 所示。

表 4－7　车孔时产生废品的原因及预防方法

废品种类	产生原因	预防方法
尺寸不对	车刀安装不对，刀柄与孔壁相碰	选择合理的刀柄直径，最好在未开车前，先把车刀在孔内走一遍，检查是否会相碰
	产生积屑瘤，增加刀尖长度，使孔径比要求尺寸大	研磨前面，使用切削液，增大前角合理的切削速度
	工件的热胀冷缩	最好使工件冷却后再精车，加切削液

续表

废品种类	产生原因	预防方法
尺寸不对	测量不正确	仔细测量，用游标卡尺测量要调整卡尺的松紧，控制好摆动位置
内孔有锥度	刀具磨损	提高刀具的耐用度，采用耐磨的硬质合金
	刀柄刚性差，产生让刀现象	尽量采用大尺寸的刀柄，减小切削用量
	刀柄与孔壁相碰	正确安装车刀
	车头轴线歪斜	检查机床精度，校正主轴轴线和床身导轨的平行度
	床身不水平，使床身导轨与主轴轴线不平行	校正机床水平
	床身导轨磨损，由于磨损不均匀，使走刀轨迹与工件轴线不平行	大修机床
内孔不圆	孔壁薄，装夹时产生变形	选择合理的装夹方法
	轴承间隙太大，主轴颈呈椭圆	大修机床，并检查主轴的圆柱度
	工件加工余量和材料组织不均匀	增加半精车，把不均匀的余量车去，使精车余量尽量减少和均匀，对工件毛坯进行回火处理
内孔不光	车刀磨损	重新刃磨车刀
	车刀刃磨不良，表面粗糙度值大	保证刀刃锋利，研磨车刀前、后面
	车刀几何角度不合理，装刀时刀尖低于工件中心	合理选择刀具角度，精车装刀时刀尖可略高于工件中心
	切削用选择不当	适当降低切削速度，减小进给量
	刀柄细长，产生振动	加粗刀柄和降低切削速度

二、车内孔时车刀振动原因及对策

（1）工件装夹不够稳，解决方法是加大工件装夹接触面；

（2）内径刀刀杆细，悬伸太长，解决方法是加粗刀杆，缩短悬伸；

（3）刀尖半径太大，刀尖磨损，解决方法为选用刀尖半径较小的新刀片；

（4）选用润滑性较好的冷却液；

（5）调整切削用量。

三、内孔车刀的装夹

内孔车刀安装的正确与否，直接影响到车削情况及孔的精度，所以在安装时一定要注意以下几点：

（1）刀尖应与工件中心等高或稍高。如果装夹低于中心，由于切削力的作用，容易将刀柄压弯，刀尖下移而产生扎刀现象，并可造成孔径变大。

（2）刀柄伸出刀架不宜过长，一般比被车削的孔长 5 ~6 mm。

（3）刀柄要平行于工件轴线，否则，车削时刀柄容易碰到内孔表面。

（4）盲孔车刀装夹时，内孔偏刀的主刀刃与孔底面形成的角度为 3° ~5°。

• 【思考与练习】

（1）通孔工件加工时，内孔车刀如何选择？

（2）如何用磨损补偿进行内孔尺寸精度控制？

（3）编写如图 4 –8 和图 4 –9 所示零件的加工程序并练习加工。毛坯尺寸 $\phi36$ mm。

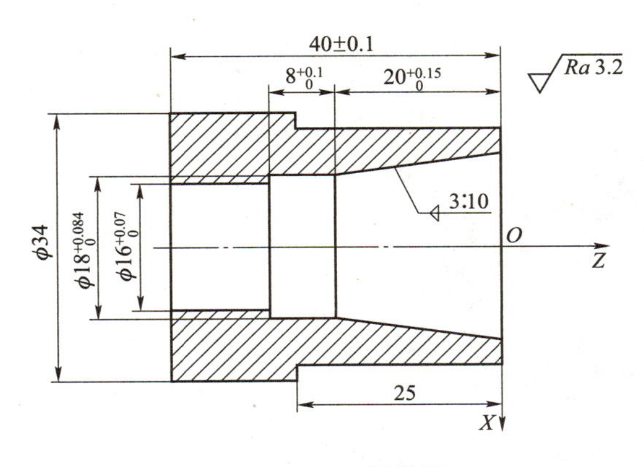

图 4－8　零件图

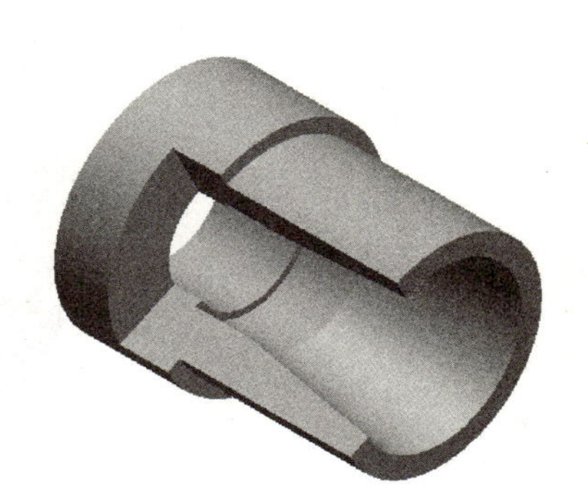

图 4－9　三维效果图

任务二　阶梯孔、盲孔类零件加工

- 【能力目标】

  ✈ 能熟练进行内孔车刀、内沟槽车刀的对刀方法及验证；

  ✈ 能熟练掌握内沟槽加工方法；

  ✈ 熟练掌握阶梯孔、盲孔类零件的尺寸控制方法。

- 【知识目标】

  ✈ 能正确选用盲孔车刀、内沟槽车刀；

  ✈ 了解钻深孔循环指令及应用；

  ✈ 掌握盲孔加工刀具的选择方法；

  ✈ 掌握盲孔加工工艺方法；

  ✈ 掌握常见内槽的检测方法。

- 【工作任务】

工作任务如图 4－10 和图 4－11 所示。

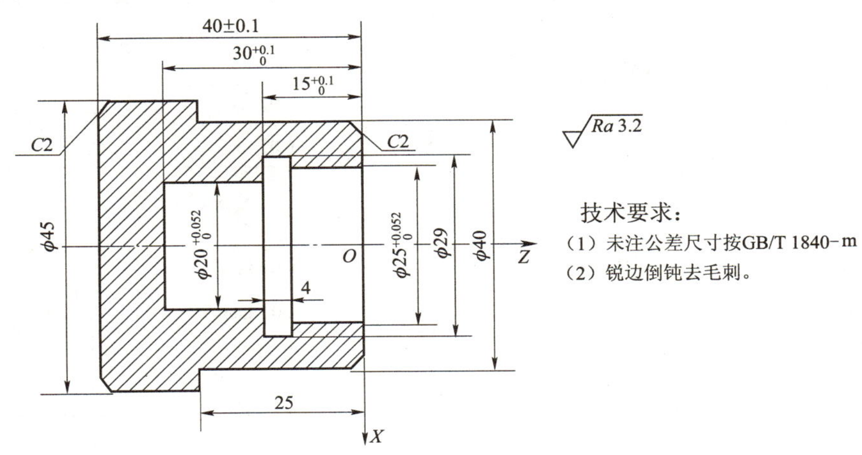

图 4－10　零件图（毛坯：φ50 mm）

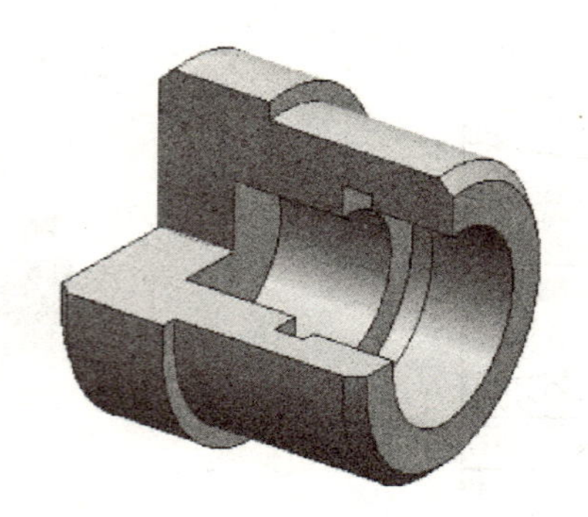

图 4 – 11　三维效果图

● 【知识学习】

一、加工工艺分析

（一）选择工、量、刃具

1. 工具选择

45 钢棒装夹在三爪定心卡盘上，用划线盘校正并夹紧，调头装夹时用百分表校正。其他工具如表 4 – 8 所示。

表 4 – 8　盲孔类零件加工工、量、刃具清单

工、量、刃具清单				图号		
种类	序号	名称	规格	精度	单位	数量
工具	1	三爪自定心卡盘			个	1
	2	卡盘扳手			副	1
	3	刀架扳手			副	1
	4	垫刀片			块	若干
	5	划线盘			个	1
	6	磁性表座			个	1
	7	钻夹头			个	1
量具	1	游标卡尺	0 ~ 150 mm	0.02 mm	把	1
	2	外径千分尺	25 ~ 75 mm	0.01 mm	把	2
	3	表面粗糙度样板			套	1
	4	内沟槽样板			套	1
	5	百分表	0 ~ 35 mm	0.01 mm	把	1
	6	内径百分表	0 ~ 10 mm	0.01 mm	把	1
刃具	1	外圆车刀	90 °		把	1
	2	中心钻	A3		把	1
	3	麻花钻	ϕ18 mm		把	1
	4	内孔粗车刀	≥90°		把	1

续表

种类	序号	名称	规格	精度	单位	数量
刃具	5	内孔精车刀	≥90°		把	1
	6	内沟槽刀	4 mm		把	1
	7	切断刀	5 mm × 30 mm		把	1
	8	外圆车刀	45°		把	1

2. 量具选择

外圆、长度精度要求较高，选用 0 ~ 150 mm 游标卡尺及外径千分尺测量、内孔用百分表测量，内沟槽可用样板检测，表面粗糙度用表面粗糙度样板比对。刀具规格、参数见表 4 – 8。

3. 刀具选择

选择外圆车刀车外圆、端面；内孔车刀车内孔。本工作任务加工盲孔，可选择主偏角大于 90°的通孔车刀，其结构形状如图 4 – 4（b）所示。此外，刀尖到刀背距离小于内孔半径才能车平底孔。如图4 – 12所示。

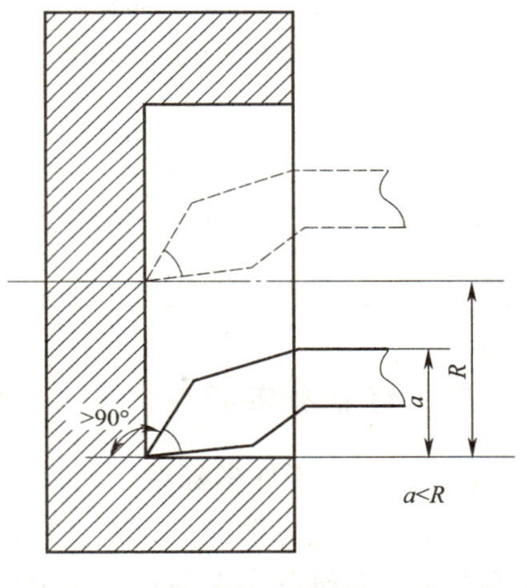

图 4 – 12　盲孔车刀角度及尺寸要求

内沟槽用内沟槽刀切削，刀头宽度可等于槽宽，形状如图 4 – 13 所示。

车内孔前还需用中心钻及麻花钻钻孔，内孔孔径为 ϕ20 mm，可选用 ϕ18 mm 麻花钻，刀具规格见表 4 – 9。

（二）加工工艺路线

先车削工件外圆、端面，手动钻中心孔及钻孔，粗、精加工内轮廓，车内沟槽，最后切断工件，手动掉头装夹，用百分表校正，控制总长，手动倒角。具体加工工艺见表 4 – 9。

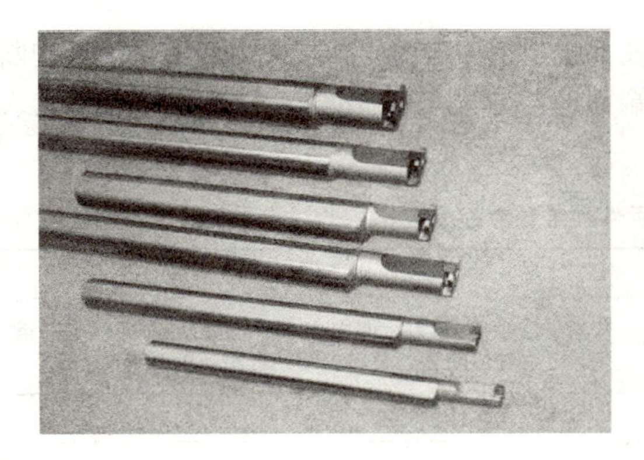

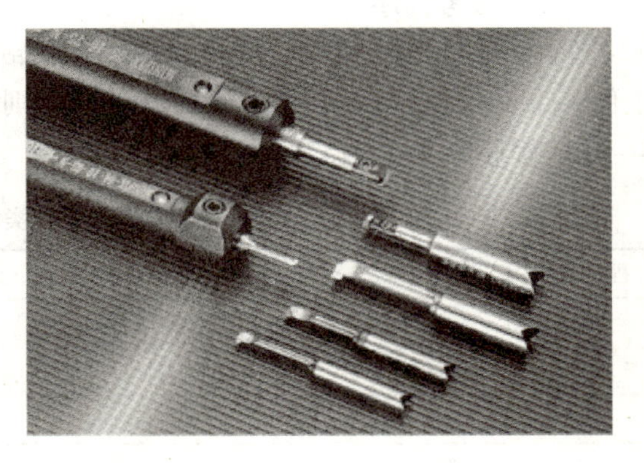

图 4 – 13　内沟槽刀形状

（三）选择合理切削用量

内孔加工时，由于工作条件不利，加上刀柄刚性差，容易引起振动，因此，切削用量选择一般较外圆小一些，本工作任务盲孔切削用量见表4－9所示。

表4－9 盲孔零件加工工艺

工步号	工步内容	刀具号	切削用量		
			背吃刀量 a_p/mm	进给速度 f/(mm·r^{-1})	主轴转速 n/(r·min^{-1})
1	车削右端面	T01	1～2	0.2	600
2	钻中心孔（手动或自动）	T02	1.5	0.1	800
3	钻 ϕ18 mm 内孔（手动或自动）	T03	8	0.2	600
4	粗加工外轮廓	T01	1～2	0.2	600
5	精加工外轮廓	T01	0.2	0.1	800
6	粗加工内轮廓	T04	1～2	0.15	600
7	精加工内轮廓至尺寸	T05	1～2	0.08	800
8	车沟槽至尺寸	T06		0.08	300
9	切断	T07		0.08	500
10	车削工件端面，保证工件总长	T01	4	0.3	500
11	手动倒角	T08		0.2	600

二、编制参考程序

（一）建立工件坐标系

根据工件坐标系建立原则：数控车床工件原点一般设在右端面与工件回转轴线交点处，故工件坐标系设置在工件右端面中心处。

（二）计算基点坐标

根据编程尺寸的计算方法自行计算各基点坐标。

（三）参考程序

车削工件外圆、端面，手动钻中心孔及钻孔，粗、精加工内轮廓，车内沟槽，最后切断工件，手动掉头装夹，用百分表校正，车削端面，控制总长，手动倒角。参考程序见表4－10，程序名为“O157”。

表4－10 盲孔类零件加工参考程序

程序段号	程序内容	动作说明
N10	G00 G40 G97 G99 M04 S600 T0101 F0.2	选择01号刀，调用01刀补建立工件坐标系，指定主轴恒转速，每转进给，进给速度为0.2 mm/r
N20	X52. Z2.	刀具快速移到加工起点
N30	G71 U1.5 R0.5	设置外圆复合循环粗加工循环参数
N40	G71 P40 Q90 U0.5 W0.2	

续表

程序段号	程序内容	动作说明
N50	G00 X36.	外轮廓精加工轨迹
N60	G01 Z0.	
N70	X40. Z－2.	
N80	Z－25.	
N90	X45.	
N100	Z－46.	
N110	X50.	
N120	G00 X100. Z100.	退刀准备换刀
N130	M00	暂停，主轴停，测量
N140	G00 Z5. 0 T0303 M03 S280	
N150	X0	
N160	G74 R3. 0	
N170	G74 Z－35. 4 Q1800 F0. 2	
N180	G00 X100. 0	
N190	Z50. 0	
N200	T0404 M04 S600 F0. 15	换内轮廓粗加工刀，设置主轴转速
N210	X16. Z3.	快速移至循环起点
N220	G71 U1. R0. 5	设置内轮廓复合循环粗加工循环参数
N230	G71 P220 Q270 U－0. 5 W0. 2	
N240	G00 X25. 026	内轮廓精加工轨迹
N250	G01 Z0.	
N260	Z－15. 05	
N270	X20. 026	
N280	Z－25.	
N290	X15. 0	
N300	G00 X100. Z100.	退刀，准备换刀
N310	M00	暂停，主轴停，测量
N320	T0505	换内轮廓精加工刀
N330	M04 S800 F0. 08	设置主轴转速
N340	G41 X16. Z3.	快速移至循环起点，建立刀尖半径补偿
N350	G70 P220 Q260	精加工内轮廓
N360	G00 G40 X100. Z100.	退刀至换刀点，取消刀尖半径补偿
N370	M04 S800 F0. 1	设置转速与进给速度
N380	G00 G42 X52. Z2.	刀具快速移到循环起点，建立刀尖半径补偿
N390	G70 P50 Q90	精加工外轮廓

续表

程序段号	程序内容	动作说明
N400	G00 G40 X100. Z100	退刀，准备换刀并取消刀尖半径补偿
N410	M00	暂停，主轴停，测量
N420	T0606	换内沟槽刀
N430	M04 S300 F0. 08	设置主轴速与进给速度
N440	G00 X18. Z2.	快速移至起刀点
N450	G01 Z-15. 05	至切内沟槽处
N460	X29.	切内沟槽
N470	G04 X0. 1	暂停
N480	X18. F0. 2	*X* 向退刀
N490	Z2.	*Z* 向退刀
N500	G00 X100. Z100.	快速移至换刀点
N510	T0707X60. Z100.	换切断刀
N520	G00 Z-45.	开始快进到 G75 循环起点
N530	X46. 0	
N540	G75 R1. 0	
N550	G75 X-2. P4000 F0. 05	切断
N560	G00 X100.	开始退刀
N570	Z100.	
N580	M30	程序结束

- **【资料链接】**

使用单一固定循环 G90 加工内圆柱或内圆锥：

圆柱面车削单一固定循环：G90 X（U）__Z（W）__F__；

圆锥面车削单一固定循环：G90 X（U）__Z（W）__R__F__；

车外圆柱与圆锥循环动作过程如图 4-14 和图 4-15 所示。

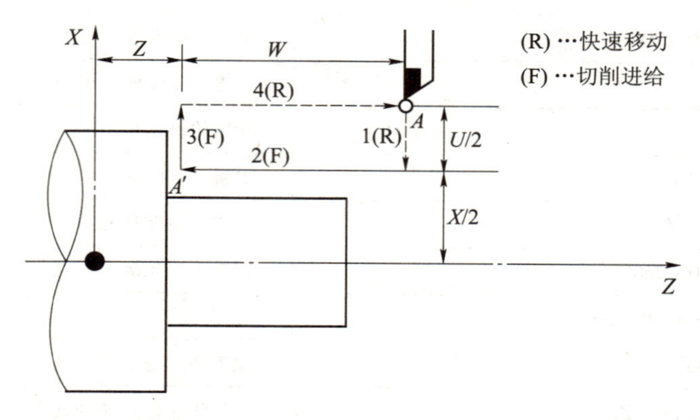

图 4-14　G90 加工外圆示意图

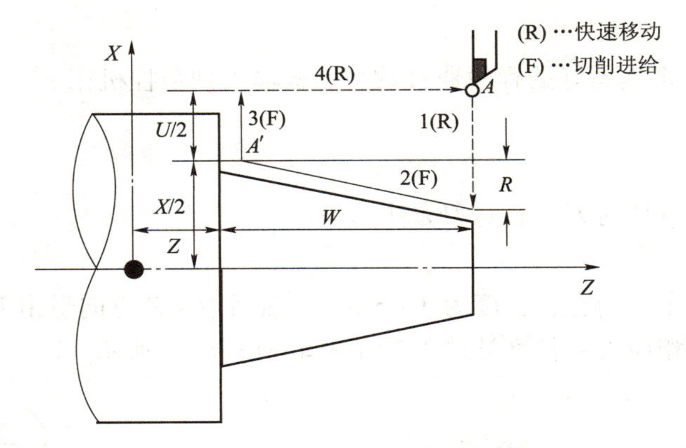

图 4－15　G90 切削外圆锥示意图

当用单一固定循环加工内圆柱或内圆锥时，锥度量的关系与刀具路径的关系如表 4－11 所示。第一列为外轮廓加工情形，第二列为内轮廓加工情形。

表 4－11　G90 加工外圆与内孔时 U、W、R 取值

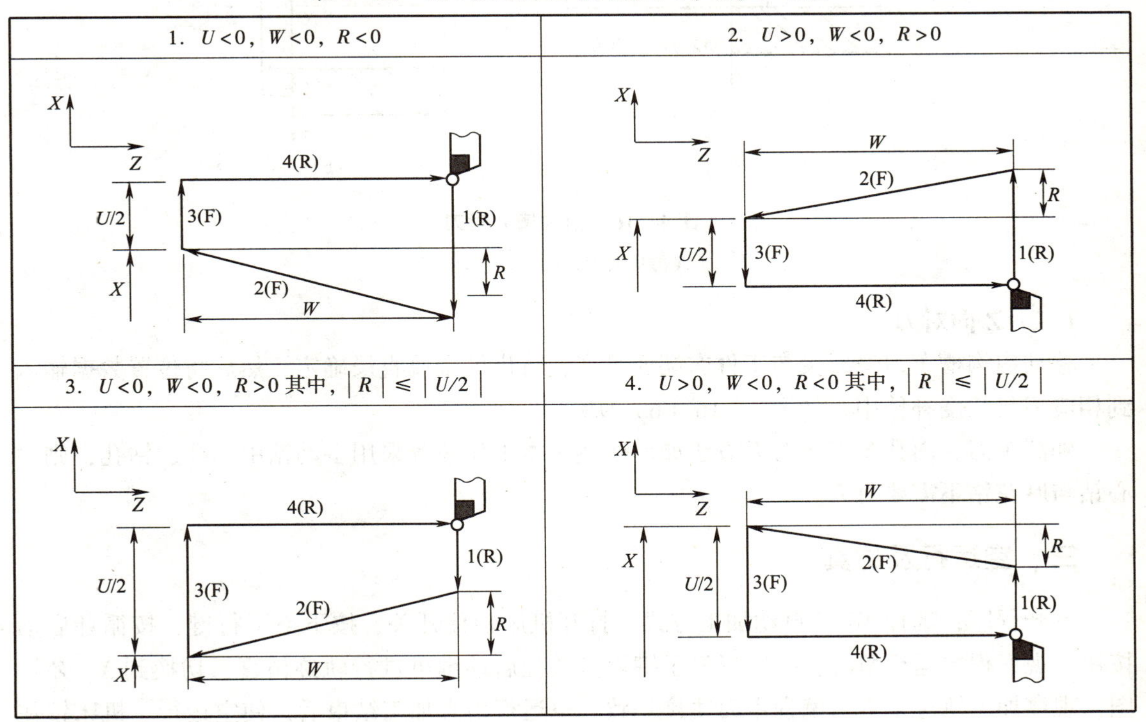

1. $U<0$，$W<0$，$R<0$	2. $U>0$，$W<0$，$R>0$
3. $U<0$，$W<0$，$R>0$ 其中，$\lvert R \rvert \leqslant \lvert U/2 \rvert$	4. $U>0$，$W<0$，$R<0$ 其中，$\lvert R \rvert \leqslant \lvert U/2 \rvert$

- 【实施训练】

一、加工准备

（1）检查毛坯尺寸。

（2）开机、回参考点。

（3）装夹刀具与工件，内孔车刀刀尖应与工件轴线等高，工件调头装夹时要用百分表

校正。

（4）程序输入。把编写好的程序通过数控面板输入到数控机床。

二、对刀操作

内沟槽车刀采用试切对刀，其对刀方法如下：

（一）*X* 向对刀

用内沟槽车刀试车一内孔，长度为 3 ~5 mm，然后沿 +*Z* 方向退出刀具，停车测量内孔直径，将其值输入到相应刀具长度补偿中。如图 4 –16（a）所示。

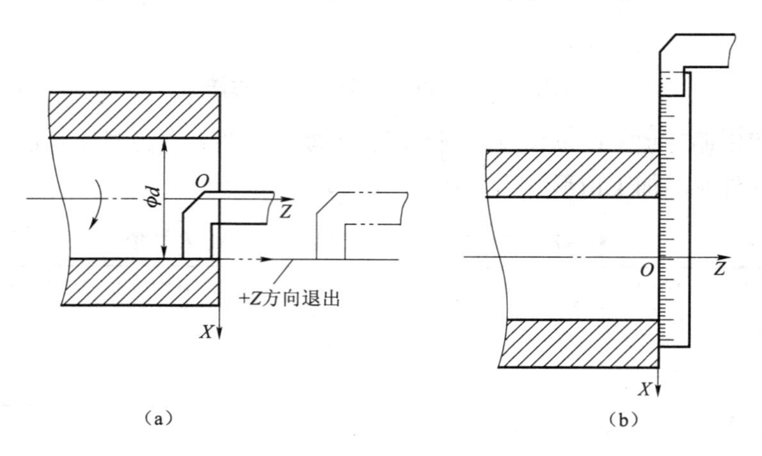

图 4 –16　内沟槽刀对刀

（a）*X* 方向对刀；（b）*Z* 方向对刀

（二）Z 向对刀

移动内沟槽车刀使刀尖与工件右端面平齐，可借助金属直尺确定，然后将位置数据输入到相应刀具长度补偿中。如图 4 –16（b）所示。

外圆车刀、内孔车刀的对刀方法如前所述。本工作任务采用手动钻中心孔、钻孔，则中心钻与麻花钻不需要对刀。

三、空运行及仿真

打开程序，选择 MEM 自动加工方式，打开机床锁住开关，按下空运行键，按循环启动按钮，观察程序运行情况；按图形显示键再按数控启动键可进行轨迹仿真，切换到 *X*、*Z* 视图，观察加工轨迹是否与编程走刀轨迹一致。空运行仿真加工结束后，使空运行、机床锁住功能复位，机床重新回参考点。

四、零件自动加工及尺寸控制

选择 MEM 自动加工方式，调好进给倍率，按数控操作面板循环启动键进行自动加工。

内轮廓尺寸控制：内轮廓尺寸通过设置刀具磨损量（设为负值）及加工过程中试切、试测来保证。执行内轮廓精加工程序后停车测量，根据测量结果，设置刀具磨损量，再运行精加工程序。如果尺寸还不符合要求，则重复以上步骤，直至尺寸达到要求为止。

五、加工结束，清理机床

• 【检查与评价】

零件加工结束后进行检查与评价，检查与评价结果写在表4－12中。

表4－12　盲孔零件加工评分表

班级		姓名			学号	
工作任务					零件编号	
项目	序号	技术要求	配分	评分标准	学生自评	教师评分
程序与工艺	1	切削加工工艺制订正确	5	不规范每处扣1分		
	2	切削用量选择合理	5	不规范每处扣1分		
	3	程序正确、规范	5	不规范每处扣1分		
机床操作	4	设备操作、维护保养正确	5	不规范每处扣1分		
	5	安全、文明生产	5	出错全扣		
	6	刀具选择、安装规范	2	不规范每处扣1分		
	7	工件找正、安装规范	3	不规范每处扣1分		
工作态度	8	行为规范、态度端正	5	不规范每处扣1分		
工件质量（外圆）	9	$\phi46$ mm	5	不合格每处扣1分		
	10	$\phi40$ mm	5	不合格每处扣1分		
工件质量（内孔）	11	$\phi20^{+0.052}_{0}$ mm	10	超差全扣		
	12	$\phi25^{+0.052}_{0}$ mm	10	超差全扣		
长度	14	$15^{+0.1}_{0}$ mm	10	超差全扣		
	15	$30^{+0.1}_{0}$ mm	10	超差全扣		
	16	40±0.1 mm	5	超差全扣		
	17	25 mm	2	超差全扣		
倒角	18	$C2$（两处）	2	超差全扣		
内沟槽	19	4 mm×29 mm	3	超差全扣		
表面粗糙度	20	$Ra3.2$ μm	3	超差全扣		
综合得分			100			

内轮廓加工操作注意事项

（1）安装中心钻、麻花钻时，应严格使其与工件旋转轴线同轴，预防因偏心而折断刀具。

（2）车内轮廓、内沟槽前，应先检测内孔车刀、内沟槽刀是否会与工件发生干涉。

（3）车内轮廓、内沟槽时，X轴退刀方向与车外圆正好相反，且须防止刀背面碰撞到工件。

（4）控制内轮廓尺寸时，刀具磨损量的修改与外圆加工正好相反。

（5）车削盲孔时，要注意车刀主偏角的正确选择。

● 【知识拓展】

内槽的检测方法：

1. 测量内槽直径，如图 4－17 所示

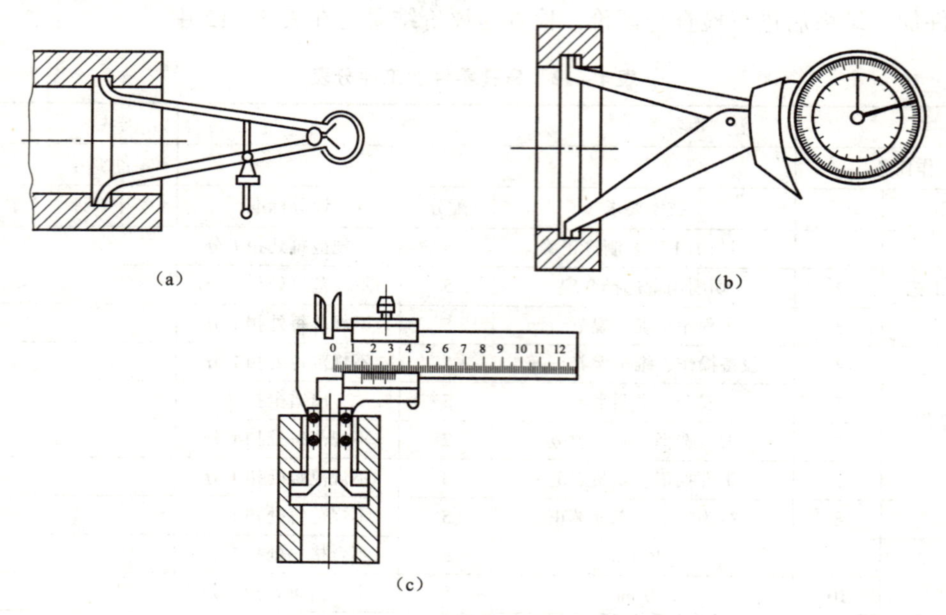

图 4－17　内槽直径检测方法

(a) 卡钳测量；(b) 带千分表内径量规测量；(c) 特殊弯头游标卡尺测量

2. 测量内槽宽度，如图 4－18 所示

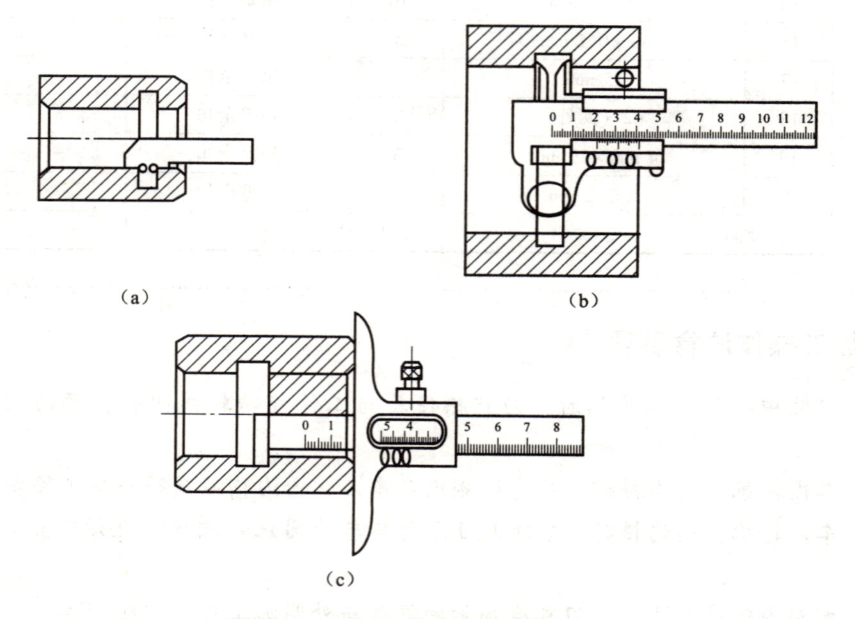

图 4－18　内槽宽度检测方法

(a) 样板检测；(b) 游标卡尺检测；(c) 钩形游标深度卡尺检测

- **【思考与练习】**

（1）盲孔车刀选择时有何要求？

（2）G71 加工外圆与内孔的参数设计的主要区别在哪里？

（3）编写图 4－19 和图 4－20 所示零件的加工程序并练习加工。毛坯尺寸 ϕ50 mm。

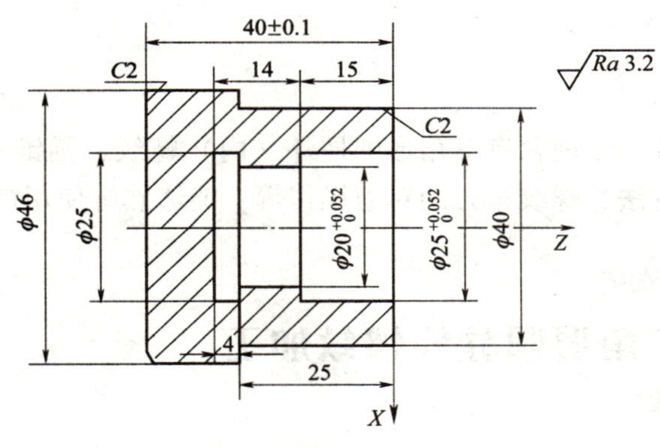

技术要求：
未注公差尺寸按GB/T 1840-m。

图 4－19　盲孔零件图

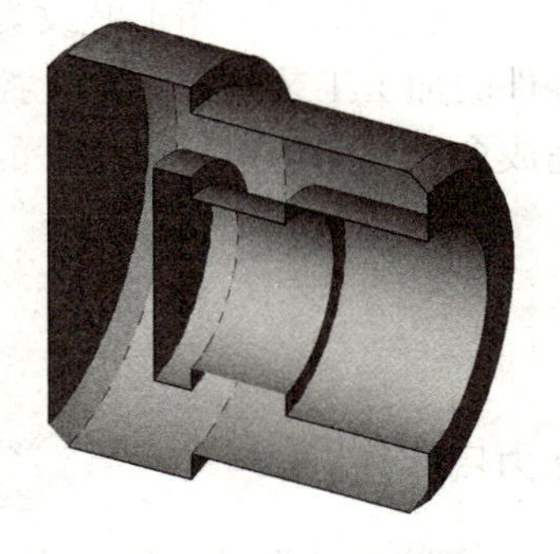

图 4－20　三维效果图

项目五　三角形螺纹类零件加工

• 【项目描述】

本项目通过加工三角形螺纹类零件，掌握含有三角形圆柱外（内）螺纹、圆锥外（内）螺纹零件的加工工艺制订、尺寸控制方法、螺纹车刀的对刀操作等，能够熟练使用螺纹加工指令完成含有三角形螺纹类零件的加工。

任务一　三角形圆柱外螺纹加工

• 【能力目标】

✈ 会安装三角形外螺纹车刀；
✈ 会进行三角形外螺纹车刀对刀操作；
✈ 能熟练用外螺纹车刀加工三角形圆柱外螺纹类零件；
✈ 能熟练用外螺纹车刀加工三角形圆锥外螺纹类零件；
✈ 会制订外螺纹车刀加工工艺；
✈ 会三角形圆柱外螺纹零件尺寸控制方法；
✈ 会三角形圆锥外螺纹零件尺寸控制方法。

• 【知识目标】

✈ 掌握三角形螺纹尺寸的计算方法；
✈ 掌握螺纹加工指令 G32、G92、G76 的功能及其应用；
✈ 掌握三角形圆柱外螺纹零件加工工艺制订方法；
✈ 掌握三角形圆锥外螺纹零件加工工艺制订方法。

- 【工作任务】

工作任务如图 5－1 和图 5－2 所示。

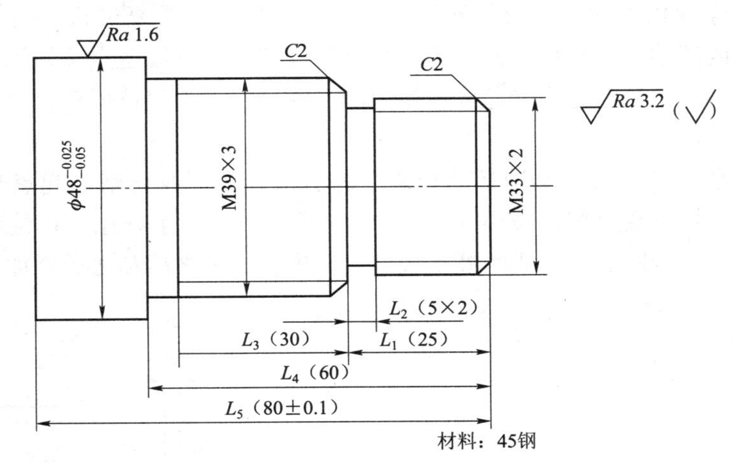

图 5－1　零件图（毛坯：φ20 mm）

图 5－2　三维效果图

- 【知识学习】

一、编程指令

（一）螺纹切削加工指令 G32

1. 指令功能

用此指令可以加工以下各种等螺距螺纹：圆柱螺纹、圆锥螺纹、外螺纹、内螺纹、单线螺纹、多线螺纹、多段连续螺纹的加工。

2. 指令格式

G32　X（U）__Z（W）__F __；

3. 指令说明

（1）G32 为等螺距螺纹切削指令，属于模态指令；

（2）X（U）__Z（W）__为终点坐标位置，可以用绝对形式 X __Z __或相对形式 U __ W __，也可以用两种形式混用。

（3）F 为长轴螺距，总是半径编程。装在主轴上的位置编码器实时地读取主轴转速，并转换为刀具的每分钟进给量。F 值的指令范围：米制输入 F＝0.000 1～5 000.000 0 mm，英制输入 F＝0.000 001～9.000 000 in。

（4）锥形螺纹的导程用长轴方向的长度指令，如图 5－3 所示。当 $\alpha \leqslant 45°$ 时，导程为 L_Z，当 $\alpha > 45°$ 时，导程为 L_X。

（5）螺纹切削是沿着同样的刀具轨迹从粗加工到精加工重复进行。因为螺纹切削是在主轴上的位置编码器输出一转信号开始的，所以螺纹切削是从固定点开始且刀具在工件上轨迹不变而重复切削螺纹。注意主轴速度从粗切削到精切削必须保持恒定，否则螺纹导程不正确。

（6）由于伺服系统滞后（加速运动和减速运动）会在螺纹切削的起点和终点产生不正确的导程，即造成螺纹头尾螺距减小（产生不完全螺纹），为了补偿，在编程时，头尾应让出一定距离，以消除伺服滞后造成的螺距误差。在螺纹加工之前和之后增加一段距离，分别称为引入距离 δ_1 与超越距离 δ_2。如图 5－4 所示。

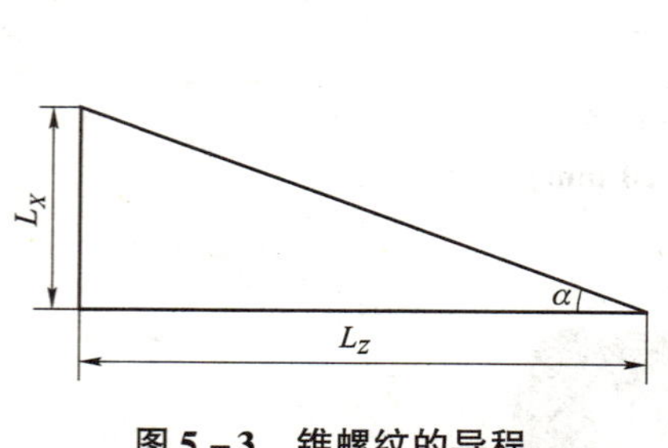

图 5－3　锥螺纹的导程

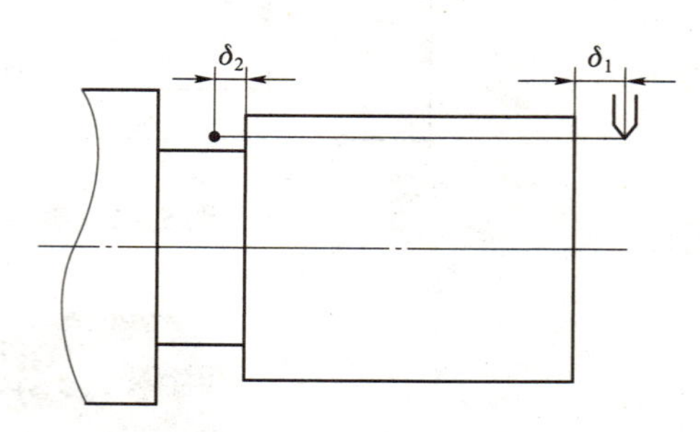

图 5－4　引入与超越距离

（7）用 G32 编写螺纹加工程序时，车刀的切入、切出和返回均要编入程序。如果螺纹牙型深度较深，螺距较小，可分为数次进给，每次进给背吃刀量用螺纹深度减去精加工背吃刀量所得的差值按递减规律分配。如图 5－5 所示，常用的螺纹切削进给次数与背吃刀量关系见表 5－1 所示。

① 单向切入法。如图 5－5（a）所示，此切入法切削刃承受的弯曲压力小，状态较稳定，成屑形状较为有利，切深较大，侧向进刀时，齿间有足够空间排出切屑。用于加工螺距 4 mm 以上的不锈钢等难加工材料的工件或刚性低易振动工件的螺纹。

② 直进切入法。如图 5－5（b）所示，切削时左右刀刃同时切削，产生的 V 形铁屑用于切削刃口会引起弯曲力较大。加工时要求切深小，刀刃锋利。适用于一般的螺纹切削，加工螺距在 4 mm 以下的螺纹。

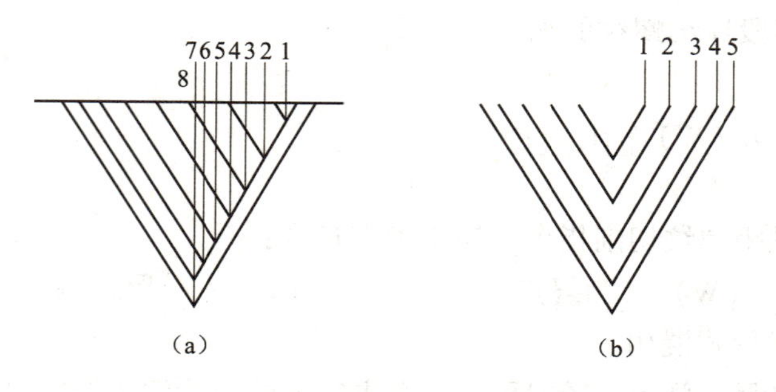

图 5－5　螺纹加工进刀方法

（a）单向切入法；（b）直进切入法

表 5－1　常用的螺纹加工进给次数与背吃刀量

米制螺纹/mm								
螺距		1.0	1.5	2.0	2.5	3.0	3.5	4.0
牙深		0.649	0.974	1.299	1.624	1.949	2.273	2.598
背吃刀量及切削次数	1 次	0.7	0.8	0.9	1.0	1.2	1.5	1.5
	2 次	0.4	0.6	0.6	0.7	0.7	0.7	0.8
	3 次	0.2	0.4	0.6	0.6	0.6	0.6	0.6
	4 次		0.16	0.4	0.4	0.4	0.6	0.6
	5 次			0.1	0.4	0.4	0.4	0.4
	6 次				0.15	0.4	0.4	0.4
	7 次					0.2	0.2	0.4
	8 次						0.15	0.3
	9 次							0.2
英制螺纹/in								
牙数		24	18	16	14	12	10	8
牙深		0.678	0.904	1.016	1.162	1.355	1.626	2.033
背吃刀量及切削次数	1 次	0.8	0.8	0.8	0.8	0.9	1.0	1.2
	2 次	0.4	0.6	0.6	0.6	0.6	0.7	0.7
	3 次	0.16	0.3	0.5	0.5	0.6	0.6	0.6
	4 次		0.11	0.14	0.3	0.4	0.6	0.5
	5 次				0.13	0.21	0.4	0.5
	6 次						0.16	0.4
	7 次							0.17

（二）车削三角形外螺纹尺寸计算

（1）加工螺纹时，从粗车到精车需多次重复走刀，直至把螺纹切削到要求的深度。这个要求深度就是螺纹的牙型高度。根据 GB/T 192－2003～GB/T 197－2003 普通螺纹国家标准规定，普通螺纹的牙型理论高度 $H=0.866P$，实际加工时，由于螺纹车刀刀尖半径的影响，螺纹的实际切深有变化。根据 GB/T 197－2003 规定，螺纹车刀可在牙底最小削平高度 $H/8$ 处削平或倒圆，则螺纹实际高度按下式计算：

$$h=H-2\left(\frac{H}{8}\right)=0.6495P\approx0.65P$$

式中，H——螺纹原始三角形高度，$H=0.866P$，mm；

P——螺距，mm。

（2）车削螺纹前圆柱面及螺纹实际小径的确定。

车削塑性材料螺纹，由于车刀挤压作用，会使外径胀大，故车削螺纹前圆柱面直径比螺纹公称直径（大径）小 0.1～0.4 mm，一般取 $d_{计}=d-0.1P$。

螺纹实际牙型高度考虑刀尖圆弧半径等因素的影响，一般取双边牙型高：$2h\approx1.3P$；螺纹实际小径 $d=D-1.3P$。

式中，D——螺纹牙顶尺寸，mm；

d——螺纹牙底直径尺寸，mm。

例 1：结合螺纹切削进给次数与背吃刀量关系编程计算 M30 ×2 mm 螺纹每次进刀的 X 坐标值。

解：小径值：30 − 1.3 ×2 = 27.4

根据表 5 − 1 中列出的进刀量及切削次数，计算每次切削进刀点的 X 坐标值：

第一刀 X 坐标值：30 − 0.9 = 29.1

第二刀 X 坐标值：30 − 0.9 − 0.6 = 28.5

第三刀 X 坐标值：30 − 0.9 − 0.6 − 0.6 = 27.9

第四刀 X 坐标值：30 − 0.9 − 0.6 − 0.6 − 0.4 = 27.5

第五刀 X 坐标值：30 − 0.9 − 0.6 − 0.6 − 0.4 − 0.1 = 27.4

例 2：如图 5 − 6 所示为待加工螺纹，M18 螺纹，螺距 P = 1.5 mm，螺纹长度 16 mm，右端面倒角 C1.5 mm，用 G32 指令为其编制螺纹加工程序。

解：在编制螺纹加工程序中，应首先考虑螺纹程序起刀点的位置及螺纹程序收尾点的位置。

取：$\delta_1 = 5$ mm，$\delta_2 = 2$ mm

所以如图 5 − 6 所示，螺纹底径尺寸：

$$d = D - 1.3P = 18 - 1.3 \times 1.5 = 16.05(\text{mm})$$

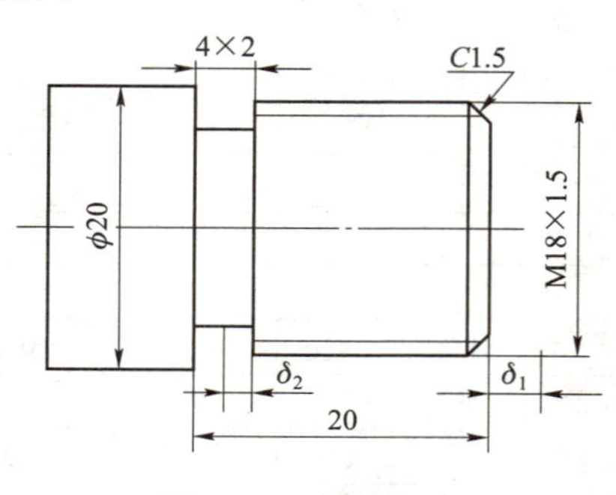

图 5 − 6　螺纹加工

螺纹加工程序：

```
…
G00 X20.0 Z5.0;
    X17.0;              直径切深 1 mm
G32 Z-18.0 F1.5;
G00 X20.0;
    Z5.0;
    X16.5;              直径切深 1 mm
G32 Z-18.0 F1.5;
G00 X20.0;
    Z5.0;
    X16.05;             直径切深到牙底尺寸
G00 X20.0;
    Z5.0;
…
```

- **【知识拓展】**

利用 G32 指令可以实现连续螺纹切削和多头螺纹切削：

（1）连续螺纹切削。连续螺纹切削功能是程序段交界处的少量脉冲输出，与下一个程序的脉冲处理与输出是重叠的，能消除运动中断引起的螺纹中断。当螺纹切削程序段发出连续指令时，在开始的第一个螺纹切削程序段系统检测主轴编码器的一转信号，而在后面的螺纹切削程序段系统不再检测一转信号而直接进入下个螺纹切削程序段，系统保证在程序段的交界处进给与主轴仍能严格同步，如图 5－7 所示，系统能进行中途改变螺距和形状的特殊螺纹切削，并能进行从粗加工到精加工的多次重复切削而不损坏螺纹。

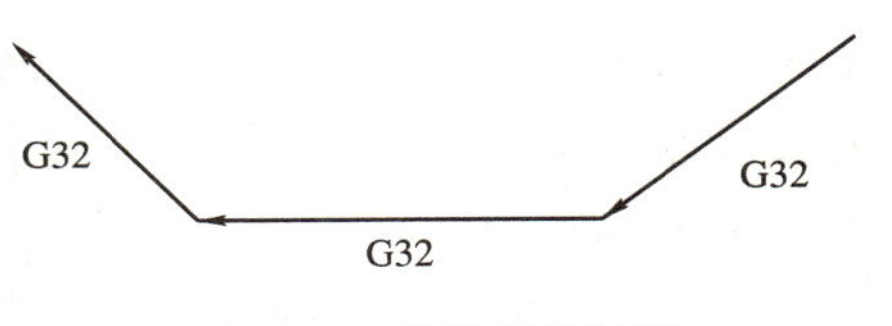

图 5－7　连续螺纹切削

例如：G32 Z __F __;

Z __;	在此程序段之前不检测一转信号
G32;	在这个程序段认为是螺纹切削程序段
Z __F __;	此程序段之前也不检测一转信号

（2）多头螺纹切削。

① 指令格式。

G32 IP __F __Q __;

G32 IP __Q __;

说明：

a. Q 为螺纹的起始角，起始角的增量为 0.001°，不能指定小数点。例如：如果位移角为 180°，则指定 Q180000。

b. 起始角 Q 不是模态值，每次都必须指定，如果不指定，则认为是 0，此时的螺纹切削即从一转信号处开始切削。

c. Q 值的指令范围从 0～360 000（即 360°），如果指令值大于 360 000，则按 360 000（即 360°）计算。

d. 多头螺纹切削对 G32、G34、G93、G76 指令均有效。

② 编程示例。

双线螺纹加工程序（起始角为 0°和 180°）如表 5－2 所示。

表 5－2　双线螺纹加工参考程序

程序	说明	程序	说明
G00 X40. G32 W－38. F4. Q0 G00 X72. W38. X40.	加工第一线螺纹	G32 W－38. F4. Q180 000 G00 X72. X72. W38.	加工第二线螺纹

螺纹加工指令使用注意事项

（1）在螺纹切削期间进给速度倍率开关无效（固定在 100%）。

（2）不停止主轴而停止进给会使切削深度加深，在螺纹切削中进给暂停功能无效。

（3）当进给暂停按钮一直被按住，或者紧跟在螺纹切削程序段之后的第一个非螺纹切削的程序段中再次按了进给螺纹暂停按钮时，刀具在设有指定螺纹切削的程序段停止。

（4）当在单独程序状态执行螺纹切削时，在第一个设定指定螺纹切削的程序段执行之后，刀具停止。

（5）在螺纹切削过程中，将操作方式从自动方式转变为手动运行方式时，同按了进给暂停按钮一样，刀具在没有指令螺纹切削的第一个程序段停止，但是，当操作方式从一种自动方式变为另一种自动方式时，同单程序段方式一样，刀具在执行完第一个设定螺纹切削的程序段之后停止。

(6) 由于涡形（端面）螺纹和锥形螺纹切削期间恒表面速度控制功能有效，若主轴速度发生变化将不能保证正确的螺距，因此，在螺纹切削期间或要取消速度恒表面切削功能。

(7) 如果使用的系统主轴速度倍率有效，在螺纹切削过程中不要改变倍率，以保证正确的螺距。

(8) 在螺纹切削程序段中不能指定倒角和倒圆角。

(9) 在螺纹切削程序段之前的移动指令可以是倒角，但不能是倒圆角。

二、单一固定循环螺纹切削加工指令 G92

（一）指令功能

该指令可循环加工圆柱螺纹和锥螺纹。应用方式与 G90 外圆循环指令有类似之处。

（二）圆柱螺纹指令格式

1. G92 X（U）_ Z（W）_ F_；

说明：

X（U）_ Z（W）_表示螺纹切削终点绝对（相对）坐标；F 为螺纹导程，单线螺纹时为螺距。

2. 圆柱螺纹走刀路线

走刀路线见图 5－8 所示。刀具从循环点（起刀点 *A*）至快速返回循环点 *A* 的四个轨迹段自动循环。在加工时，只需一句指令，刀具便可加工完成四个轨迹的工作环节，这样大大优化了程序编制。

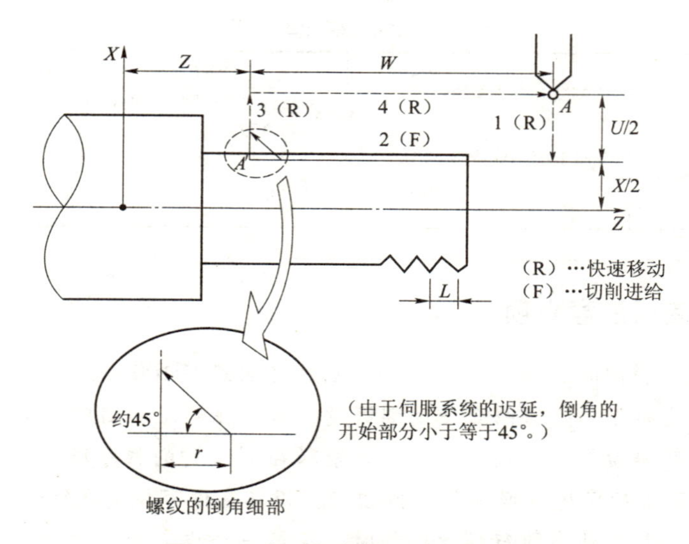

图 5－8　螺纹切削循环的四段轨迹

例：用 G92 螺纹循环切削指令为图 5－9 所示零件编制螺纹加工程序。

O0112；

```
G99 G97 S400 M03;
    T0303;
G00 X20.0 Z5.0;
G92 X17.0 Z-18.0 F1.5;
    X16.5;
    X16.1;
    X16.05;
G00 X200.0 Z100.0;
    M05;
    M30;
```

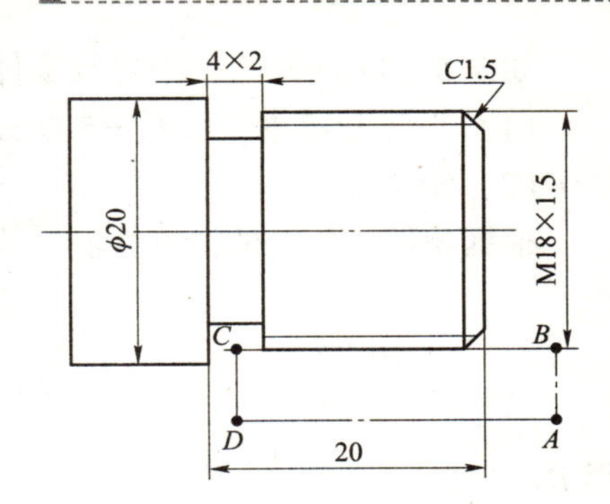

图 5-9　用 G92 螺纹循环切削指令编程

从上例可以看出，运用 G92 指令，简化了程序的编制过程，提高了编程效率，减小了出错率，缩短了程序的输入量。

（三）圆锥螺纹指令格式

1. G92 X（U）__ Z（W）__ R__ F__；

说明：

（1）X（U）__ Z（W）__表示螺纹切削终点绝对（相对）坐标；

（2）F 为螺纹导程，单线螺纹时为螺距；

（3）R 为锥螺纹切削起点与圆锥面切削终点的半径之差，或者为刀具切出点到切入点距离在 *X* 方向的投影，与 *X* 轴方向相同取正，与 *X* 轴方向相反取负（半径值）。

2. 圆锥螺纹走刀路线

走刀路线如图 5-10 所示。刀具从循环点（起刀点 *A*）至快速返回循环点 *A* 的四个轨迹段自动循环。

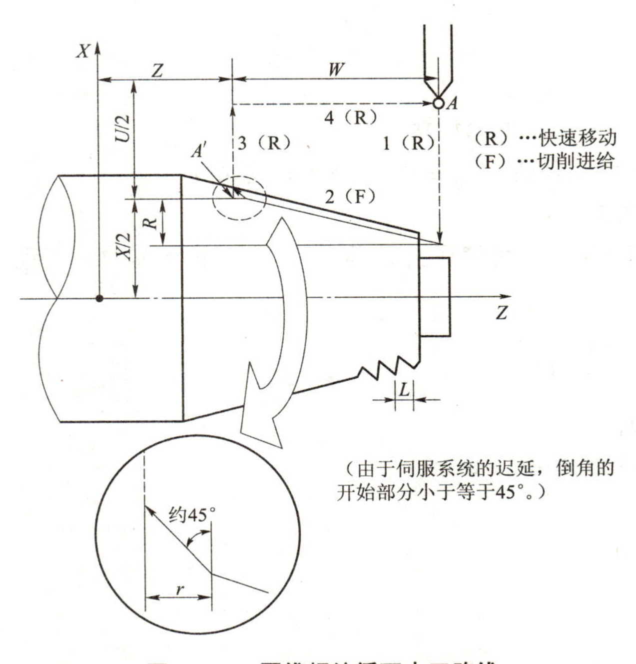

图 5-10　圆锥螺纹循环走刀路线

如图 5－11 所示为一锥螺纹零件，试计算其相关值：

（1）设定升速进刀段 $\delta_1 = 5.0$ mm，降速退刀段 $\delta_2 = 2.0$ mm。

（2）求 R 值。

根据相似三角形的计算方法计算得出（如图 5－12 所示）：

$$\frac{ED}{FD} = \frac{R}{CG + FD + DA}$$

$$\frac{(30-20)/2}{16} = \frac{R}{2+16+5}$$

得 $R = 7.2$。

R 投影方向与 X 正向相反，R 为 -7.2。

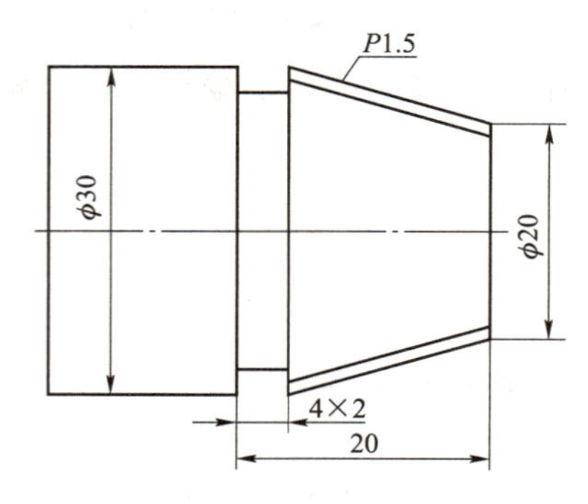

图 5－11　锥螺纹零件

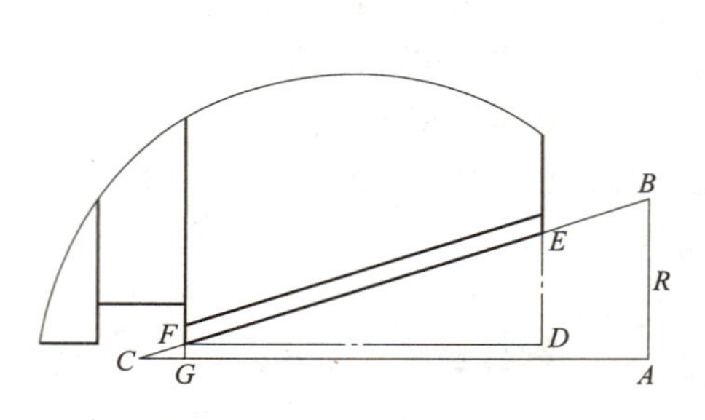

图 5－12　相似三角形

（3）求螺纹切出点大径值（牙顶直径）。

根据相似三角形：

$$\frac{FG}{CG} = \frac{ED}{FD}$$

$$\frac{FG}{2} = \frac{5}{16}$$

得 $FG = 0.625$。

求 $D_{牙}$ 值：$D_{牙} = D + 2 \times FG = 31.25$

（4）求螺纹切出点小径值：$d_{牙} = D_{牙} - 2h$，$h = 0.65P$。

经计算得出：$d_{牙} = 29.3$ mm。

得出上面各计算结果后，可编写出如图 5－11 所示的锥螺纹加工程序：

```
O0114;
G97 G99 S400 M03;
    T0303;
G00 X32.0 Z5.0;
G92 X30.5 Z-18.0 R-7.2 F1.5;
    X30.0;
    X29.7;
    X29.5;
    X29.4;
    X29.35;
```

```
  X29.3;
G00 X200.0 Z100.0;
M05;
M30;
```

小贴士

（1）用 G32 指令加工一个螺纹需多次切削才可完成，而 G32 螺纹加工程序段每一句只能执行一次运动轨迹。因此，完成一个螺纹加工需由多个 G32 程序段和多次 X 向进退刀、Z 向快进和快退等程序段组成，所以 G32 指令编程时，程序较长，很烦琐，容易发生编程错误。因此，建议大家采用螺纹循环切削指令 G92 来加工螺纹。

（2）采用 G32、G92 直进式切削方法加工大螺距螺纹时，每切削一刀，刀具在 X 向的吃刀深度必须合理地进行分配，一般开始时吃刀深度要大些，越到后来吃刀深度越小。吃刀深度的分配需要凭经验或通过计算和试验得到，即使这样有时也无法避免“啃刀现象”的发生。

- **【知识拓展】**

用 G92 加工多头螺纹：

在实际应用中大多数情况下采用的是单头螺纹，如果采用多头螺纹，其目的就是在较长的距离上较快地精确传递运动。要注意精确这个词，粗螺纹也可以比较快地传递运动，但精确度比较差。

对于编程人员而言，加工多头螺纹需要特殊的考虑。即每线螺纹的起始点的位置在螺纹的端面圆上必须均匀分布。如图 5－13 所示为螺纹横截面和末端螺纹截面图。图中从上往下依次为单头螺纹、双线螺纹、三线螺纹和四线螺纹，黑点表示螺纹起点。

用 G92 指令加工多头螺纹时，编程需正确计算加工进给率和移动量。螺纹加工进给率通常等于螺纹导程，而不是螺距，单头螺纹导程和螺距的值相等，但是多头螺纹并非如此。如图 5－14 所示给出了常见双线螺纹螺距和导程之间的关系。

其次，多头螺纹的编程不能只考虑进给率，同样重要的因素还有刀尖移动的编程量，该移动量能保证每个起始点与其他所有起始点之间保持恰当的关系。当加工完一线螺纹后，必须将刀具的起始位置（只沿 Z 轴）移动一个螺距长度，刀具移动量的公式如下：移动量＝螺距。必须在第一线螺纹的基础上为其他所有螺纹的起点编写移动量，程序中的移动次数等于螺纹线数减 1。

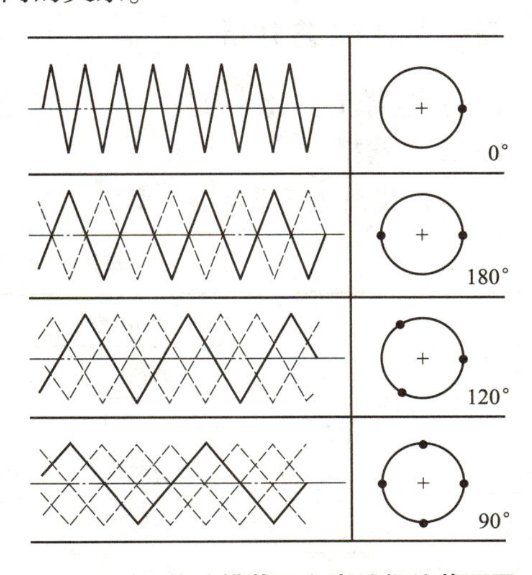

图 5－13　螺纹横截面和末端螺纹截面图

例如对于双线螺纹，在加工完第一线螺纹后，刀具的起始位置（只沿 Z 轴）移动一个螺距长度（移动量）来加工第二线螺纹。

例：在前置刀架式数控车床上，用 G92 指令编写如图 5－15 所示的双线左旋螺纹的加工程序。在螺纹加工前，其螺纹外圆直径已加工至 ϕ29.8 mm。

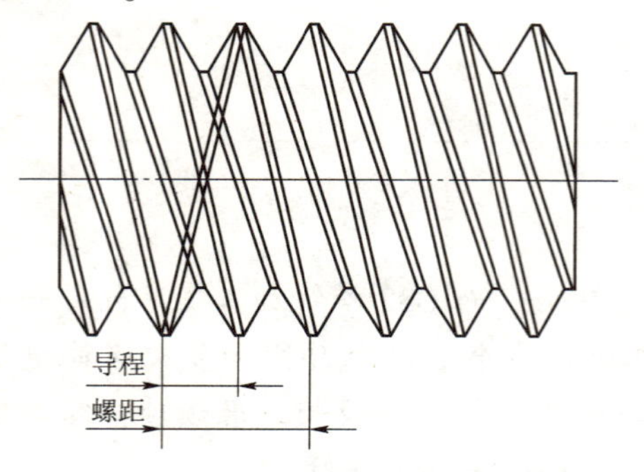

图 5－14　双线螺纹螺距与导程的关系

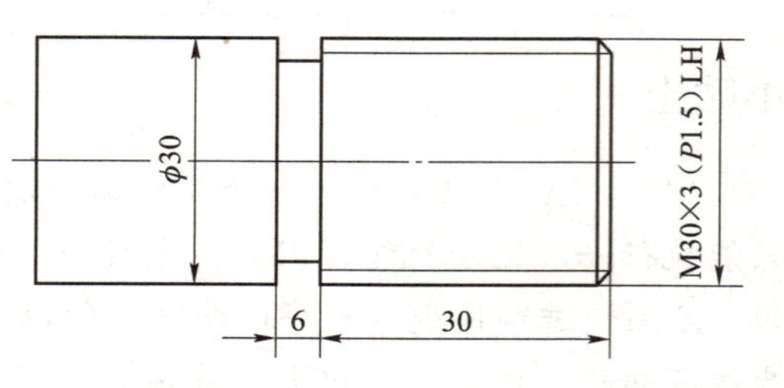

图 5－15　左旋双线螺纹

```
O0789;
…
G00 X31.0 Z-34.0;
G92 X28.9 Z3.0 F3.0;
    X28.4;
    X28.15;
    X28.05;
G01 Z-32.5 F200;（移动一个螺距值）
G92 X28.9 Z4.5 F3.0;
    X28.4
    X28.15;
    X28.05;
G00 X100.0 Z100.0;
M30;
```

三、加工工艺分析

（一）选择工、量、刃具

1. 工具选择

45 钢棒装夹在三爪定心卡盘上，用划线盘校正并夹紧。其他工具如表 5－3 所示。

表 5－3　车削三角形圆柱外螺纹工、量、刃具清单

工、量、刃具清单				图号		
种类	序号	名称	规格	精度	单位	数量
工具	1	三爪自定心卡盘			个	1
	2	卡盘扳手			副	1
	3	刀架扳手			副	1
	4	垫刀片			块	若干

续表

种类	序号	名称	规格	精度	单位	数量
工具	5	划线盘			个	1
量具	1	游标卡尺	0～150 mm	0.02 mm	把	1
	2	千分尺	25～75 mm	0.01 mm	把	1
	3	螺纹环规	M39×3 M33×2		副	2
	4	角度样板	60°		块	1
刃具	1	外圆粗车刀	90°		把	1
	2	外圆精车刀	90°		把	1
	3	切槽刀	5 mm×25 mm		把	1
	4	外螺纹车刀	60°		把	1

2. 量具选择

选用0～150 mm游标卡尺测量长度，外径用千分尺测量，螺纹用螺纹环规测量，量具规格、参数见表5－3。

3. 刀具选择

加工材料45钢，刀具选用90°硬质合金外圆车刀，粗加工刀与精加工刀分别置于T01、T02号刀位，切槽刀选择刀头宽度5 mm，刀头长度应大于25 mm，装在T03刀位，螺纹车刀牙型角选择60°。刀具选择见表5－3。

（二）加工工艺路线

采用直进式进刀切削，车螺纹前先加工外圆柱面及螺纹退刀槽，然后粗、精加工螺纹，螺纹螺距分别为3 mm、2 mm，分别按7次、5次走刀完成。具体步骤见表5－4。

表5－4　车削三角形圆柱外螺纹加工工艺

工步号	工步内容	刀具号	切削用量		
			背吃刀量 a_p/mm	进给速度 f/(mm·r^{-1})	主轴转速 n/(r·min^{-1})
1	粗加工外轮廓及螺纹外圆，留0.3 mm精加工余量	T01	1～2	0.2	600
2	精加工外轮廓及螺纹外圆至要求尺寸	T02	0.2	0.1	800
3	加工螺纹退刀槽	T03	4	0.08	400
4	粗、精加工螺纹至要求尺寸	T04	0.1～1.2		400
5	切断，控制零件总长80 mm	T03	4	0.08	400

（三）选择合理切削用量

加工材料为45钢，硬度较大，切削用量选择应适中。具体切削用量见表5－4。

四、编制加工程序

（一）建立工件坐标系

根据建立工件坐标系原则：工件坐标系原点设在右端面与工件轴线交点上。

（二）计算基点坐标

外螺纹 M39×3 与 M33×3 根据表 5-1 计算进给次数与背吃刀量，螺纹外圆尺寸按经验值 $d_{计}=d-0.1P$ 计算。详细见表 5-5。

表 5-5　螺纹终点坐标

M39×3		M33×2	
螺纹外圆直径	X38.7	螺纹外圆直径	X32.8
第一次进给	X37.8	第一次进给	X32.1
第二次进给	X37.1	第二次进给	X31.5
第三次进给	X36.5	第三次进给	X30.9
第四次进给	X36.1	第四次进给	X30.5
第五次进给	X35.7	第五次进给	X30.4
第六次进给	X35.3		
第七次进给	X35.1		

（三）参考程序

参考程序见表 5-6，程序名为“O130”。

表 5-6　车削三角形外螺纹参考程序

程序段号	程序内容	动作说明
N10	G00 T0101 G40 G97 G99 F0.2	选择 01 号刀，取消刀补，指定主轴恒转速，每转进给，进给速度为 0.2 mm/r
N20	X52. Z2. M03 S600	刀具快速移到加工起点（52，2）处，主轴旋转
N30	G71 U1.5 R0.5	设置循环参数，调用粗加工循环
N40	G71 P50 Q130 U0.3 W0.1	
N50	G00 X28.8	精加工轮廓程序段
N60	G01 Z0.	
N70	X32.8 Z-2.	
N80	Z-25.	
N90	X34.7	
N100	X38.7 W-2.	
N110	Z-60.	
N120	X46.973	
N130	Z-86.	

续表

程序段号	程序内容	动作说明
N140	G00 X100. Z100.	退刀，准备换刀并取消刀补
N150	M00 M05	暂停，主轴停，测量
N160	T0202	换精加工车刀
N170	M03 S800 F0.1	设置转速与进给速度
N180	G00 G42 X52. Z2.	快速移到循环起点，建立刀补
N190	G70 P50 Q130	调用精加工循环，进行精加工
N200	G00 G40 X100. Z100.	退刀，准备换刀并取消刀补
N210	M00 M05	暂停，主轴停，测量
N220	T0303	换切槽刀
N230	M03 S400	设置转速
N240	G00 X40.	快速移至 *X*40 处
N250	Z－25.	快速移至 *Z*－25 处
N260	G01 X28.8 F0.08	切退刀槽
N270	X40.	刀具沿＋*X* 方向退刀
N280	G00 X100. Z100.	刀具退回至换刀点
N290	M00 M05	暂停，主轴停，测量
N300	T0404	换螺纹刀
N310	M03 S400	设置转速
N320	G00 X35. Z3.	刀具快速移至右侧螺纹循环起点，引入距离 3 mm
N330	G92 X32.1 Z－22. F2.	第一次循环进给，超越距离 2 mm
N340	X31.5	第二次循环进给
N350	X30.9	第三次循环进给
N360	X30.5	第四次循环进给
N370	X30.4	第五次循环进给
N380	G00 X42. Z－22.	刀具快速移至左侧螺纹循环起点，引入距离 3 mm
N390	G92 X37.8 Z－55. F2.	第一次循环进给
N400	X37.1	第二次循环进给
N410	X36.5	第三次循环进给
N420	X36.1	第四次循环进给
N430	X35.7	第五次循环进给
N440	X35.3	第六次循环进给
N450	X35.1	第七次循环进给
N460	G00 X100. Z100.	刀具退回至换刀点
N470	M00 M05	暂停，主轴停，测量

续表

程序段号	程序内容	动作说明
N480	T0303	换切断刀
N500	M03 S400	设置转速
N510	G00 X52.	刀具快速移至 $X52$ 处
N520	Z-85.	刀具快速移至 $Z-85$ 处
N530	G01 X0. F0.08	切断
N540	X52. F0.3	退刀
N550	G00 X100. Z100.	刀具退回至换刀点
N560	M05	主轴停转
N570	M30	程序结束

- **【实施训练】**

一、加工准备

（1）检查毛坯尺寸。

（2）开机、回参考点。

（3）装夹刀具与工件。将 90°外圆车刀按要求装于刀具的 T01、T02 号刀位，伸出一定高度，刀尖与工件中心等高，夹紧。切槽刀安装在 T03 号刀位，螺纹车刀装在 T04 号刀位，毛坯 45 钢棒装夹在三爪定心卡盘上，伸出约 75 mm，找正并夹紧。其中，螺纹车刀安装时刀头应垂直于工件轴线，刀尖与工件轴线等高，安装螺纹车刀时，可借助角度样板使刀头垂直于工件轴线。如图 5-16 所示。

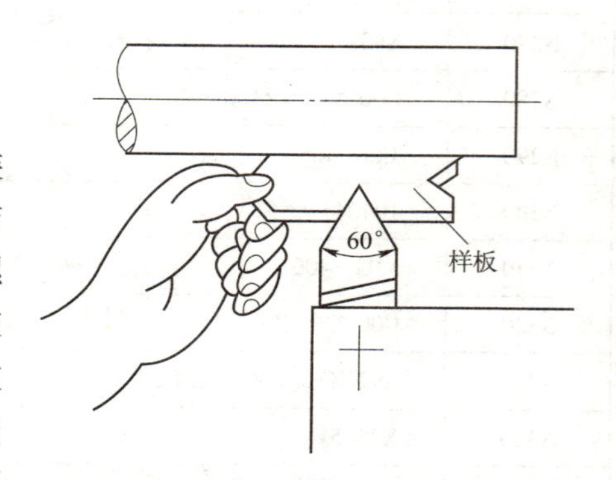

图 5-16　螺纹车刀安装示意图

（4）程序输入。把编写好的程序通过数控面板输入到数控机床。

二、对刀操作

四把刀依次采用试切法对刀。把通过对刀操作得到的零偏置分别输入到各自长度补偿中，其中螺纹车刀对刀取刀尖为刀位点，对刀步骤如下：

（一）X 轴对刀

主轴正转，移动螺纹车刀，使刀尖轻轻接触至工件外圆（可以取外圆车刀试车削的外圆表面）或车一段外圆面，Z 向退刀，主轴停转，测量外圆直径。然后进行面板操作，步骤同其他刀具。如图 5-17（a）所示。

（二）Z 向对刀

主轴停止转动，使螺纹车刀刀尖与工件右端面对齐，采用目测法或借助于金属直尺对齐，然后进行面板操作，步骤同其他刀具。如图 5-17（b）所示。

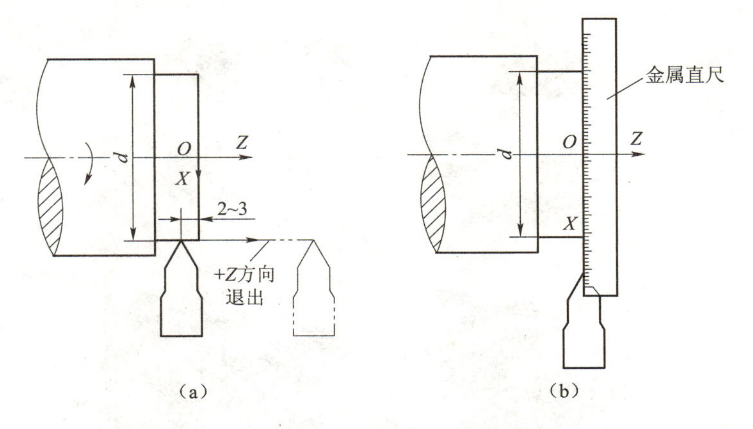

图 5-17　外螺纹车刀对刀

(a) *X* 方向对刀；(b) *Z* 方向对刀

小贴士

螺纹车刀 *Z* 向对刀时，采用目测法或借助于金属直尺对齐方法，势必会产生一些误差，但由于在加工螺纹时，一般在加工之前提前加上引入距离，加工结束后加入超越距离，并且引入距离与超越距离远大于因为采用目测法或借助于金属直尺对齐所产生的误差，所以不必担心由此而产生的误差，仍可以保证螺纹的 *Z* 向长度。

三、空运行及仿真

打开程序，选择 MEM 自动加工方式，打开机床锁住开关，按下空运行键，按循环启动按钮，观察程序运行情况；按图形显示键再按数控启动键可进行轨迹仿真，切换到 *X*、*Z* 视图，观察加工轨迹是否与编程走刀轨迹一致。空运行仿真加工结束后，使空运行、机床锁住功能复位，机床重新回参考点。

四、零件自动加工及尺寸控制

打开程序，选择 MEM 自动加工方式，调好进给倍率（刚开始时可将进给倍率调至 10% 左右，待加工无问题后可恢复到 100%，并视加工情况适时调节进给倍率），按数控循环启动按钮进行自动加工，加工过程中通过试切和试测方法进行锥度控制。具体方法为：当程序至 N160 段，停车测量锥角，根据测量结果，调整圆锥大、小端直径数值（一般调整比图样尺寸大的那一端直径），然后再运行精加工程序，直至尺寸符合要求为止。

五、加工结束，清理机床

● 【相关知识】

一、常见螺纹车刀形状

常见螺纹车刀情况如图 5-18 所示。

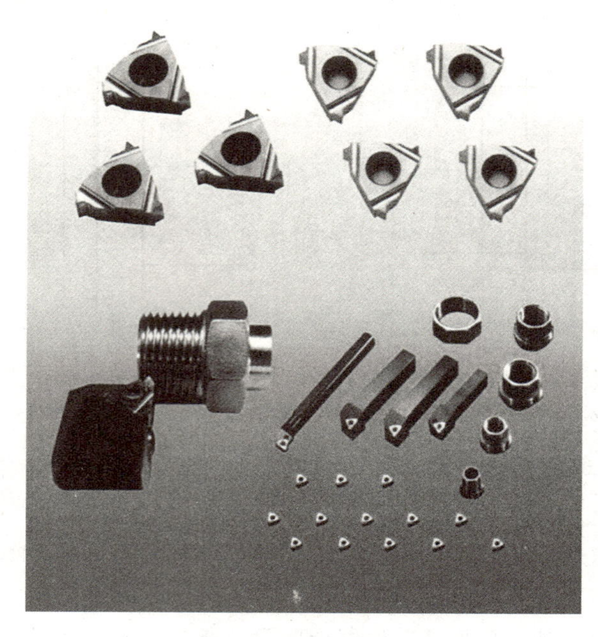

图 5－18　常用螺纹车刀与刀片形状

二、螺纹车刀的特点

螺纹车刀的材料，一般有高速钢和硬质合金两种。高速螺纹车刀刃磨比较方便，容易得到锋利的刀刃，而且韧性较好，刀尖不易爆裂。因此，常被用于塑性材料工件螺纹的粗加工。它的缺点是高温下容易磨损，不能用于高速车削。硬质合金螺纹车刀耐磨和耐高温性能比较好，一般用来加工脆性材料工件螺纹和高速切削脆性材料工件螺纹，以及批量较大的小螺距（$P<4$）螺纹。在数控车床上一般采用可转位内、外普通螺纹车刀，用于加工公制60°螺纹。该种车刀使用全牙型螺纹刀片，规格有11，16，22三大系列，共60多种型号，带有特制的修光刃，与刀杆配合使用可满足螺距为1.0～6.0 mm的内螺纹和螺距为1.25～6.00 mm的外螺纹的加工需要。

三、螺纹车刀的安装

螺纹车刀的刀尖角度直接决定了螺纹的成型和螺纹的精度，安装螺纹车刀时，车刀的刀尖角等于螺纹牙型角 $\alpha=60°$，其前角 $\gamma_0=0°$以保证工件螺纹的牙型角，否则牙型角将产生误差。只有粗加工或螺纹精度要求不高时，为提高切削性能，其前角才可取 $\gamma_0=5°\sim20°$。安装螺纹车刀时，刀尖对准工件中心，并用样板对刀，以保证刀尖角的角平分线与工件的轴线垂直，这样车出的牙型角才不会偏斜。刀尖安装高度与工件轴线等高，为防止硬质合金车刀高速切削时扎刀，刀尖允许高于工件轴线百分之一的螺纹大径。

四、检验三角形螺纹的常用量具

螺纹量规是综合性检验量具，分为塞规和环规两种，如图5－19所示。塞规检验内螺纹，环规检验外螺纹，并由通规、止规两件组成一副。螺纹工件只有在通规可通过、止规通不过的情况下才合格，否则零件为不合格。在综合测量螺纹之前，首先应对螺纹的直径、牙型和螺距进行检查，然后再用螺纹量规进行测量，以免量规严重磨损。

(a)　(b)　(c)

图 5－19　螺纹量规

(a) 常见环规；(b) 常见塞规；(c) 各类螺纹量规

五、外螺纹的检测方法

(一) 螺距检测

用螺距规检测螺纹螺距，如图 5－20 所示。

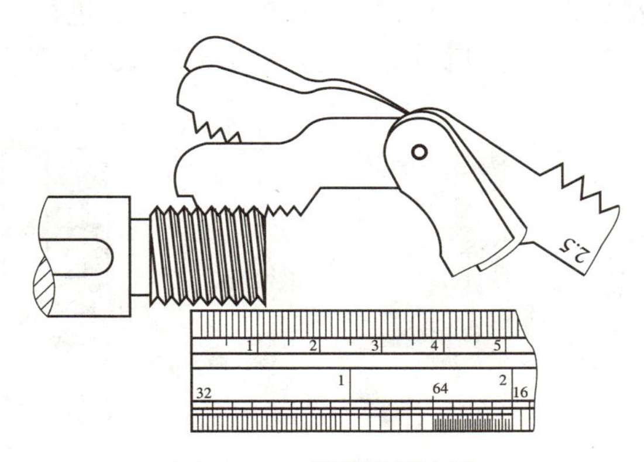

图 5－20　螺距检测方法

（二）螺纹中径的检测

使用螺纹千分尺和三针法测量螺纹中径。如图 5－21 所示。

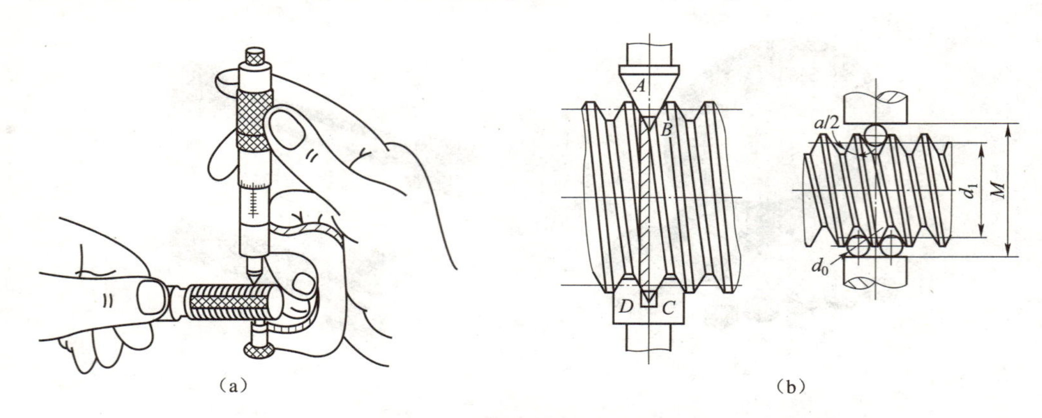

图 5－21　螺纹中径检测方法

（a）螺纹千分尺测量螺纹中径；（b）三针法测量螺纹中径

（三）螺纹综合检测

使用螺纹环规综合检测螺纹尺寸。如图 5－22 所示。

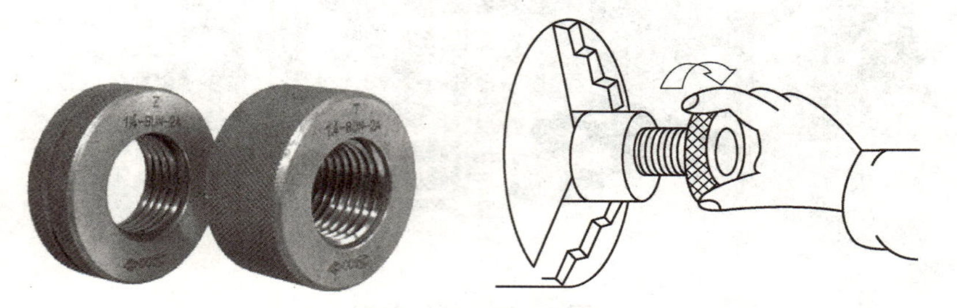

图 5－22　螺纹环规及其检测螺纹示意图

六、螺纹加工主轴转向判断

根据所选用机床刀架是前置或后置，所选用刀具是左偏刀或右偏刀，判断并选择正确的主轴旋转方向和刀具切削进退方向。如在右旋外螺纹加工中，前置刀架主轴正转、刀具自右向左进行加工；当后置刀架加工时，应为主轴反转、自左向右进行加工。反之，则为左旋螺纹。加工内螺纹时，一般自右向左进行加工。具体如图 5－23 所示。

右旋外螺纹

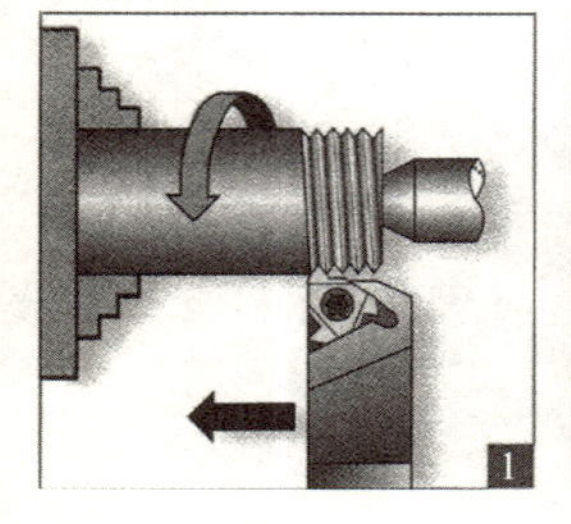

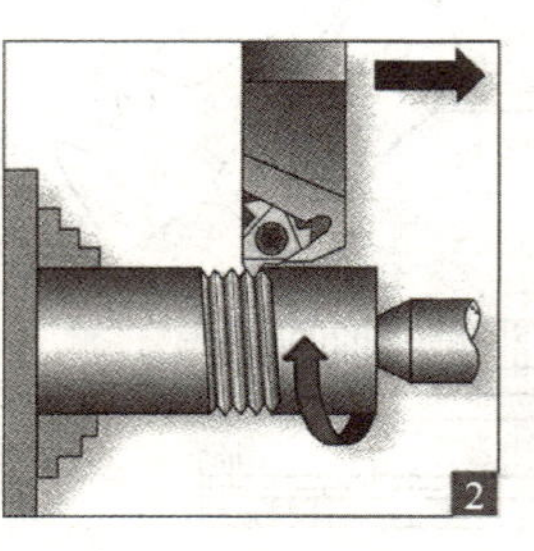

左旋外螺纹

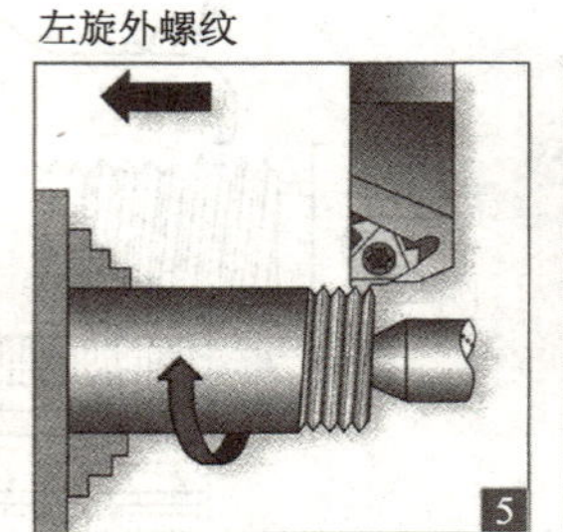

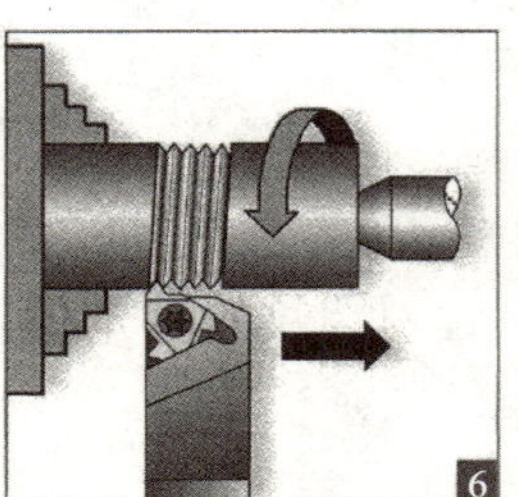

图 5－23　螺纹加工主轴方向

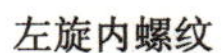

右旋内螺纹

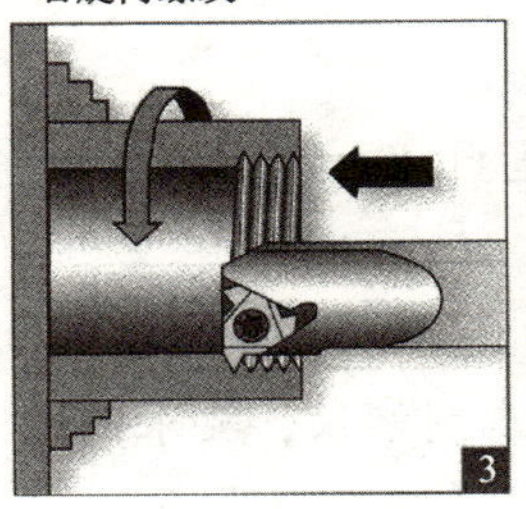

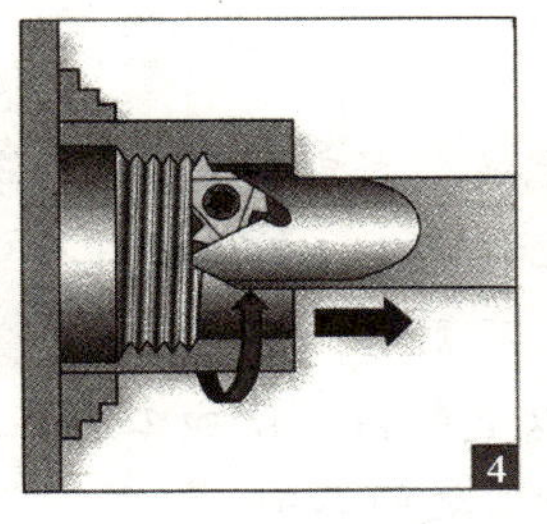

左旋内螺纹

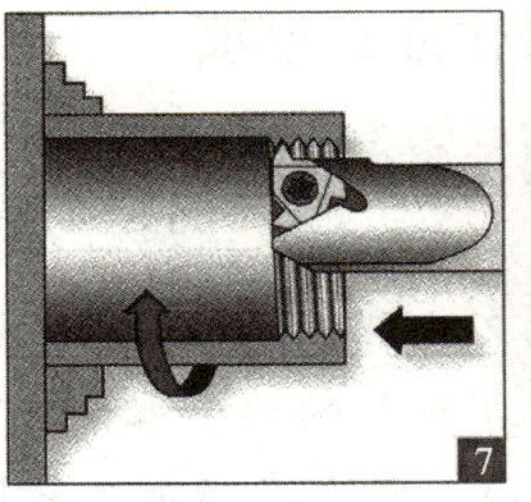

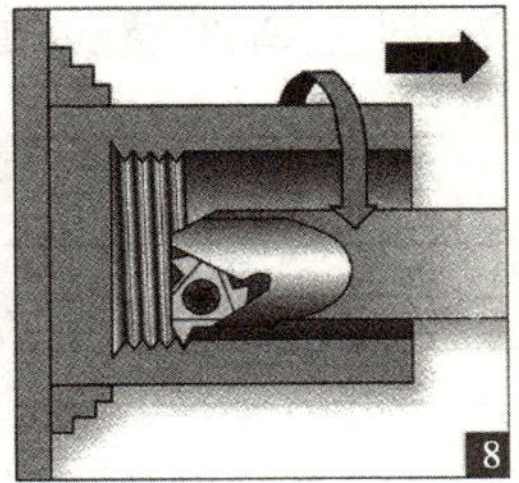

图5－23　螺纹加工主轴方向（续）

小贴士

由于螺纹车刀在加工螺纹时与切削刃与牙型角两侧存在一定挤压力作用，致使螺纹牙顶有一定塑性伸长变形，导致螺纹大径尺寸大于编程尺寸，解决此问题可以将螺纹循环精加工走刀两次，以消除此影响。

•【检查与评价】

零件加工结束后进行检查与评价，检查与评价结果写在表5－7中。

表5－7　三角形圆柱外螺纹加工评分表

班级		姓名			学号	
工作任务					零件编号	
项目	序号	技术要求	配分	评分标准	学生自评	教师评分
程序与工艺	1	切削加工工艺制订正确	5	不规范每处扣1分		
	2	切削用量选择合理	5	不规范每处扣1分		
	3	程序正确、规范	10	不规范每处扣1分		
机床操作	4	设备操作、维护保养正确	10	不规范每处扣1分		
	5	安全、文明生产	10	出错全扣		
	6	刀具选择、安装规范	2	不规范每处扣1分		
	7	工件找正、安装规范	3	不规范每处扣1分		
工作态度	8	行为规范、态度端正	5	不规范每处扣1分		
工件质量（外圆）	9	$\phi 48_{-0.05}^{-0.025}$ mm	5	超差全扣		
倒角	10	C2倒角（两处）	5	不合格每处扣1分		
槽	11	5×2 mm	2	不合格每处扣1分		
工件质量（长度）	12	25 mm	2	不合格每处扣1分		
	13	30 mm（2处）	2	不合格每处扣1分		
	14	6.0 mm（2处）	2	不合格每处扣1分		
	15	80±0.1 mm	4	超差全扣		
螺纹	16	M39×3	12	不合格每处扣2分		
	17	M33×2	12	不合格每处扣2分		
表面粗糙度	18	Ra 3.2 μm，Ra1.6 μm	4	超差全扣		
综合得分			100			

车削三角形螺纹操作注意事项

(1) 在螺纹切削过程中，进给速度倍率无效，固定在100%。车削过程中不能更换，即从头至尾使用一个速度，如果换速应在加工前换，以免出现乱牙。

(2) 螺纹车刀的刀尖圆弧半径不能太大，否则影响螺纹牙型。

(3) 简单或要求不严格的细小零件，可以全部粗、精加工后再车削螺纹，要求高或容易变形的零件的螺纹应放在半精加工和精加工之间车削。

(4) 螺纹车刀刀头不要伸出过长，一般为20~25 mm，为刀杆高度的1~1.5倍。

- 【知识拓展】

一、车削三角形螺纹时产生废品的原因及预防措施

车削三角形螺纹时产生废品的原因及预防措施，如表5－8所示。

表5－8　产生废品的原因及预防措施

废品种类	产生原因	预防措施
尺寸不正确	(1) 车螺纹前大径不对； (2) 螺纹有毛刺，造成增大或缩小的假象； (3) 螺纹车刀装夹时偏斜，使牙型不对，影响尺寸； (4) 在车削过程中，车刀刀尖磨损	(1) 车削前计算好大径与小径，并按计算尺寸车削； (2) 测量前去毛刺； (3) 采用正确的装夹方法； (4) 经常检查车刀，磨损后及时修整
牙型不正确	(1) 车刀刀尖角刃磨不正确； (2) 车刀装夹不正确，产生半角误差； (3) 车刀磨损	(1) 正确刃磨并用螺纹角度样板仔细校对； (2) 正确装夹； (3) 选择合理的切削用量，要及时检查刀具磨损情况
表面粗糙度达不到要求	(1) 车刀切削部分粗糙度值大，不符合图样要求； (2) 切削用量选择不当； (3) 切屑流出方向不对； (4) 产生积屑瘤拉毛螺纹侧面； (5) 刀柄刚性不足，产生振动； (6) 车床刚性差	(1) 车刀切削部分的表面粗糙度值应比加工表面低2至3级； (2) 选择合适的切削用量； (3) 硬质合金车刀高速车削螺纹时，最后一刀的吃刀量要大于0.1 mm，使切屑垂直于工件轴线流出； (4) 避开产生积屑瘤的切削速度范围； (5) 选用刚性较好的刀柄，装刀时不宜伸出过长； (6) 调整好间隙，减少切削用量
扎刀或顶弯工件	(1) 刀柄刚性差或刀柄伸出过长； (2) 刀尖低于工件中心过大，切削部分与螺纹表面接触面积大或进给量不均匀； (3) 工件刚性差，而切削用量又选得较大	(1) 选用刚性好的刀柄，装刀时不宜伸出过长； (2) 尽量使刀尖通过工件中心； (3) 减少切削用量或采用左右切入法
螺纹乱扣	(1) 螺纹起刀位置或终点位置设定不对； (2) 程序中的螺距F值不是相同的值； (3) 数控系统故障	(1) 仔细校验程序，将程序中的起刀点和终点坐标设定正确； (2) 检验程序，将螺距值设定正确； (3) 排除数控系统故障

二、G76 复合螺纹切削循环指令

G76 复合螺纹切削循环指令，是多次自动循环切削螺纹的一种编程加工方式。G76 指令加工轨迹如图 5-24 所示，此循环加工中，刀具为单侧刃加工（称斜进式加工，如图 5-25 所示），从而使刀尖的负载可以减轻，避免出现“啃刀现象”。使用 G76 循环能在两个程序段中加工任何单线螺纹，螺纹加工时占程序很少的部分，在机床上修改程序也更为简单。

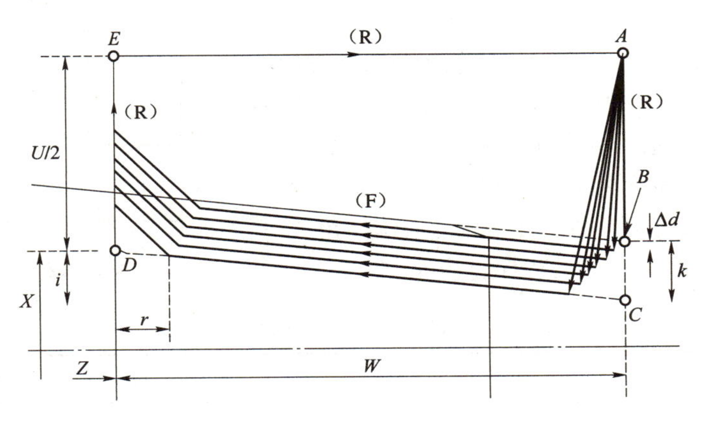

图 5-24　G76 走刀路线

格式：G76　P（m）（r）（α）　Q（Δd_{min}）　R（d）；

G76　X（U）_Z（W）_R（i）　P（k）　Q（Δd）　F（L）；

其中，m——精加工次数（1～99），该值为模态值。

r——退尾倒角量，数值为 0.01 L～9.90 L（介于 00～99 之间），以 0.1 为单位增加，设定时用两位数，即从 00～99。该值为模态值。

α——刀尖角度，即螺纹车刀的牙型角，可选 80°、60°、55°、30°、29°、0° 共 6 种角度，两位数指定。该值是模态值。

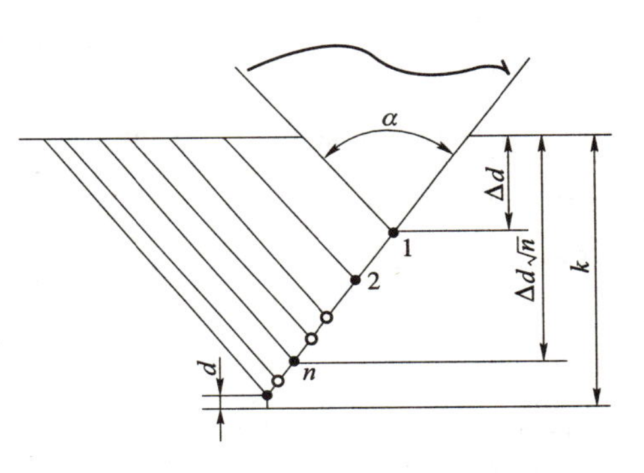

图 5-25　G76 循环单边切削参数

Δd_{min}——最小切削深度（半径值），当一次切入量（$\Delta d\sqrt{n}-\Delta d\sqrt{n-1}$）小于 Δd_{min} 时，则用 Δd_{min} 作为一次切入量，该值是模态值。

d——精加工余量（用半径编程指定），该值是模态值。

i——螺纹两端的半径差；如 $i=0$，为圆柱螺纹切削方式。

k——螺纹牙高（半径值），通常为正，不支持小数点输入。

Δd——第一次车削深度（半径值），后续加工切深为递减式。

L——螺纹导程。

m、r、α——用地址 P 一次指定。例如：若 $m=2$，$r=1.2$，$\alpha=60°$，则指令：P $\underline{02}$ $\underline{12}$ $\underline{60}$

用 P、Q、R 指定的数据，根据有无地址 X（U）、Z（W）区别，循环动作由地址 X

(U)、Z（W）指定的 G76 指令进行。

在螺纹加工中通常采用刀具单侧刃加工，可以减轻刀尖的负荷。在最后精加工时双刀刃切削，以保证加工精度。单侧刃加工进刀如图 5－25 所示。

在螺纹切削循环加工中，按下进给暂停按钮时，就如同在螺纹切削循环终点的倒角一样，刀具立即快速退回。刀具返回该时刻的循环起点。当按下循环启动按钮时，螺纹循环恢复。

例：车削如图 5－26 所示工件 M20×2.5 螺纹。取精加工次数 3 次，螺纹退尾长度为 0，螺纹车刀刀尖角度 60°，最小背吃刀量取 0.1 mm，精加工余量取 0.3 mm，螺纹牙型高度为 1.624 mm，第一次背吃刀量取 0.5 mm，螺纹小径为 16.75 mm，前端倒角 $C2$，为其编制螺纹加工程序。参考程序见表 5－9。

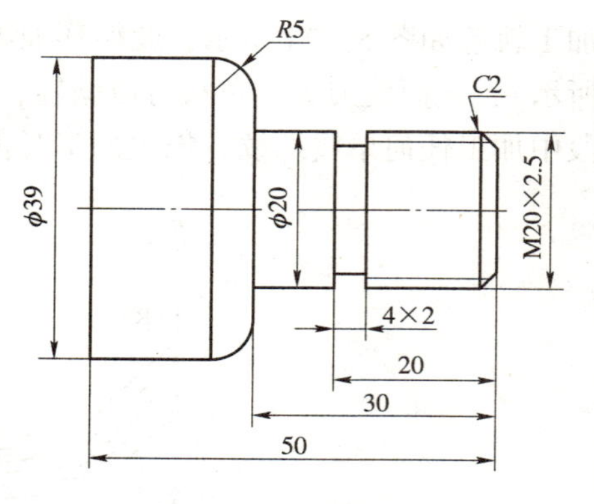

图 5－26　螺纹加工

表 5－9　参考程序

程序	说明
…	…
S400 M03	主轴正转
T0303	换螺纹车刀
G00 X22.0 Z5.0	快速移至循环起点
G76 P30060 Q100 R0.2	m：3 次，r：0，α：刀尖角 60°
G76 X16.75 Z－18.0 R0 P1624 Q500 F2.5	Δd_{min}＝0.1 mm，d＝0.2 mm，i＝0，k＝1.6 mm，Δd＝0.5 mm
G00 X200.0 Z100.0	刀具远离工件
M05	主轴停转
M30	程序结束

说明：

G76 斜进式切削方法，如图 5－27 所示，由于为单侧刃加工，加工刀刃容易损伤和磨损，使加工的螺纹面不直，刀尖角发生变化，从而造成牙型精度较差。但由于其为单侧刃工作，刀具负载较小，排屑容易，并且深度为自动递减式。因此，这种加工方法一般适用于大螺距螺纹加工。由于此加工方法排屑容易，刀刃加工工况较好，在螺纹精度要求不是很高的情况下，此加工方法更为方便（可以一次成型）。在加工较高精度螺纹时，可采用两刀加工完成，即先用 G76 加工方法进行粗车，然后用 G32、G92 加工方法精车。但要注意刀具起始点要准确，否则容易产生“乱牙”，造成零件报废。

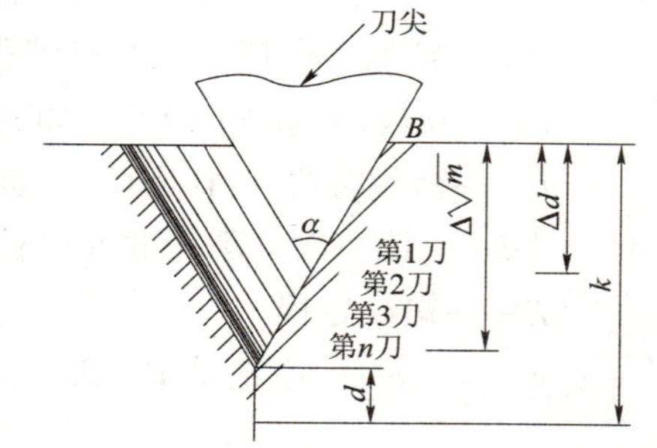

图 5－27　用 G76 指令斜进式切削螺纹

- 【思考与练习】

（1）螺纹加工时为何要设置引入距离与超越距离？

（2）螺纹加工时的进刀方式有哪几种？各适合什么零件？

（3）螺纹车刀安装有何要求？

（4）编写图 5－28 和图 5－29 所示零件的加工程序并练习加工。毛坯尺寸 ϕ50 mm。

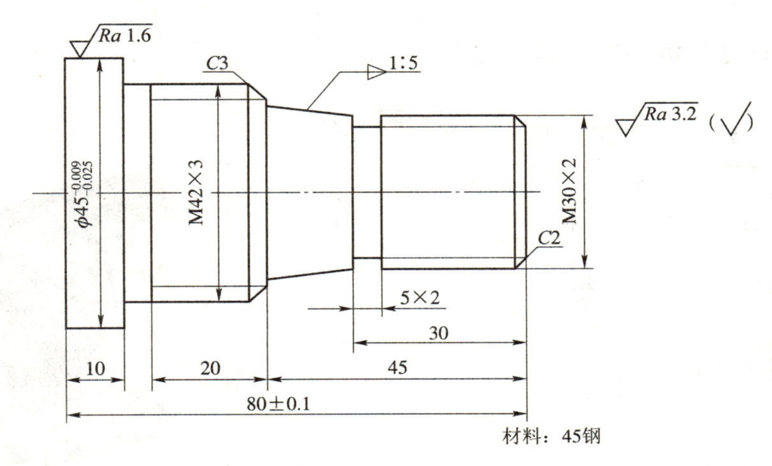

图 5－28　零件图

图 5－29　三维效果图

任务二　三角形圆柱内螺纹加工

- 【能力目标】

✈ 会安装三角形内螺纹车刀；

✈ 会进行三角形内螺纹车刀对刀操作；

✈ 能熟练用内螺纹车刀加工三角形圆柱内螺纹类零件；

✈ 能熟练用内螺纹车刀加工三角形圆锥内螺纹类零件；

✈ 会制订内螺纹车刀加工工艺；

✈ 会三角形圆柱内螺纹零件尺寸控制方法；

✈ 会三角形圆锥内螺纹零件尺寸控制方法。

- **【知识目标】**

✈ 掌握三角形内螺纹尺寸的计算方法（含底孔直径计算方法）;
✈ 掌握三角形圆柱内螺纹零件加工工艺制订方法;
✈ 掌握三角形圆锥内螺纹零件加工工艺制订方法。

- **【工作任务】**

工作任务如图 5－30 和图 5－31 所示。

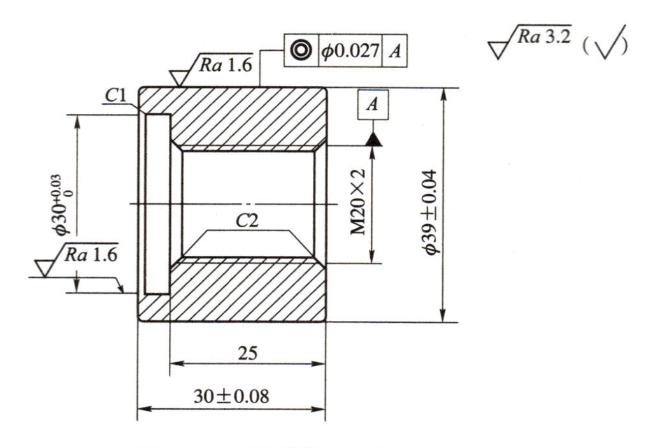

图 5－30　零件图（毛坯：φ40 mm）

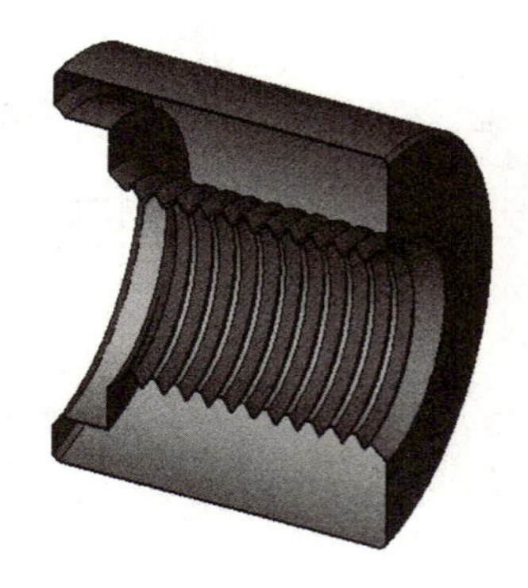

图 5－31　三维效果图

- **【知识学习】**

一、加工工艺分析

（一）选择工、量、刃具

1. 工具选择

45 钢棒装夹在三爪定心卡盘上，用划线盘校正并夹紧。其他工具如表 5－10 所示。

表 5－10　车削三角形圆柱内螺纹工、量、刃具清单

工、量、刃具清单				图号		
种类	序号	名称	规格	精度	单位	数量
工具	1	三爪自定心卡盘			个	1
	2	卡盘扳手			副	1
	3	刀架扳手			副	1
	4	垫刀片			块	若干
	5	划线盘			个	1
	6	钻夹头			个	1
	7	磁性表座			个	1

续表

种类	序号	名称	规格	精度	单位	数量
量具	1	游标卡尺	0 ~ 150 mm	0.02 mm	把	1
	2	千分尺	25 ~ 75 mm	0.01 mm	把	1
	3	螺纹塞规	M20 × 2		副	2
	4	角度样板	60°		块	1
	5	表面粗糙度样板			套	1
刃具	1	外圆车刀	90°		把	1
	2	中心钻	A2		只	1
	3	麻花钻	ϕ16 mm		把	1
	4	切断刀	4 mm × 15 mm		把	1
	5	内孔车刀	ϕ16 mm × 35 mm		把	1
	6	内槽刀	4 mm × 15 mm		把	1
	7	内螺纹车刀	60°		把	1
	8	外圆车刀	45°（倒角）		把	1

2. 量具选择

长度、内孔用游标卡尺测量，外径用千分尺测量，螺纹用螺纹塞规测量，量具规格、参数见表 5 – 10。

3. 刀具选择

加工材料 45 钢，刀具选用 90°硬质合金外圆车刀，置于 T01，用 45°倒角，用内孔车刀车内孔，车内孔前需钻孔（含钻中心孔），内螺纹用内螺纹车刀加工，内螺纹车刀形状与外螺纹车刀对比如图 5 – 32 所示。刀具选择见表 5 – 10。

（二）加工工艺路线

本工作任务采用先粗车外圆表面、精车外圆表面，然后手动钻中心孔、钻孔，切断（控制总长）调头装夹，然后粗镗内孔表面、精镗内孔表面，再进行内倒角加工、内螺纹加工，然后调头（控制总长）车端面、车倒角。具体步骤见表 5 – 12。

（三）圆柱内螺纹切削数值计算

1. 车内螺纹前孔底直径的计算

车内螺纹前孔底直径计算公式，如表 5 – 11 所示。由于高速车削挤压引起螺纹牙尖膨胀变形，因此内螺纹的孔应车到最大极限尺寸。

2. 螺纹实际牙型高度

$$h = H - 2\left(\frac{H}{8}\right) = 0.649\,5P \approx 0.65P$$

图 5 – 32　内外螺纹车刀对比

表 5－11　车内螺纹前孔底直径计算公式

材料类型	孔径计算公式
塑性材料	$D_{孔}=D-P$
脆性材料	$D_{孔}=D-1.05P$

注：D 为内螺纹公称直径，P 为螺距

(四) 选择合理切削用量

加工材料为 45 钢，硬度较大，切削用量选择应适中。具体切削用量如表 5－12 所示。

表 5－12　车削三角形圆柱内螺纹加工工艺

工步号	工步内容	刀具号	切削用量		
			背吃刀量 a_p/mm	进给速度 f/（mm·r^{-1}）	主轴转速 n/（r·min^{-1}）
1	粗车外圆表面	T01	1～2	0.2	600
2	粗车外圆表面	T01	1～2	0.1	800
3	钻 ϕ2 mm 中心孔（手动）	T02	2	0.1	800
4	钻 ϕ16 mm 孔（手动）	T03	4	0.08	400
5	切断，控制零件总长 31 mm	T04	4	0.08	400
6	调头车端面，控制零件总长至要求尺寸（手动）	T01	1～2	0.2	600
7	粗车内孔表面	T05	1～2	0.2	600
8	精车内孔表面	T05	1～2	0.2	600
9	切内槽	T06	2	0.08	400
10	车孔口倒角（手动）	T08	2	0.2	600
11	粗、精加工螺纹至要求尺寸	T07	0.1～1.2		400

二、编制加工程序

(一) 建立工件坐标系

根据建立工件坐标系原则：工件坐标系原点设在右端面与工件轴线交点上。

(二) 计算基点坐标

外螺纹 M20×2 根据表 5－1 计算进给次数与背吃刀量，内螺纹孔底直径尺寸按经验值计算。详细见表 5－13。

表 5－13　螺纹终点坐标

M20×2	X 终点坐标
内螺纹孔径直径	X18.0
第一次进给	X18.5
第二次进给	X19.0

续表

M20×2	X 终点坐标
第三次进给	X19.4
第四次进给	X19.7
第五次进给	X19.9
第六次进给	X20.0

（三）参考程序

参考程序见表5－6，程序名为“O130”。

（1）加工外圆，钻孔，切断。参考程序见表5－14。

表5－14　车削三角形内螺纹参考程序

程序段号	程序内容	动作说明
N10	G00 T0101 G40 G97 G99 F0.2	选择01号刀，取消刀补，指定主轴恒转速，每转进给，进给速度为0.2 mm/r
N20	G00 X42. Z2.	刀具快速移到加工起点（42，2）处
N30	G90 X39.5 Z－34. F0.15	粗车 ϕ39.5 mm 外圆
N40	X39. F0.08 S800	精车 ϕ39 mm 外圆
N50	G00 X100. Z100.	退刀，准备换刀
N60	M05 M00	暂停，主轴停，测量
N70	T0404	换切断刀
N80	M03 S400 F0.08	设置转速与进给速度
N90	G00 X42. Z2.	快速靠近工件，准备切断
N100	Z－34.	Z 向移至切断处
N110	G01 X15.	切断工件
N120	X42. F0.2	退刀
N130	G00 X100. Z100.	快速返回换刀点
N140	M30	程序结束

（2）用铜皮包裹工件，掉头装夹，用百分表校正。车端面（控制工件总长至要求尺寸），车内孔、切削内槽、车螺纹。参考程序见表5－15。

表5－15　车内孔、内螺纹参考程序

程序段号	程序内容	动作说明
N10	G00 T0505 G40 G97 G99 F0.2	选择01号刀，取消刀补，指定主轴恒转速，每转进给，进给速度为0.2 mm/r
N20	G00 X16.0 Z2.0	快速移到循环起点
N30	G71 U1.0 R0.5	设置内孔粗车循环参数
N40	G71 P50 Q110 U－0.3 W0.05	

续表

程序段号	程序内容	动作说明
N50	G00 X18.	精加工轨迹
N60	G01 Z0.	
N70	Z -23.	
N80	X22. Z -25.	
N90	Z -29.015	
N100	X28.	
N110	X30.015 Z -30.	
N120	G00 X100. Z100.	刀具退回至换刀点
N130	M03 S1000 F0.1	设置精加工转速与进给速度
N140	G00 G41 X16. Z2.	快速移到循环起点
N150	G70 P50 Q110	精加工内轮廓
N160	G00 G40 X100. Z100.	刀具退回至换刀点
N170	M05 M00	暂停，主轴停，测量
N180	T0606	换内槽刀
N190	M03 S400 F0.08	设置转速、进给速度
N200	G00 X17. Z2.	快速移至加工起刀点
N210	G01 Z -29.	移至切槽位置
N220	X30.015	加工内槽
N230	G04 X1.	暂停 1 s
N240	X17. F0.2	*X* 向退刀
N250	Z2.	*Z* 向退刀
N260	G00 X100. Z100.	刀具退回至换刀点
N270	T0707	换内螺纹刀
N280	M03 S400	设置主轴转速
N290	X17. Z3.	刀具快速移至右侧螺纹循环起点，引入距离 3 mm
N300	G92 X18.5 Z -27. F2.	第一次循环进给，超越距离 2 mm
N310	X19.	第二次循环进给
N320	X19.4	第三次循环进给
N330	X19.7	第四次循环进给
N340	X19.9	第五次循环进给
N350	X20.	第五次循环进给
N360	G00 X100. Z100.	刀具退回至换刀点
N370	M30	程序结束

● 【实施训练】

一、加工准备

(1) 检查毛坯尺寸。

(2) 开机、回参考点。

(3) 装夹刀具与工件。将刀具装到刀架相应刀位中，其中，安装切断刀、内螺纹刀时应注意使刀头垂直于工件轴线，安装内螺纹车刀时，可借助角度样板使刀头垂直于工件轴线。工件掉头装夹用百分表校正并夹紧。

(4) 程序输入。把编写好的程序通过数控面板输入到数控机床。

二、对刀操作

外圆车刀采用试切法对刀，调头装夹后外圆车刀、内孔车刀和内螺纹车刀仍采用试切法对刀。其中，内螺纹车刀取刀尖为刀位点，对刀步骤如下：

(一) *X* 轴对刀

主轴正转，移动内螺纹车刀，试切内孔长 3 ~ 5 mm，*Z* 向退刀，主轴停转，测圆孔径大小。然后进行面板操作，步骤同其他刀具。如图 5 – 33 (a) 所示。

(二) *Z* 向对刀

主轴停止转动，使内螺纹车刀刀尖与工件右端面对齐，采用目测法或借助于金属直尺对齐，然后进行面板操作，步骤同其他刀具。如图 5 – 33 (b) 所示。

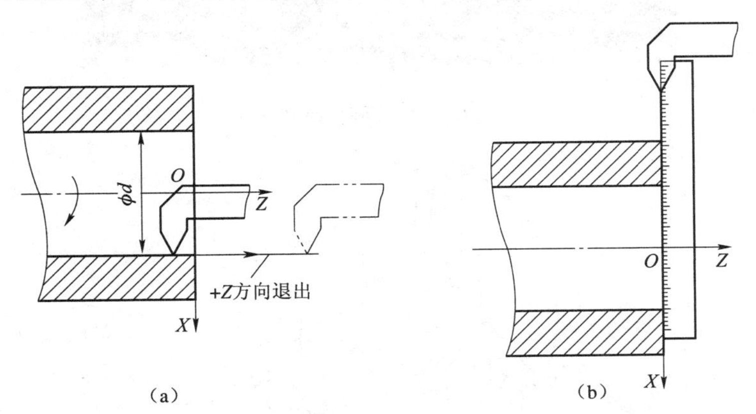

图 5 – 33　内螺纹车刀对刀示意图

(a) *X* 方向对刀；(b) *Z* 方向对刀

小贴士

内螺纹车刀 *Z* 向对刀时，采用目测法或借助于金属直尺对齐方法，势必会产生一些误差，但由于在加工螺纹时，一般在加工之前提前加上引入距离，加工结束后加入超越距离，并且引入距离与超越距离远大于因为采用目测法或借助于金属直尺对齐所产生的误差，所以不必担心由此而产生的误差，仍可以保证螺纹的 *Z* 向长度。

三、空运行及仿真

打开程序，选择 MEM 自动加工方式，打开机床锁住开关，按下空运行键，按循环启动按钮，观察程序运行情况；按图形显示键再按数控启动键可进行轨迹仿真，切换到 X、Z 视图，观察加工轨迹是否与编程走刀轨迹一致。空运行仿真加工结束后，使空运行、机床锁住功能复位，机床重新回参考点。

四、零件自动加工及尺寸控制

打开程序，选择 MEM 自动加工方式，调好进给倍率（刚开始时可将进给倍率调至 10% 左右，待加工无问题后可恢复到 100%，并视加工情况适时调节进给倍率），按数控循环启动按钮进行自动加工，用螺纹塞规检测内螺纹尺寸，根据检测结果，修调内螺纹车刀磨损量，重新运行内螺纹加工程序，直至通规能通过、止规通不过为止。

五、加工结束，清理机床

● 【相关知识】

内螺纹尺寸检测。

内螺纹的检测通常采用螺纹塞规检查内螺纹的精度，塞规也有通端和止端，用螺纹塞规检测属于综合检查。螺纹塞规与检测方法分别如图 5－34 和图 5－35 所示。

图 5－34　螺纹塞规

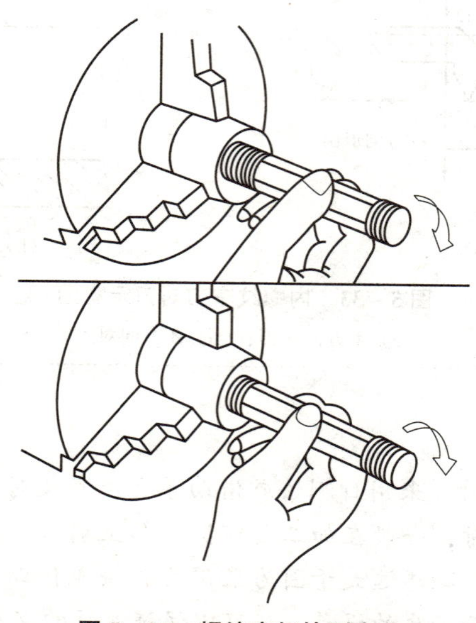

图 5－35　螺纹塞规检测方法

【检查与评价】

零件加工结束后进行检查与评价，检查与评价结果写在表 5 – 16 中。

表 5 – 16 三角形圆柱内螺纹加工评分表

班级		姓名			学号	
工作任务					零件编号	
	序号	技术要求	配分	评分标准	学生自评	教师评分
程序与工艺	1	切削加工工艺制订正确	5	不规范每处扣 1 分		
	2	切削用量选择合理	5	不规范每处扣 1 分		
	3	程序正确、规范	10	不规范每处扣 1 分		
机床操作	4	设备操作、维护保养正确	10	不规范每处扣 1 分		
	5	安全、文明生产	10	出错全扣		
	6	刀具选择、安装规范	2	不规范每处扣 1 分		
	7	工件找正、安装规范	3	不规范每处扣 1 分		
工作态度	8	行为规范、态度端正	5	不规范每处扣 1 分		
工件质量（外圆）	9	$\phi39 \pm 0.04$ mm	5	超差全扣		
倒角	10	$C2$ 倒角（两处）	5	不合格每处扣 1 分		
	11	$C1$ 倒角	5	不合格每处扣 1 分		
槽	12	$\phi30^{+0.03}_{0}$ mm	8	超差全扣		
工件质量（长度）	13	25 mm	5	不合格每处扣 1 分		
	14	30 ± 0.08 mm	5	超差全扣		
螺纹	15	M20 × 2	13	不合格全扣		
表面粗糙度	16	$Ra3.2$ μm，$Ra1.6$ μm	4	超差全扣		
综合得分			100			

车削三角形内螺纹的操作注意事项

（1）调头装夹工件时应用铜皮包裹外圆，以防损坏已加工外圆表面。

（2）安装内螺纹车刀，车刀刀尖要对准工件旋转中心，装得过高，车削时易振动；装得过低，刀头下部与工件发生碰撞。

（3）车削前，应调整内孔车刀与内螺纹车刀，以防刀体、刀杆与内孔发生干涉。

（4）使用内螺纹循环时，循环起点位置应在内孔直径以内。

【知识拓展】

加工小尺寸内螺纹常出现的问题及解决办法

加工螺纹常用的方法有车、攻、碾压等，而攻螺纹是应用最广泛的一种内螺纹加工方法。特别是对于小尺寸内螺纹，攻螺纹几乎是唯一的加工方法。攻螺纹的方法一般有两种，即手攻和机攻。

一、用普通丝锥攻螺纹的方法及注意事项

（一）手攻螺纹的方法及注意事项

目前，在机械加工中，手攻螺纹仍占有一定的地位。因为在实际生产中，有些螺纹孔由于所在的位置或零件形状的限制，不适用于机攻螺纹。对于小孔螺纹，由于螺纹孔直径较小，丝锥强度较低，用机攻螺纹容易折断丝锥，一般也常采用手攻螺纹。但是，手攻螺纹的质量受人为因素的影响较大，所以我们只有采取正确的攻螺纹方法，才能保证手攻螺纹的加工质量。

（1）工件的装夹。被加工工件装夹要正。一般情况下，应将工件需要攻螺纹的一面，置于水平或垂直位置。便于判断和保持丝锥垂直于工件基面。

（2）丝锥的初始位置。在开始攻螺纹时，要把丝锥放正，然后一手扶正丝锥，另一手轻轻转动铰杠。当丝锥旋转 1 ~2 圈后，从正面或侧面观察丝锥是否与工件基面垂直，必要时可用直角尺进行校正，一般在攻进 3 ~4 圈螺纹后，丝锥的方向就基本确定。

如果开始攻螺纹不正，可将丝锥旋出，用二锥加以纠正，然后再用头锥攻螺纹，当丝锥的切削部分全部进入工件时，就不再需要施加轴向力，靠螺纹自然旋进即可。

攻螺纹时，一般以每次旋进 1/2 ~1 转为宜。但是，特殊情况下，应具体问题具体分析，例如：M5 以下的丝锥一次旋进不得大于 1/2 转；手攻细牙螺纹或精度要求较高的螺纹时，每次进给量还要适当减少；攻削铸铁比攻削钢材的速度可以适当快一些，每次旋进后，再倒转约为旋进的 1/2 行程；攻削较深螺纹时，为便于断屑和排屑，减少切削刃粘屑现象，保证锋利的刃口，同时使切削液顺利地进入切削部位，起到冷却润滑作用。回转行程还要大一些，并需要往复拧转几次，另外，攻削盲孔螺纹时，要经常把丝锥退出，将切屑清除，以保证螺纹孔的有效长度。

（3）用力要均匀。转动铰杠时，操作人员的两手用力要平衡，切忌用力过猛和左右晃动，否则容易将螺纹牙型撕裂和导致螺纹孔扩大及出现锥度。如感到很费力时，切不可强行攻螺纹，应将丝锥倒转，使切屑排出，或用二锥攻削几圈，以减轻头锥切削部分的负荷，然后再用头锥继续攻螺纹，如果继续攻螺纹仍然很吃力或断续发出“咯、咯”的声音，则切削不正常或丝锥磨损，应立即停止攻螺纹，查找原因，否则丝锥有折断的可能。

（4）退出丝锥的操作方式。攻削盲孔螺纹时，当末锥攻完，用铰杠倒旋丝锥松动以后，几乎将丝锥旋出，因为攻完的螺纹孔和丝锥的配合较松，而铰杠重，若用铰杠旋出丝锥，容易产生摇摆和振动，从而破坏了螺纹的表面粗糙度。攻削通孔螺纹时，丝锥的校准部分尽量不要全部出头，以免扩大或损坏最后几扣螺纹。

（5）成组丝锥的应用。用成组丝锥攻螺纹时，在头锥攻完后，应先用手将二锥或三锥旋进螺纹孔内，一直到旋不动时，才能使用铰杠操作，防止对不准前一丝锥攻削的螺纹而产生乱扣现象。

（二）机用丝锥机攻螺纹的方法及注意事项

由于手攻螺纹存在效率低、质量不稳定的问题，所以在实际大批量生产中，主要是采用质量好、效率高、生产成本低的机攻螺纹。但是在机攻螺纹过程中，我们也必须正确地使用机器和工具，否则，也将影响螺纹孔的加工质量。

（1）机床的自身精度。钻床主轴的径向跳动，一般应调整在0.05 mm以内，如果攻削螺纹孔的精度较高时，主轴的径向跳动不应大于0.02 mm，装夹工件的夹具定位支撑面与钻床主轴中心或丝锥中心的垂直度误差应不大于0.05 mm，工件的螺纹底孔与丝锥的同轴度一般应不大于0.05 mm。

（2）攻螺纹的操作方式。当丝锥即将攻完螺纹时，进刀要轻、慢，以防止丝锥前端与工件的螺纹底孔深度产生干涉撞击，损坏丝锥；当攻盲孔螺纹或深度较大的螺孔时，应使用攻螺纹安全夹头来承受切削力，其必须按照丝锥的大小来进行调节，以免断锥或攻不进去；在丝锥切削部分长度的攻削行程内，应在钻床进刀手柄上旋加均匀合适的压力，以协助丝锥进入底孔内，这样可避免由于靠开始几扣不完整的螺纹向下去拉主轴时，将螺纹刮烂；当校准部分进入工件时，可靠螺纹自然的旋进进行攻削，以免将牙型切瘦；攻通孔螺纹时，应注意丝锥的校准部分不能全部露出头，否则在反转退出丝锥时，将会产生乱扣现象。

（3）切削速度的选择。攻螺纹的切削速度主要根据切削材料、丝锥中径、螺距、螺纹孔的深度等情况而定。一般当螺纹孔深度在10～30 mm以内，工件为下列材料时，其切削速度大致如下：钢材$v=6\sim15$ m/min；调质后的钢材或较硬的钢材$v=5\sim10$ m/min；不锈钢$v=2\sim7$ m/min；铸铁$v=8\sim10$ m/min。在同样条件下，丝锥直径小取相对高速，丝锥直径大取相对低速，螺距大取低速。

（4）切削液的选择。机攻螺纹时，切削液主要是根据被加工材料来选择的，且需保持足够的切削液，对于金属材料，一般采用乳化液；对塑料材料，一般可采用乳化油或硫化切削油。如果工件上的螺纹孔表面粗糙度值要求较低时，可采用菜籽油及二硫化钼等，豆油的效果也比较好。

二、普通丝锥攻螺纹常出现的问题、产生的原因及解决方法

普通丝锥攻螺纹常出现的问题、产生的原因及解决方法，如表5－17所示。

表5－17 普通丝锥攻螺纹常出现的问题、产生的原因及解决方法

问题	产生原因	解决办法
丝锥折断	螺纹底孔加工时，底孔直径偏小，排屑不好造成切屑堵塞；攻盲孔螺纹时，钻孔的深度不够；攻螺纹的速度过快；攻螺纹用的丝锥与螺纹底孔直径不同轴；丝锥刃磨参数的选择不合适；被加工工件硬度不稳定；丝锥使用时间过长，过度磨损	正确地选择螺纹底孔的直径；刃磨刃倾角或选用螺旋槽丝锥；钻底孔的深度要达到规定的标准；适当降低切削速度，按标准选取；攻螺纹时校正丝锥与底孔，保证其同轴度符合要求，并且选用浮动攻螺纹夹头；增大丝锥前角，缩短切削锥长度；保证工件硬度符合要求，选用保险夹头；发现丝锥磨损应及时更换
丝锥崩齿	丝锥前角选择过大；丝锥每齿切削厚度太大；丝锥的淬火硬度过高；丝锥磨损严重	适当减小丝锥前角；适当增加切削锥的长度；降低硬度并及时更换丝锥
丝锥磨损过快	攻螺纹时速度过高；丝锥刃磨参数选择不合适；切削液选择不当，使用不充分；工件的材料硬度过高；丝锥刃磨时，产生烧伤现象	适当降低切削速度；减小丝锥前角，加长切削锥的长度；选用润滑性好的切削液；对被加工工件进行适当的热处理；正确的刃磨丝锥

续表

问题	产生原因	解决办法
螺纹中径过大	丝锥的中径精度等级选择不当；切削液选择不合理；攻螺纹的速度过高；丝锥与工件螺纹底孔同轴度差；丝锥刃磨参数选择不合适；刃磨丝锥产生毛刺；丝锥切削锥长度过短	选择合适精度等级的丝锥中径；选择适宜的切削液并适当降低切削速度；攻螺纹时校正丝锥和螺纹底孔同轴度；采用浮动夹头；适当减小前角与切削锥后角；消除刃磨丝锥产生的毛刺；适当增加切削锥长度
螺纹中径过小	丝锥的中径精度等级选择不当；丝锥刃磨参数不合适；丝锥磨损；切削液选择不合适	选择适宜精度等级的丝锥中径；适当加大丝锥前角和切削锥度；更换磨损过大的丝锥；选用润滑性好的切削液
螺纹表面粗糙度大	丝锥刃磨参数不合适；工件的材料硬度过低；丝锥刃磨质量差、切削液选择不当；攻螺纹的削速度太高；丝锥磨损大	适当加大丝锥前角，减小切削锥度；进行热处理，适当提高工件硬度；保证丝锥前刀面有较低的表面粗糙度值；选择润滑性好的切削液；适当降低切削速度；更换已磨损的丝锥

- **【思考与练习】**

（1）内螺纹车刀 Z 向对刀时采用目测法如何对螺纹加工没有影响？

（2）车削内螺纹前底孔直径如何确定？

（3）内螺纹车刀安装有何要求？

（4）编写如图 5－36 和图 5－37 所示零件的加工程序并练习加工。毛坯尺寸 ϕ50 mm。

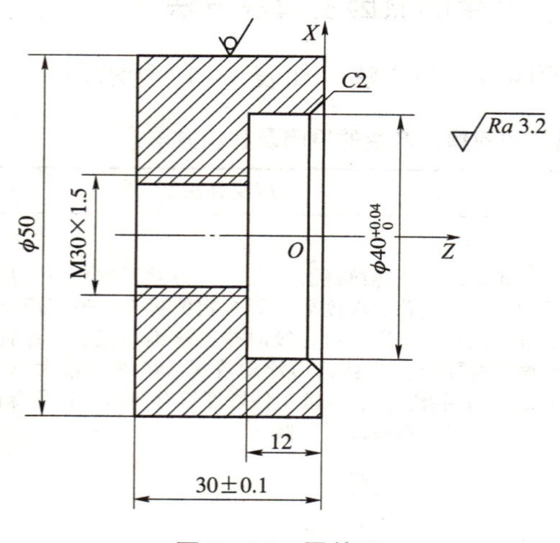

图 5－36　零件图

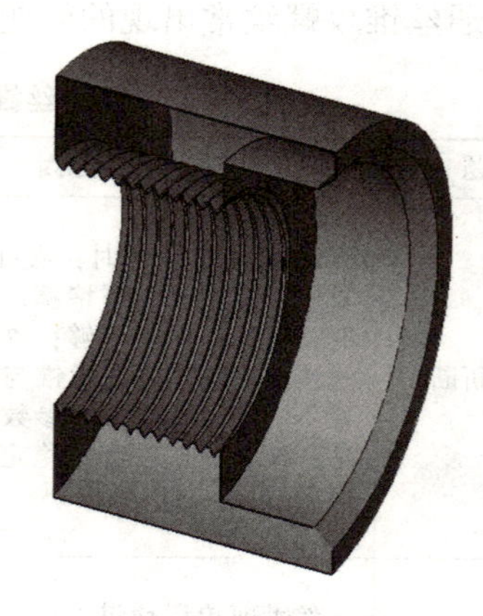

图 5－37　三维效果图

项目六　非圆型面类零件加工

• 【项目描述】

该项目主要通过椭圆面类零件加工、抛物线面类等非圆型面零件加工，掌握非圆型面类零件的加工工艺制订方法，能正确选用加工非圆型面类零件的刀具，掌握非圆型面类零件加工方法及尺寸控制方法。会用宏指令编写非圆型面类零件的加工程序，学习完本项目后能够独立完非圆型面类零件加工。

任务一　椭圆面零件加工

• 【能力目标】

- ✈ 掌握典型椭圆面零件加工工艺分析方法；
- ✈ 掌握数控车床上典型椭圆面类零件的加工方法；
- ✈ 会编制椭圆面类零件宏程序。

• 【知识目标】

- ✈ 掌握常见宏程序基础知识；
- ✈ 学会使用宏程序编制程序；
- ✈ 掌握椭圆面的编程方法和技巧；
- ✈ 掌握特殊型面的检测方法。

• 【工作任务】

工作任务如图 6－1 和图 6－2 所示。

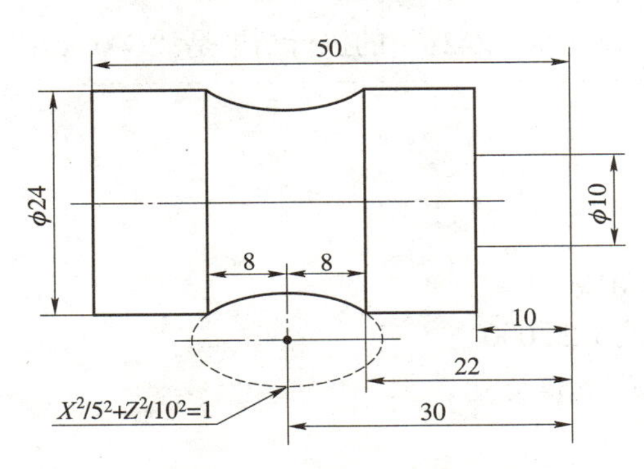

图 6－1　零件图（毛坯：ϕ25 mm）

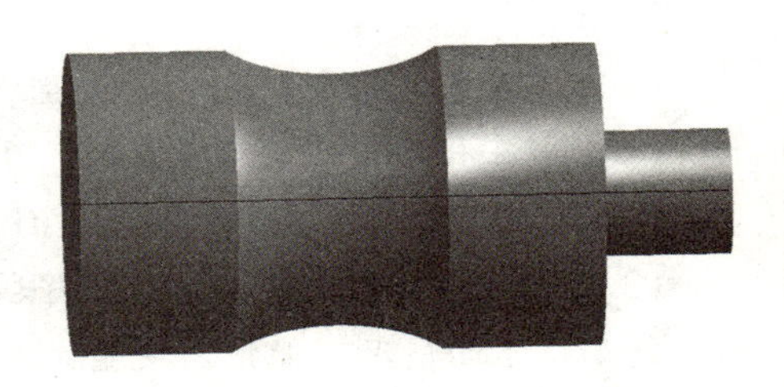

图 6－2　三维效果图

● 【知识学习】

一、宏程序基础

（一）宏程序概述

在某种特定功能的零件加工程序中，用变量代替某些数值并利用这些变量的运算和赋值过程而编写的程序叫宏程序，或者简单的理解为宏程序就是利用变量编程的一种方法。用户利用数控系统提供的变量、数学运算功能、逻辑判断功能、程序循环功能等，来实现一些特殊的用法。宏指令既可以在主程序中使用，也可以当作子程序来调用。

（二）变量的表示与引用

1. 变量的表示

普通加工程序直接用数值指定 G 代码和移动距离，例如，G01 和 X100.0。使用用户宏程序时，数值可以直接指定或用变量指定。当用变量时，变量值可用程序或用 MDI 面板上的操作改变。

一般编程方法允许对变量命名，但用户宏程序不行。变量用变量符号（#）和后面的变量号指定。

例如：#1 = #2 + 100；

G01 X#1 F300；

表达式可以用于指定变量号。此时，表达式必须封闭在括号中。

例如：# [#1 + #2 - 12]；

2. 变量的引用

在地址后指定变量号即可引用其变量值。当用表达式指定变量时，要把表达式放在括号中。

例如：G01 X [#1 + #2] F#3；

被引用变量的值根据地址的最小设定单位自动地引入。

例如：当系统的最小输入增量为 1/1 000 mm，指令“G00 X#1；”，并将 12.345 6 赋值给变量#1，实际指令值为“G00 X12.346；”。

改变引用变量符号时，要把负号（-）放在#的前面。

例如：G00 X - #1；

当引用未定义的变量时，变量及地址字都被忽略。

例如：当变量#1 的值为 0，并且#2 的值为空时，“G00 X#1 Z#2；”的执行结果是“G00 X0；”。

变量引用时的注意事项

（1）当变量值空白时，变量为空。

（2）当在程序中定义变量值时，小数点可以省略。

例如：当定义#1 = 123 时，变量#1 的实际值是 123.000。

（3）程序号、顺序号和任选程序段跳转号不能使用变量。

例如：下面情况不能使用变量。

```
O#1;
/#2 G00 X100.00;
N#3 Z200.00;
```

即程序号、顺序号和任选程序段跳转号不能使用变量。

当变量值未定义时，这样的变量成为“空变量”。变量#0 总是空变量，它不能写，只能读。未赋值的变量具有下列特征。

① 引用。

当引用一个未定义的变量时，地址本身也被忽略。如表 6－1 所示。

表 6－1　引用

当#1 = <空>	当#1 =0
G90 X100 Y#1 ↓ G90 X100	G90 X100 Z#1 ↓ G90 X100 Z0

② 运算。

除了用<空>赋值以外，其余情况下<空>与 0 相同。如表 6－2 所示。

表 6－2　运算

当#1 = <空>时	当#1 =0 时
#2 = #1 ↓ #2 = <空>	#2 = #1 ↓ #2 =0
#2 = # * 5 ↓ #2 =0	#2 = # * 5 ↓ #2 =0
#2 = #1 + #1 ↓ #2 =0	#2 = #1 + #1 ↓ #2 =0

③ 条件表达式。

EQ 和 NE 中的<空>不同于 0。如表 6－3 所示。

表 6－3　条件表达式

当#1 = <空>时	当#1 =0 时
#1 EQ#0 成立	#1 EQ#0 不成立
#1 NE #0 成立	#1 NE #0 不成立
#1 GE #0 成立	#1 GE #0 不成立
#1 GT #0 不成立	#1 GT #0 不成立

（三）变量的类型

变量根据变量号可以分成四种类型，见表 6－4。

表 6－4　变量的类型

变量号	变量类型	功能
#0	空变量	该变量总是空，没有值能赋给该变量
#1～#33	局部变量	局部变量只能用在宏程序中存储数据，例如，运算结果。当断电时，局部变量被初始化为空。调用宏程序时，自变量对局部变量赋值
#100～#199 #500～#999	公共变量	公共变量在不同的宏程序中的意义相同。当断电时，变量#100－#199初始化为空；变量#500－#999的数据保存，即使断电也不丢失
#1000	系统变量	系统变量是系统固定用途的变量，它们可被任何程序调用。有些是只读的、有些是可以赋值或修改。可以用于读和写 CNC 运行时各种数据的变化，例如，刀具的当前位置和补偿值

(四) 算术和逻辑运算

表 6－5 中列出的运算可以在变量中执行。运算符右边的表达式可包含常量和由函数或运算符组成的变量。表达式中的变量#*j* 和#*k* 可以用常数赋值。

表 6－5　算术和逻辑运算

功能	格式	备注
定义	#*i*＝#*j*	
加法	#*i*＝#*j*＋#*k*	
减法	#*i*＝#*j*－#*k*	
乘法	#*i*＝#*j*＊#*k*	
除法	#*i*＝#*j*/#*k*	
正弦	#*i*＝SIN［#*j*］	角度单位为度（°）
反正弦	#*i*＝ASIN［#*j*］	角度单位为度（°），通过参数设定，角度范围可为 180°～0°；当#*j* 超出－1～1 范围时，发出 P/S 报警
余弦	#*i*＝COS［#*j*］	角度单位为度（°）
反余弦	#*i*＝ACOS［#*j*］	角度单位为度（°），通过参数设定，角度范围可为 270°～90°或－90°～90°； 当#*j* 超出－1～1 范围时，发出 P/S 报警
正切	#*i*＝TAN［#*j*］	角度单位为度（°）
反正切	#*i*＝ATAN［#*j*/#*k*］	角度单位为度（°），通过参数设定，角度范围可为 0°～360°或－180°～180°； 指定两个边的长度，并用斜杠（/）分开
平方根	#*i*＝SQRT［#*j*］	
绝对值	#*i*＝ABS［#*j*］	
舍入	#*i*＝ROUND［#*j*］	当算术运算或逻辑运算指令 IF 或 WHILE 中包含 ROUND 函数时，函数在第 1 个小数位置四舍五入； ROUND 用于语句中的地址，按各地址的最小设定单位进行四舍五入
上取整	#*i*＝FIX［#*j*］	小数部分进位到整数

续表

功能	格式	备注
下取整	#i = FUP［#j］	舍去小数部分
自然对数	#i = LN［#j］	
指数函数	#i = EXP［#j］	当运算结果超过 3.65×10^{47}（j 大约是 110）时，出现溢出并发出 P/S 报警
或	#i = #jOR#k	
异或	#i = #jXOR#k	
与	#i = #jAND#k	
从 BCD 转为 BIN	#i = BIN［#j］	二进制转换为十进制
从 BIN 转为 BCD	#i = BCD［#j］	十进制转换为二进制

（五）控制语句

1. 无条件转移命令 GOTO

格式：GOTO　n；

无条件跳转至 n 的程序段中，顺序号必须位于程序段的最前面。当 n 为 1 到 99 999 以外的顺序号时，出现 P/S 报警。顺序号 n 可以用变量或表达式来指定顺序号。

例如：GOTO #10；

2. 无条件转移语句 IF

格式：IF［<条件表达式>］GOTO n；

如果指定的条件表达式满足时，转移至顺序号为 n 的程序段中，如果指定的条件表达式不满足时，执行下一个程序段。

条件表达式必须包含运算符。运算符的含义如表 6－6 所示，运算符插在两个变量之间或变量和常量之间，表达式必须用括号“[ ]”封闭。

表 6－6　运算符

运算符	含义	运算符	含义
EQ	等于（=）	GE	大于或等于（≥）
NE	不等于（≠）	LT	小于（<）
GT	大于（>）	LE	小于或等于（≤）

3. 循环语句 WHILE

格式：

WHILE［<条件表达式>］DO m；

…

END m；

说明：

（1）当指定的条件满足时，执行 WHILE 后从 DO 至 END 之间的程序。否则，转而执行 END 之后的程序段。与 IF 语句的指令格式相同。DO 后的数值和 END 后的数值为指定程序执行范围的标号，必须相同。标号值为 1、2、3。若用 1、2、3 之外的值会产生报警。

（2）标号（1 至 3）可以根据要求多次使用。

例：

```
WHILE [···] DO 1;
···
END 1;
        ···
WHILE [···] DO 1;
···
END 1
```

（3）DO 的范围不能交叉。

例：

```
WHILE [···] DO 1;
···
WHILE [···] DO 2;
END 1;
···
END 2;
```

（4）DO 循环可以嵌套 3 级。

例：

```
WHILE [···] DO 1;
···
  WHILE [···] DO 2;
  ···
    WHILE [···] DO 3;
    ···
    END 3;
    ···
  END 2;
  ···
END 1;
```

（5）从 DO m 内部可以转移到外部，但不得从外部向内部转移。

例：

```
   WHILE [···] DO 1;
   IF [···] GOTO n;
   END 1;
N n;
```

（6）当指定 DO 而没有 WHILE 语句时，产生从 DO 到 END 的无限循环。

二、加工工艺分析

（一）选择工、量、刃具

1. 工具选择

45 钢棒装夹在三爪定心卡盘上，用划线盘校正并夹紧，其他工具如表 6－7 所示。

表 6-7　椭圆面零件加工工、量、刃具清单

工、量、刃具清单				图号		
种类	序号	名称	规格	精度	单位	数量
工具	1	三爪自定心卡盘			个	1
	2	卡盘扳手			副	1
	3	刀架扳手			副	1
	4	垫刀片			块	若干
	5	划线盘			个	1
量具	1	游标卡尺	0 ~ 150 mm	0.02 mm	把	1
	2	表面粗糙度样板			套	1
	3	椭圆样板			副	1
刃具	1	外圆粗车刀	90°		把	1
	2	外圆精车刀	90°		把	1
	3	切断刀	5 mm × 30 mm		把	1

2. 量具选择

外圆、长度精度要求不高，选用 0 ~ 150 mm 游标卡尺测量，表面粗糙度用表面粗糙度样板比对，椭圆用样板检测。刀具规格、参数见表 6-7。

3. 刀具选择

选择外圆车刀粗精车外圆，注意车刀副切削刃不能与椭圆发生干涉。详细选刀原则可参考凹圆弧类零件加工相关部分。

（二）加工工艺路线

车工件端面，粗、精加工外圆轮廓。具体加工工艺见表 6-8。

（三）选择合理切削用量

合理选择切削用量，具体切削用量见表 6-8 所示。

表 6-8　椭圆面零件加工工艺

工步号	工步内容	刀具号	切削用量		
			背吃刀量 a_p/mm	进给速度 f/（mm · r^{-1}）	主轴转速 n/（r · min^{-1}）
1	车削右端面	T01	1 ~ 2	0.2	600
2	粗加工外轮廓	T01	1 ~ 2	0.2	600
3	精加工外轮廓	T02	0.2	0.1	800
4	切断	T03	4	0.08	400

三、编制参考程序

（一）建立工件坐标系

根据工件坐标系建立原则：数控车床工件原点一般设在右端面与工件回转轴线交点处，

故工件坐标系设置在工件右端面中心处。

（二）计算基点坐标

根据编程尺寸的计算方法自行计算各基点坐标。

（三）公式曲线宏程序编程思路和使用步骤

1. 选定自变量

（1）公式曲线中的 X 和 Z 坐标任意一个都可以被定义为自变量。

（2）一般选择变化范围大的一个作为自变量，如图 6－1，椭圆曲线从起点 S 到终点 T，Z 坐标变化量为 16，X 坐标变化量从图中可以看出比 Z 坐标要小得多，所以将 Z 坐标选定为自变量比较适当。实际加工中我们通常将 Z 坐标选定为自变量。

（3）根据表达式的方便情况来确定 X 或 Z 作为自变量。例如公式曲线表达式为 $Z=0.005X^3$，将 X 坐标定义为自变量比较适当。如果将 Z 坐标定义为自变量，则因变量 X 的表达式为 $X=\sqrt[3]{Z/0.005}$，其中含有三次开方函数在宏程序中不方便表达。

（4）为了表达方便，在这里将和 X 坐标相关的变量设为#1、#11、#12 等，将和 Z 坐标相关的变量设为#2、#21、#22 等。实际中变量的定义完全可根据个人习惯进行定义。

2. 确定自变量起止点的坐标值

该坐标值是相对于公式曲线自身坐标系的坐标值。其中起点坐标为自变量的初始值，终点坐标为自变量的终止值。

如图 6－1 所示，选定椭圆线段的 Z 坐标为自变量#2，起点 S 的 Z 坐标为 $Z_1=8$，终点 T 的 Z 坐标为 $Z_2=-8$。则自变量#2 的初始值为 8，终止值为 －8。

3. 进行函数变换，确定因变量相对于自变量的宏表达式

如图 6－1，Z 坐标为自变量#2，则 X 坐标为因变量#1，那么 X 用 Z 表示为：

X = 5 * SQRT [1 − Z * Z/10/10]

分别用宏变量#1、#2 代替上式中的 X、Z，即得因变量#1 相对于自变量#2 的宏表达式：

#1 = 5 * SQRT [1 − #2 * #2/10/10]

4. 确定公式曲线自身坐标系原点对编程原点的偏移量（含正负号）

该偏移量是相对于工件坐标系而言的。

如图 6－1 所示，椭圆线段自身原点相对于编程原点的 X 轴偏移量 $\Delta X=15$，Z 轴偏移量 $\Delta Z=-30$

5. 判别在计算工件坐标系下的 X 坐标值（#11）时，宏变量#1 的正负号

（1）根据编程使用的工件坐标系，确定编程轮廓为零件的下侧轮廓还是上侧轮廓：当编程使用的是 X 向下为正的工件坐标系，则编程轮廓为零件的下侧轮廓，当编程使用的是 X 向上为正的工件坐标系，则编程轮廓为零件的上侧轮廓。

（2）以编程轮廓中的公式曲线自身坐标系原点为原点，绘制对应工件坐标系的 X' 和 Z' 坐标轴，以其 Z' 坐标轴为分界线，将轮廓分为正负两种轮廓，编程轮廓在 X' 正方向的称为正轮廓，编程轮廓在 X 负方向的称为负轮廓；

（3）如果编程中使用的公式曲线是正轮廓，则在计算工件坐标系下的 X 坐标值（#11）时宏变量#1 的前面应冠以正号，反之为负。

如图 6－1 所示，在 X 向下为正的前置刀架数控车床编程工件坐标系下，编程中使用的是零件的下侧轮廓，其中的公式曲线为负轮廓，所以在计算工件坐标系下的 X 坐标值（#11）时宏变量#1 的前面应冠以负号。

6. 套用宏编程模板

（1）设 Z 坐标为自变量#2，X 坐标为因变量#1，自变量步长为 ΔW，则公式曲线段的精加工程序宏指令编程模板如下：

#2 = Z_1	给自变量#2 赋值 Z_1：Z_1是公式曲线自身坐标系下起始点的坐标值
WHILE [#2 GE Z_2] DO n	自变量#2 的终止值 Z_2：Z_2是公式曲线自身坐标系下终止点的坐标值
#1 = f（#2）	函数变换：确定因变量#1（X）相对于自变量#2（Z）的宏表达式
#11 = ±#1 + ΔX	计算工件坐标系下的 X 坐标值#11：编程中使用的是正轮廓，#1 前冠以正，反之冠以负；ΔX 为公式曲线自身坐标原点相对于编程原点的 X 轴偏移量。
#22 = #2 + ΔZ	计算工件坐标系下的 Z 坐标值#22：ΔZ 为公式曲线自身坐标原点相对于编程原点的 Z 轴偏移量
G01 X [2 * #11] Z [#22]	直线插补，X 为直径编程
#2 = #2 − ΔW	自变量以步长 ΔW 变化
END n	循环结束

（2）设 X 坐标为自变量#1，Z 坐标为因变量#2，自变量步长为 ΔU，则公式曲线段的精加工程序宏指令编程模板如下：

#1 = X_1	给自变量#1 赋值 X_1：X_1是公式曲线自身坐标系下起始点的坐标值
WHILE　#1 GE X_2	自变量#1 的终止值 X_2：X_2是公式曲线自身坐标系下终止点的坐标值
#2 = f（#1）	函数变换：确定因变量#2（Z）相对于自变量#1（X）的宏表达式
#11 = ±#1 + ΔX	计算工件坐标系下的 X 坐标值#11：编程使用的是正轮廓，#1 前冠以正，反之冠以负。ΔX 为公式曲线自身坐标原点相对于编程原点的 X 轴偏移量。
#22 = #2 + ΔZ	计算工件坐标系下的 Z 坐标值#22：ΔZ 为公式曲线自身坐标原点相对于编程原点的 Z 轴偏移量
G01 X [2 * #11] Z [#22]	直线插补，X 为直径编程
#1 = #1 − ΔU	自变量以步长 ΔU 变化
END n	循环结束

（四）参考程序

根据公式曲线宏程序编程思路和使用步骤，本工作任务采用固定形状循环与宏程序相结合的方式进行编程，参考程序见表 6－9，程序名为“O160”。

表 6-9 椭圆面零件加工参考程序

程序段号	程序内容	动作说明
N10	G00 T0101 G40 G97 G99 F0.2 M03 S600	选择01号刀，取消刀补，指定主轴恒转速，每转进给，进给速度为0.2 mm/r
N20	X32. Z2.	刀具快速移到加工起点
N30	G73 U7. W2. R10	设置循环参数，调用粗加工循环
N40	G73 P50 Q180 U0.3 W0.1	
N50	G01 X10.	精加工轨迹第一段
N60	Z0.	至 $Z0$ 处
N70	Z-10.	切削至 $Z-10$ 处
N80	X24.	切削至 $X24$ 处
N90	Z-22.	至公式曲线起点
N100	#2=8.	设 Z 为自变量#2，给自变量#2 赋值 8：$Z_2=8$
N110	WHILE [#2 GE -8.] DO 1	自变量#2 的终止值 -8：$Z_2=-8$
N120	#1=5*SQRT [1-#2*#2/10/10]	因变量#1：$X=5*\mathrm{SQRT}[1-Z*Z/10/10]$，用#1、#2 代替 X、Z
N130	#11=-#1+15.	工件坐标系下的 X 坐标值#11：编程使用的是负轮廓，#1 前冠以负；$\Delta X=15$
N140	#22=#2-30.	工件坐标系下的 Z 坐标值#22：$\Delta Z=-30$
N150	G01 X [2*#11] Z [#22]	直线插补，X 为直径编程
N160	#2=#2-0.5	自变量以步长0.5 变化
N170	END 1	循环结束
N180	G01 Z-50.	精加工终止程序段
N190	G00 G40 X100. Z 100.	退刀，准备换刀并取消刀补
N200	M00 M05	暂停，主轴停，测量
N210	T0202	换精加工刀
	M03 S800 F0.1	设置转速与进给速度
N220	G00 G42 X32. Z2.	刀具快速移到加工起点，建立刀补
N230	G70 P50 Q180	调用精加工循环
N240	G00 G40 X100. Z100.	退刀，准备换刀并取消刀补
N250	M05	主轴停
N260	M30	程序结束

- 【实施训练】

一、加工准备

（1）检查毛坯尺寸。

（2）开机、回参考点。

（3）装夹刀具与工件，内孔车刀刀尖应与工件轴线等高，工件调头装夹时要用百分表校正。

（4）程序输入。把编写好的程序通过数控面板输入到数控机床。

二、对刀操作

外圆粗车、精车刀对刀采用试切法进行对刀，并把操作得到的数据分别输入到 T01、T02 号刀具补偿地址中。

三、空运行及仿真

打开程序，选择自动加工方式，打开机床锁住开关，按下空运行键，按循环启动按钮，观察程序运行情况；按图形显示键再按数控启动键可进行轨迹仿真，切换到 X、Z 视图，观察加工轨迹是否与编程走刀轨迹一致。空运行仿真加工结束后，使空运行、机床锁住功能复位，机床重新回参考点。

四、零件自动加工及精度控制

打开程序，选择自动加工方式，调好进给倍率（刚开始时可将进给倍率调至 10% 左右，待加工无问题后可恢复到 100%，并视加工情况适时调节进给倍率），按数控循环启动按钮进行自动加工。对于椭圆面零件的加工，通过采用刀尖半径补偿指令等方法保证其精度。本工作任务进行精加工程序运行结束后，可根据测量结果，调整刀具磨损值，再次运行轮廓精加工程序直至符合尺寸要求为止。

五、加工结束，清理机床

- **【检查与评价】**

零件加工结束后进行检查与评价，检查与评价结果写在表 6 – 10 中。

表 6 – 10　椭圆面零件加工评分表

班级		姓名			学号	
工作任务					零件编号	
项目	序号	技术要求	配分	评分标准	学生自评	教师评分
程序与工艺	1	切削加工工艺制订正确	5	不规范每处扣 1 分		
	2	切削用量选择合理	5	不规范每处扣 1 分		
	3	程序正确、规范	5	不规范每处扣 1 分		
机床操作	4	设备操作、维护保养正确	5	不规范每处扣 1 分		
	5	安全、文明生产	5	出错全扣		
	6	刀具选择、安装规范	2	不规范每处扣 1 分		
	7	工件找正、安装规范	3	不规范每处扣 1 分		
工作态度	8	行为规范、态度端正	5	不规范每处扣 1 分		
工件质量（外圆）	9	ϕ10 mm	5	不合格每处扣 1 分		
	10	ϕ24 mm	5	不合格每处扣 1 分		

续表

项目	序号	技术要求	配分	评分标准	学生自评	教师评分
工件质量（长度）	11	10 mm	10	不合格每处扣1分		
	12	22 mm	10	不合格每处扣1分		
	13	30 mm	10	不合格每处扣1分		
	14	50 mm	10	不合格每处扣1分		
椭圆	15	$X^2/5^2+Z^2/10^2=1$	15	超差全扣		
综合得分			100			

- **【知识拓展】**

对含三次曲线的零件进行宏程序精加工编程，零件图如图6－3所示。

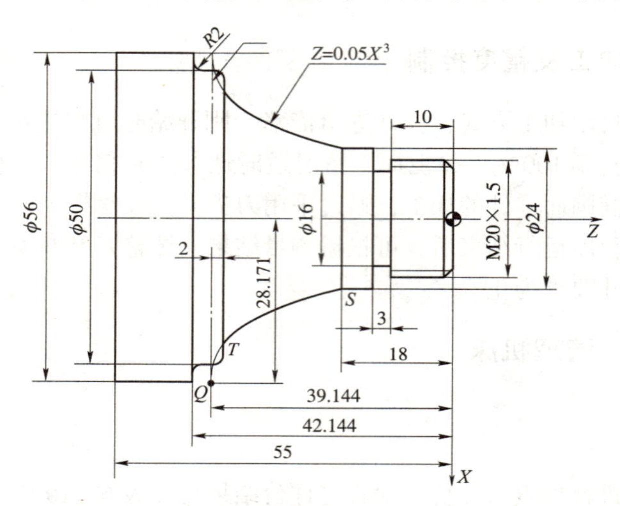

图6－3　含三次曲线零件（毛坯：φ60 mm）

一、编程步骤

（一）选定自变量

根据表达式方便情况来确定 X 或 Z 作为自变量，如图6－3所示，公式曲线表达式为 $Z=0.005X^3$，将 X 坐标定义为自变量比较适当。如果将 Z 坐标定义为自变量，则因变量 X 的表达式为 $X=\sqrt[3]{Z/0.005}$，其中含有三次开方函数在宏程序中不方便表达。

（二）确定自变量的起止点的坐标值

该坐标值是相对于公式曲线自身坐标系的坐标值。其中起点坐标为自变量的初始值，终点坐标为自变量的终止值。

如图6－3所示，选定三次曲线的 X 坐标为自变量#1，起点 S 的 X 坐标为 $X_1=28.171-12=16.171$，终点 T 的 X 坐标为 $X_2=\sqrt[3]{2/0.005}=7.368$。则#1 的初始值为16.171，终止值为7.368。

（三）如何进行函数变换，确定因变量相对于自变量的宏表达式

如图6－3所示，X 坐标为自变量#1，因 Z 坐标为因变量#2，那么 Z 用 X 表示为：

$$Z = 0.005 * X * X * X$$

分别用宏变量#1、#2 代替上式中的 X、Z，即得到因变量#2 相对于自变量#1 的宏表达式：

$$\#2 = 0.005 * \#1 * \#1 * \#1$$

（四）确定公式曲线自身坐标系原点对编程原点的偏移量（含正负号）

该偏移量是相对于工件坐标系而言的。

如图 6－3 所示，三次曲线段自身原点相对于编程原点的 X 轴偏移量 $\Delta X = 28.171$，Z 轴偏移量 $\Delta Z = -39.144$

（五）判别在计算工件坐标系下的 X 坐标值（#11）时，宏变量#1 的正负号

（1）根据编程使用的工件坐标系，确定编程轮廓为零件的下侧轮廓还是上侧轮廓：当编程使用的是 X 轴向下为正的工件坐标系，则编程轮廓为零件的下侧轮廓，当编程使用的是 X 轴向上为正的工件坐标系，则编程轮廓为零件的上侧轮廓。

（2）以编程轮廓中的公式曲线自身坐标系原点为原点，绘制对应工件坐标系的 X' 和 Z' 坐标轴，以其 Z' 坐标轴为分界线，将轮廓分为正负两种轮廓，编程轮廓在 X' 轴正方向的称为正轮廓，编程轮廓在 X 轴负方向的称为负轮廓；

（3）如果编程中使用的公式曲线是正轮廓，则在计算工件坐标系下的 X 坐标值（#11）时宏变量#1 的前面应冠以正号，反之为负。

如图 6－3 所示，在 X 轴向下为正的前置刀架数控车床编程工件坐标系下，编程中使用的是零件的上侧轮廓，其中的公式曲线为负轮廓，所以在计算工件坐标系下的 X 坐标值（#11）时宏变量#1 的前面应冠以负号。

（六）套用宏编程模板

设 X 坐标为自变量#1，Z 坐标为因变量#2，自变量步长为 ΔU，则公式曲线段的精加工程序宏指令编程模板如下：

程序	说明
#1 = X_1	给自变量#1 赋值 X_1：X_1是公式曲线自身坐标系下起始点的坐标值
WHILE [#1 GE X_2] DO n	自变量#1 的终止值 X_2：X_2是公式曲线自身坐标系下终止点的坐标值
#2 = f (#1)	函数变换：确定因变量#2（Z）相对于自变量#1（X）的宏表达式
#11 = ± #1 + ΔX	计算工件坐标系下的 X 坐标值#11：编程使用的是正轮廓，#1 前冠以正，反之冠以负。ΔX 为公式曲线自身坐标原点相对于编程原点的 X 轴偏移量。
#22 = #2 + ΔZ	计算工件坐标系下的 Z 坐标值#22：ΔZ 为公式曲线自身坐标原点相对于编程原点的 Z 轴偏移量
G01 X [2 * #11] Z [#22]	直线插补，X 为直径编程
#1 = #1 − ΔU	自变量以步长 ΔU 变化
END n	循环结束

二、编制程序

运用以上公式曲线宏程序模板，结合粗加工循环指令，就可以快速准确实现零件公式曲线轮廓的编程和加工。如图 6－3 所示零件的外轮廓粗精加工参考程序如下：

```
O0165;
N1;
G00 G40 G97 G99 T0101 M03 S700 F0.2;
G00 X62. Z2.;                           快速定位到粗加工循环起点
G71 U1. R0.5 P10 Q20 X0.6 F100;         外径粗车循环
N10 G01 X20.;                           精加工起始程序段
Z-13.;
X24.;
Z-18.;                                  公式曲线起点
#1=16.171;                              设X为自变量#1，给自变量#1赋值16.171：X1=16.171
WHILE [#1 GE 7.368] DO1;                自变量#1的终止值7.368：X2=7.368
#2=0.005*#1*#1*#1;                      因变量#2:，用#1、#2代替X、Z
#11=-#1+28.171;                         工件坐标系下的X坐标值#11：编程使用的是负轮廓，#1前冠以负；ΔX=28.171
#22=#2-39.144;                          工件坐标系下的Z坐标值#22：ΔZ=-39.144
G01 X[2*#11] Z[#22];                    直线插补，X为直径编程
#1=#1-0.5;                              自变量以步长0.5变化
END1                                    循环结束
G01 X50. R2.;
Z-42.144 R2.;
X56.;
N20 Z-55.;                              精加工终止程序段
G00 X100. Z100.;                        快速定位到退刀点
N2;
G00 G40 G97 G99 T0202 M03 S1000 F0.1;   调用精加工车刀
G00 G42 X62. Z2.;                       快速定位到粗加工循环起点
G70 P10 Q20;                            精加工
G00 X100. Z100.;
M30;                                    程序结束
```

【思考与练习】

（1）解释子程序与宏程序之间有何区别？

（2）变量有哪些类型，其功能有哪些？

（3）编写如图 6－4 和图 6－5 所示零件的加工程序并练习加工。毛坯尺寸 $\phi40$ mm。

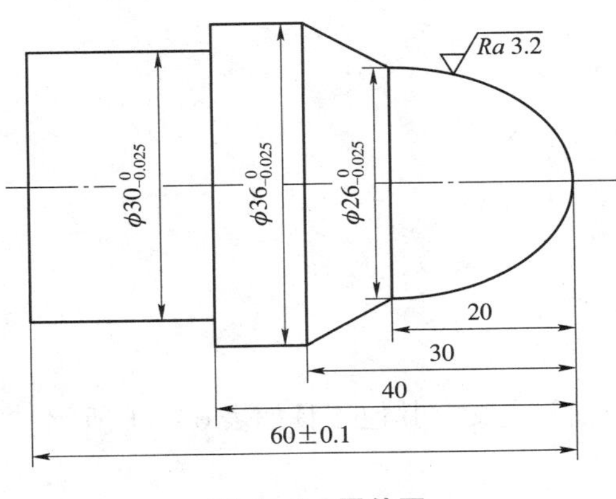

图 6-4　零件图

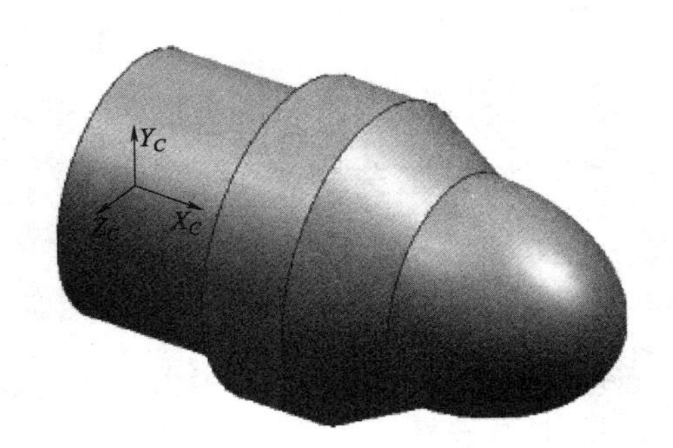

图 6-5　三维效果图

任务二　抛物线面零件加工

- 【能力目标】

  ✈ 掌握典型抛物线面零件加工工艺分析方法；
  ✈ 掌握数控车床上典型抛物线面类零件的加工方法；
  ✈ 会编制抛物线面类零件宏程序。

- 【知识目标】

  ✈ 掌握抛物线面的编程方法和技巧；
  ✈ 掌握特殊型面的检测方法。

- 【工作任务】

进行抛物线面零件加工，具体尺寸如图 6-6 所示。其三维效果图如图 6-7 所示。

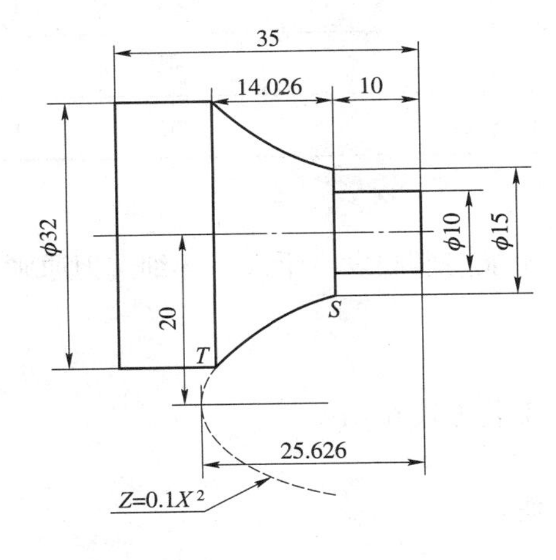

图 6-6　零件图（毛坯：ϕ25 mm）

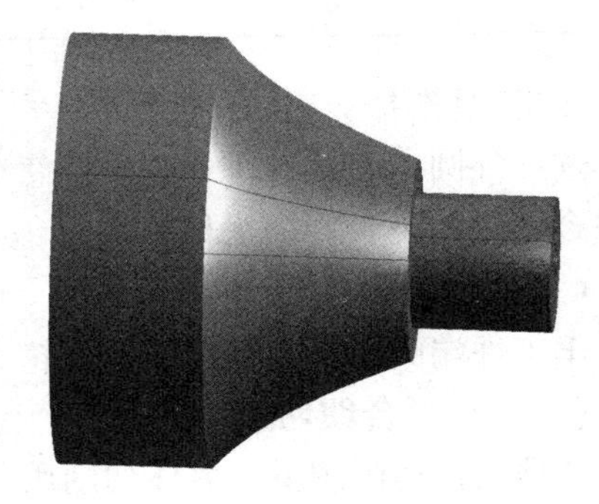

图 6-7　三维效果图

● 【知识学习】

一、编程指令

参照椭圆面零件加工相关知识。

二、加工工艺分析

（一）选择工、量、刃具

1. 工具选择

45 钢棒装夹在三爪定心卡盘上，用划线盘校正并夹紧，其他工具如表 6－11 所示。

2. 量具选择

外圆、长度精度要求不高，选用 0～150 mm 游标卡尺测量，表面粗糙度用表面粗糙度样板比对，抛物线用样板检测。刀具规格、参数见表 6－11。

表 6－11 抛物线面零件加工工、量、刃具清单

工、量、刃具清单				图号		
种类	序号	名称	规格	精度	单位	数量
工具	1	三爪自定心卡盘			个	1
	2	卡盘扳手			副	1
	3	刀架扳手			副	1
	4	垫刀片			块	若干
	5	划线盘			个	1
量具	1	游标卡尺	0～150 mm	0.02 mm	把	1
	2	表面粗糙度样板			套	1
	3	椭圆样板			副	1
刃具	1	外圆粗车刀	90°		把	1
	2	外圆精车刀	90°		把	1
	3	切断刀	5 mm×30 mm		把	1

3. 刀具选择

选择外圆车刀粗精车外圆，注意车刀副切削刃不能与椭圆发生干涉。详细选刀原则可参考综合成型面类零件加工相关部分。

（二）加工工艺路线

车工件端面，粗、精加工外圆轮廓。具体加工工艺见表 6－12。

（三）选择合理切削用量

合理选择切削用量，具体切削用量见表 6－12 所示。

表 6－12 抛物线面零件加工工艺

工步号	工步内容	刀具号	切削用量		
			背吃刀量 a_p/mm	进给速度 f/（$mm \cdot r^{-1}$）	主轴转速 n/（$r \cdot min^{-1}$）
1	车削右端面	T01	1～2	0.2	600
2	粗加工外轮廓	T01	1～2	0.2	600
3	精加工外轮廓	T02	0.2	0.1	800
4	切断	T03	4	0.08	400

三、编制参考程序

（一）建立工件坐标系

根据工件坐标系建立原则：数控车床工件原点一般设在工件右端面与工件回转轴线交点处，故工件坐标系设置在工件右端面中心处。

（二）计算基点坐标

根据编程尺寸的计算方法自行计算各基点坐标。

（三）公式曲线宏程序编程思路和使用步骤

1. 选定自变量

将 Z 坐标定义为自变量。

2. 确定自变量的起止点的坐标值

该坐标值是相对于公式曲线自身坐标系的坐标值。其中起点坐标为自变量的初始值，终点坐标为自变量的终止值。

如图 6－6 所示，选定抛物线段的 Z 坐标为自变量#2，起点 S 的 Z 坐标为 $Z_1=15.626$，终点 T 的 Z 坐标为 $Z_2=1.6$。则#2 的初始值为 15.626，终止值为 1.6。

3. 进行函数变换，确定因变量相对于自变量的宏表达式

如图 6－6 所示，Z 坐标为自变量#2，则 X 坐标为因变量#1，那么 X 用 Z 表示为：

$$X = \text{SQRT}\ [Z/0.1]$$

分别用宏变量#1、#2 代替上式中的 X、Z，即得因变量#1 相对于自变量#2 的宏表达式：

#1＝SQRT［#2/0.1］

4. 确定公式曲线自身坐标系原点对编程原点的偏移量（含正负号）

该偏移量是相对于工件坐标系而言的。

如图 6－6 所示，抛物线段自身原点相对于编程原点的 X 轴偏移量 $\Delta X=20$，Z 轴偏移量 $\Delta Z=-25.626$

5. 判别在计算工件坐标系下的 X 坐标值（#11）时，宏变量#1 的正负号

（1）根据编程使用的工件坐标系，确定编程轮廓为零件的下侧轮廓还是上侧轮廓：当编程使用的是 X 轴向下为正的工件坐标系，则编程轮廓为零件的下侧轮廓，当编程使用的是 X 轴向上为正的工件坐标系，则编程轮廓为零件的上侧轮廓。

（2）以编程轮廓中的公式曲线自身坐标系原点为原点，绘制对应工件坐标系的 X' 和 Z'

坐标轴，以其 Z' 坐标轴为分界线，将轮廓分为正负两种轮廓，编程轮廓在 X' 轴正方向的称为正轮廓，编程轮廓在 X 轴负方向的称为负轮廓；

（3）如果编程中使用的公式曲线是正轮廓，则在计算工件坐标系下的 X 坐标值（#11）时宏变量#1 的前面应冠以正号，反之为负。

如图 6－6 所示，在 X 轴向下为正的前置刀架数控车床编程工件坐标系下，编程中使用的是零件的下侧轮廓，其中的公式曲线为负轮廓，所以在计算工件坐标系下的 X 坐标值（#11）时宏变量#1 的前面应冠以负号。

6．套用宏编程模板

设 Z 坐标为自变量#2，X 坐标为因变量#1，自变量步长为 ΔW，则公式曲线段的精加工程序宏指令编程模板如下：

#2 = Z_1	给自变量#2 赋值 Z_1：Z_1是公式曲线自身坐标系下起始点的坐标值
WHILE [#2 GE Z_2] DO n	自变量#2 的终止值 Z_2：Z_2是公式曲线自身坐标系下终止点的坐标值
#1 = f（#2）	函数变换：确定因变量#1（X）相对于自变量#2（Z）的宏表达式
#11 = ±#1 + ΔX	计算工件坐标系下的 X 坐标值#11：编程中使用的是正轮廓，#1 前冠以正，反之冠以负；ΔX 为公式曲线自身坐标原点相对于编程原点的 X 轴偏移量。
#22 = #2 + ΔZ	计算工件坐标系下的 Z 坐标值#22：ΔZ 为公式曲线自身坐标原点相对于编程原点的 Z 轴偏移量
G01 X [2 * #11] Z [#22]	直线插补，X 为直径编程
#2 = #2 − ΔW	自变量以步长 ΔW 变化
END n	循环结束

（四）参考程序

根据公式曲线宏程序编程思路和使用步骤，本工作任务采用固定形状循环与宏程序相结合的方式进行编程，参考程序见表 6－13，程序名为“O160”。

表 6－13　抛物线面零件加工参考程序

程序段号	程序内容	动作说明
N10	G00 T0101 G40 G97 G99 F0.2 M03 S600	选择 01 号刀，取消刀补，指定主轴恒转速，每转进给，进给速度为 0.2 mm/r
N20	X32. Z2.	刀具快速移到加工起点
N30	G71 U1.5 R0.5	设置循环参数，调用粗加工循环
N40	G71 P50 Q160 U0.3 W0.01	
N50	G01 X10.	精加工轨迹第一段
N60	Z−10.	至 Z－10. 处
N70	X15.	至公式曲线起点
N80	#2 = 15.626	设 Z 为自变量#2，给自变量#2 赋值 15.626：Z_2 = 15.626

续表

程序段号	程序内容	动作说明
N90	WHILE [#2 GE 1.6] DO1	自变量#2 的终止值 1.6：$Z_2=1.6$
N100	#1 = SQRT [#2/0.1]	因变量#1：X = SQRT [Z/0.1]，用#1、#2 代替 X、Z
N110	#11 = −#1 +20.	工件坐标系下的 X 坐标值#11：编程使用的是负轮廓，#1 前冠以负；$\Delta X=20$
N120	#22 = #2 −25.626	工件坐标系下的 Z 坐标值#22：$\Delta Z=-25.626$
N130	G01 X [2 * #11] Z [#22]	直线插补，X 为直径编程
N140	#2 = #2 −0.5	自变量以步长 0.5 变化
N150	END 1	循环结束
N160	G01 Z −35.	精加工终止程序段
N170	G00　X100. Z100.	退刀、准备换刀
N180	M00 M05	暂停，主轴停，测量
N190	T0202	换精加工刀
N200	M03 S800 F0.1	设置转速与进给速度
N210	G00 G42 X32. Z2.	刀具快速移到加工起点，建立刀补
N220	G70 P50 Q160	调用精加工循环
N230	G00 G40 X100.　Z100.	退刀，准备换刀并取消刀补
N240	M05	主轴停
N250	M30	程序结束

- 【实施训练】

一、加工准备

（1）检查毛坯尺寸。

（2）开机、回参考点。

（3）装夹刀具与工件，内孔车刀刀尖应与工件轴线等高，工件调头装夹时要用百分表校正。

（4）程序输入。把编写好的程序通过数控面板输入到数控机床。

二、对刀操作

外圆粗车、精车刀对刀采用试切法进行对刀，并把操作得到的数据分别输入到 T01、T02 号刀具补偿地址中。

三、空运行及仿真

打开程序，选择自动加工方式，打开机床锁住开关，按下空运行键，按循环启动按钮，观察程序运行情况；按图形显示键再按数控启动键可进行轨迹仿真，切换到 X、Z 视图，观察加工轨迹是否与编程走刀轨迹一致。空运行仿真加工结束后，使空运行、机床锁住功能复位，机床重新回参考点。

四、零件自动加工及精度控制

打开程序，选择自动加工方式，调好进给倍率（刚开始时可将进给倍率调至10%左右，待加工无问题后可恢复到100%，并视加工情况适时调节进给倍率），按数控循环启动按钮进行自动加工。对于抛物线面零件的加工，通过采用刀尖半径补偿指令等方法保证其精度。本工作任务进行精加工程序运行结束后，可根据测量结果，调整刀具磨损值，再次运行轮廓精加工程序直至符合尺寸要求为止。

五、加工结束，清理机床

- 【检查与评价】

零件加工结束后进行检查与评价，检查与评价结果写在表6－14中。

表6－14　抛物线面零件加工评分表

班级		姓名			学号	
工作任务					零件编号	
项目	序号	技术要求	配分	评分标准	学生自评	教师评分
程序与工艺	1	切削加工工艺制订正确	5	不规范每处扣1分		
	2	切削用量选择合理	5	不规范每处扣1分		
	3	程序正确、规范	5	不规范每处扣1分		
机床操作	4	设备操作、维护保养正确	5	不规范每处扣1分		
	5	安全、文明生产	5	出错全扣		
	6	刀具选择、安装规范	2	不规范每处扣1分		
	7	工件找正、安装规范	3	不规范每处扣1分		
工作态度	8	行为规范、态度端正	5	不规范每处扣1分		
工件质量（外圆）	9	ϕ10 mm	5	不合格每处扣1分		
	10	ϕ15 mm	5	不合格每处扣1分		
	11	ϕ32 mm	5	不合格每处扣1分		
工件质量（长度）	12	10 mm	10	不合格每处扣1分		
	13	14.026 mm	10	不合格每处扣1分		
	14	35 mm	10	不合格每处扣1分		
椭圆	15	$Z=0.1X^2$	20	超差全扣		
综合得分			100			

- 【思考与练习】

（1）宏程序中哪几种号不能使用变量？

（2）循环语句WHILE中的m有何要求？

（3）编写如图6－8和图6－9所示零件的加工程序并练习加工。毛坯尺寸ϕ40 mm。

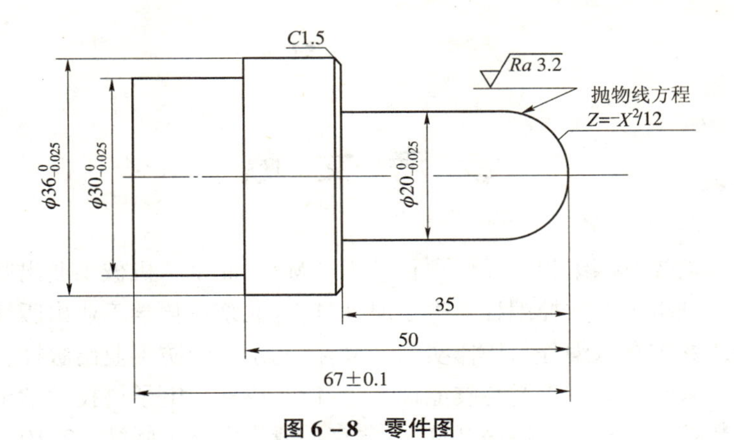

图 6-8　零件图

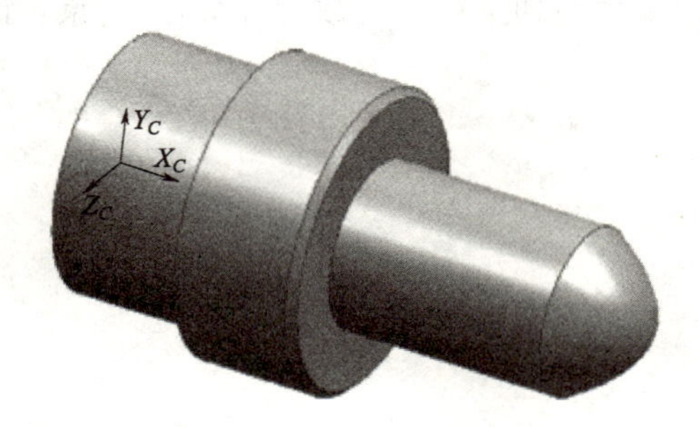

图 6-9　三维效果图

参 考 文 献

[1] 朱明松. 数控车床编程与操作项目教程 [M]. 北京：机械工业出版社，2008.
[2] 周湛学，刘玉忠. 数控编程速查手册 [M]. 北京：化学工业出版社，2008.
[3] 沈建峰. 数控车床编程与操作实训 [M]. 北京：国防工业出版社，2008.
[4] 倪亚辉，宋鸣. 车工工艺与技能训练 [M]. 成都：电子科技大学出版社，2007.
[5] 张杰. 数控加工实训指导书 [M]. 北京：清华大学出版社，2010.
[6] 李兴凯. 数控车床编程与加工项目化教程 [M]. 南京：南京大学出版社，2012.